新
家庭书架

NEW BOOKSHELF

经典新编

思路决定出路
一定要学会的60种思维方式

《新家庭书架》编委会 编

北京出版集团公司
北京出版社

图书在版编目（CIP）数据

思路决定出路：一定要学会的60种思维方式 /《新家庭书架》编委会编. — 北京：北京出版社，2014.1

（新家庭书架）

ISBN 978-7-200-10091-4

Ⅰ. ①思… Ⅱ. ①新… Ⅲ. ①思维方法—通俗读物 Ⅳ. ①B804-49

中国版本图书馆CIP数据核字（2013）第252960号

全案策划	唐码书业				
责任编辑	倪晓辉	策划编辑	任月圆 谭小娟	装帧设计	
插图绘制	任亦非	排版制作	王江妹 赵艳超	责任印制	毛宇楠

新家庭书架

思路决定出路
一定要学会的60种思维方式

SILU JUEDING CHULU

《新家庭书架》编委会 编

出版 / 北京出版集团公司
　　　北 京 出 版 社
地址 / 北京北三环中路6号
邮编 / 100120
网址 / www.bph.com.cn
总发行 / 北京出版集团公司
经销 / 新华书店
印刷 / 三河市嘉科万达彩色印刷有限公司
版次 / 2014年1月第1版
　　　2014年12月第2次印刷
开本 / 787毫米×1092毫米　1/16
印张 / 18
字数 / 334千字
书号 / ISBN 978-7-200-10091-4
定价 / 25.00元
质量监督电话 / 010-58572393

前言 Preface

　　人的智商并没有太大差别，让人的成就和生活质量产生天壤之别的，根本上在于思维方式的不同。

　　思路决定出路，观念决定命运。

　　每个人都渴望成功，每个人都希望过上更舒适、更富有的生活。但并非每个人都能如愿。能够实现愿望的人，不一定比你付出更多的汗水，但一定比你付出了更多的思考。成功人士与普通人最大的差别在于：思考模式的不同。就像面对同样的1万块钱，有的人拿去做了投资的成本，有的人则存进了银行。两种不同的思路，可能就决定了两个人若干年后不同的生活。把钱用于投资的那个人，5年后可能已经做了老板，资产可能翻了几番；而存进银行的那个人，可能还过着以前的老日子，照样是朝九晚五地给别人打工，依然是发了工资赶紧去银行。习惯的思路不变通，穷日子就会过得没完没了。

　　穷则变，变则通。出路，在于变通。当目前的想法不能让你成功，不能让你过上你想要的生活时，说明你的想法有可能是错的，是需要改变的，甚至不止改变一次，直到找到能改变你生活的那一种。许多人没能做得更好，或者是由于没有改变自己的思路，或者是懒于改变自己的思路，或者是根本就不想改变自己的思路。

　　成功总有方法，想成功就要找方法。而思考是一切正确策略与方法的起源。思考其实就是问与答的过程。当你做一件事情没有达到目标时，问自己一个为什么，问自己问题出在了哪里，然后自己给出答案。一个好答案就是一条通往成功的康庄大道。

　　不要把希望寄托在父母身上，也不要把希望寄托在子女身上。把希望寄托在你自己身上，就寄托在现在。靠自己，靠自己的思考和改变，走出一条属于自己的路，并且越走越远！

编者

3

目录 CONTENTS

CONTENTS

第4章　让人生长线发展的思路

第5章　从工作中脱颖而出的思路

目录 CONTENTS

CONTENTS

目录 CONTENTS

第11章 让自己更幸福的思路

第 *1* 章
用小努力换取大回报的思路
WAYS TO GET BIG GAINS WITH LITTLE EFFORTS

010

THINK AND MAKE
思路点拨
A GREAT DIFFERENCE

>>

别光闷头做事，要懂得停下来思考。
只做不想，在不知不觉的忙忙碌碌中
浪费掉的只能是你宝贵的生命。

勤奋的人未必成功

"天道酬勤"是一句古训，它告诉人们：只要我们自强不息，勤劳付出，上天会予以奖励和回报的。但许多事实证明：天道有时未必酬勤。

别光闷头做事，要懂得停下来花点儿时间思考。只做不想，在不知不觉的忙忙碌碌中浪费掉的只能是你宝贵的生命。

有些勤奋的人外表看起来很让人敬佩，因为他们兢兢业业。但等他们老了，却感到自己的一生过得并不精彩。相比之下，一些看起来并没有他们勤奋的人，却到得了比他们更大的成就。

事实上，很多人不论是星期天或休假日，都不惜将自己全部的精力放在工作上。一旦工作中断，他们就像丢了魂似的心神不定。可是，这种人往往得不到重用，这是为什么呢？

别光闷头做事，要停下来用点脑筋。但现实生活中，"每天都很忙，可却是忙而无功"、"自己感觉已经付出了很多，但得到的却是老板的责骂"、"平时没有一刻空闲，但到总结工作时却说不出完成的成果"、"早已身心疲惫，但觉得还一无所获"的人有很多。他们只做不想，在不知不觉的磨磨蹭蹭中浪费了宝贵的生命。

在某公司担任办公科员的张中，几十年如一日废寝忘食地工作。大热天，别人都到楼下乘凉去了，只有他家的灯是亮着的。

上级总是拍着他的肩说，好好干，有前途。可他干了几十年了，一点变化也没有，而他的很多下级都纷纷升了上去。为此，他很想不通。有个年轻人提醒他："你是在工作，而不是做学问，做学问可以废寝忘食，可以不问一切，但工作需要花费一些精力用来思考其他的一些事情。你一天到晚都忙于自己的工作，对你周围的人既不熟悉也不了解，当然别人也就不了解你，也就想不起来推举、提拔你了。你如果下班后经常和大家一起谈天说地，和大家一起去活动活动，也许效果会好得多。"

许多精明的上级从下级的忙碌中看出许多问题来：有些人因为自己的本领有限，于是希望通过忙碌来引起上级的注意；有些人生怕自己的重要性被忽视，便加倍地忙碌，其目的在于把自己表现成一个勤奋的人。

心理学家告诉我们：有的人总是企图表白自己的废寝忘食，其实他内心里隐藏着本质上的懈怠之情。上级往往认为这是一个对工作缺乏关心和兴趣的人，他也许是害怕遭到别人的非难和惩罚，以致陷入战战兢兢的状态里。为消除内心的不安和紧张，只好采取一种期待赞赏的行动。这样一来，他便成了一个忙忙碌碌的人。

有的人忙碌得近似于一种病态。他们做事繁杂，每天脑子里的弦都绷得紧紧的。一旦上级不赏识自己，他们便会产生怨恨心理，抱怨上级有眼无珠，看不见自己付出的努力和汗水，最终导致心理的不平衡。

思路突破

学会变"懒"一点

懒是不从众，懒是举重若轻，懒是用从容的姿态去做紧迫的事情。"勤快"的人有时是可怜的，他们太忙，不经意间就可能变成双料的穷人，既没钱也没时间。

光有勤奋是不够的

一般人认为，作为一名员工，只要勤勤恳恳、任劳任怨地完成老板分配的任务就可以了。其实这还不够，尤其对于那些想提升自己位置的员工来说，更是如此。

有这样一个故事：有两个同龄的年轻人同时受雇于一家公司做业务员，并且拿着同样的薪水。过了一段时间，叫张三的小伙子得到了提升，做了业务经理，并且得到了双倍的薪水；而那个叫李四的小伙子却仍在原地踏步。李四很不满意老板的不公正待遇，他认为自己与张三付出了同样的心血。终于有一天，他到老板那儿发牢骚了。老板耐心地听着他的抱怨，考虑了一下，说道："小李，这样吧，你去市场看一下，看看有什么卖的是与我们公司产品相关的。"

李四到集市兜了一圈，回来报告说，只有一个人在卖水泥。

老板问："有多少？"

李四赶快又跑到集市上，然后回来告诉老板，一共60袋水泥。

"价格是多少？"

李四又第三次跑到集市上问了价钱。

"好吧，"老板对李四说，"现在请你坐在这儿，一句话也不要说，看看张三是如何处理的。"

张三很快从集市上回来了，并汇报说，到现在为止，只有一个卖水泥的是与公司产品相关的，一共是60袋，价格是多少，水泥质量很是不错，他带回了一些让老板看看，还把那个卖水泥的人也带回来了，因为他现在有质量更好的瓷砖，而这也是公司所需要的，正在外面等着回话。

此时，老板转向了李四，说："你现在肯定知道答案了吧？"

李四跑了三趟，才在老板的不断提示下，了解了市场水泥的部分情况；而张三只一趟，就掌握了老板需要的信息。

为什么会出现这种状况呢？

原来李四工作时总是抱着"努力工作"的想法，而不是遵循"老板需要我做什么"的做事原则。由于李四的工作方针出现了偏差，导致的结果是他经常做无用功，甚至给工作添乱。此刻，李四所持有的勤奋敬业的态度反而成了他的弱项。

事实上，现实生活中有不少人都像李四一样，只做上司吩咐过的事情，从来不用大脑去考虑把事情做细、做精，让上司满意。结果是既得不到上司的赏识，也不会得到重用，只能慨叹人生的不公平。

所以，一个人要想使勤奋、敬业等等这些好的品质在正方向上发挥其应有的作用，就不应该抱着"我只要努力工作"的想法，而应该多想想："我这样做是否有价值？能为老板创造什么效益？"

人生的意义在于努力实现自身的价值，并力争得到社会的承认。如果你满足了老板的需求，你也就获得了自己想要的；倘若你反其道而行之，不顾老板的需求，以自己的需求作为工作的主旋律，你就会两者尽失。

让自己变得不可或缺

蚂蚁在人们的印象中向来都是以勤奋工作而为人们津津乐道的。但是有人经过仔细观察发现，蚂蚁群里也存在着许多懒蚂蚁。这些懒蚂蚁整天不干活，总是东张西望、四处逛逛。但令人纳闷的是，勤劳的蚂蚁为什么要养活这些不干活的懒蚂蚁？为了弄清其中的奥秘，观察者在这些懒蚂蚁身上暗中做了标记，并把所有蚂蚁的食物来源都断绝了，为的是想看看蚂蚁群有什么反应。

但结果却出乎那些观察者的意料。那些平时工作很勤快的蚂蚁这会儿显得不知所措，而那些被做了标记的懒蚂蚁此时俨然成了它们的首领，带领大家向它们平时早已观察到的新食物源转移。随后，观察者又把这些懒蚂蚁从中抓走，马上发现所有的蚂蚁都乱作一团，全部停止了工作。直到把那些懒蚂蚁放回去，整个蚁群才恢复正常。

至此，观察者才明白过来：大多数蚂蚁紧张有序的工作离不开那些不干活的蚂蚁。很明显，懒蚂蚁在蚁群中的地位是不可或缺的，它们非常清楚组织的薄弱之处，拥有让蚂蚁在危急时刻仍然生存的本领，使自己在蚁群中不可替代。同样，在企业中，也有这样不可或缺的"懒蚂蚁"式的员工存在。他们平时看起来非常的悠闲，每周的工作时间也非常短，但效率却是大家有目共睹的。老板也就愿意为其开高薪，并对他们赞赏有加。因为他们具有别人没有的那种专业技能，他们是优秀的员工。

汉夫特是加拿大渥太华一家宾馆的主人，他以"懒惰"著称。凡是能吩咐给手下干的事，他绝不亲自去做。宾馆业务虽然繁忙，他却整天悠闲自在。有一年圣诞，他让宾馆全体员工分别评选出10名最勤快和10名最"懒惰"的员工。汉夫特叫人把10名"懒惰"的员工叫到他的办公室。这些员工心里七上八下，心想老板大概要炒我们的鱿鱼吧，因而满脸沮丧。可是令他们没有想到的是，一进门，汉夫特就说："恭喜各位被评为本宾馆最优秀的员工。"

这10名员工感到莫名其妙。看着他们一个个目瞪口呆的表情，汉夫特招呼他们坐下，微笑着解释道："根据我的观察，你们的'懒'突出表现在总是一次就把餐具送到餐桌上，习惯于一次就把客人的房间收拾干净，一次就把工作干完，讨厌多走半步路，讨厌做第二次。因而在别人眼里你们整天闲着，在偷懒。但依我看，最优秀的员工全无例外地都是'懒汉'，因为他们'懒'得连一个多余的动作都不会去做。而勤快员工的'勤'，大多表现在他们整天忙忙碌碌，不在乎把力气花在多余的动作上，做一件事不在乎往来多少趟，花多少时间。这样能有效率？"

从上面的故事中我们可以得知，光有勤勤恳恳是不够的。现代员工要培养自己的核心竞争力，拥有别人不具备的某种能力或专业技能，才会成为公司不可或缺的员工。久而久之，你在老板心目中的地位会逐步提高。巴尔塔莎·葛拉西安在《智慧书》中写道："在生活和工作中，要不断完善自己，使自己变得不可替代，让别人离开了你就无法正常运转。这样你的地位就会大大地提高。"

在企业中让自己变得不可或缺，就是要使自己变成企业中的"短缺元素"。虽然不同的人有不同的生存方式，不同的员工有不同的能力，但重要的不是你具备哪种能力，而是你的能力是否为你的老板所不可或缺的。

点亮思维

在辛勤耕耘前，最好在心中掂量掂量收获的分量。第一，不能盲目地埋头苦干，尽量把有限的精力投入到能有所收获的事情上；第二，时常温习一下收获的甜蜜，促使自己更好地去耕耘。

013

思路决定出路

80%的收益来自20%的付出

一般情况下，大的产出或报酬是由少数的原因，以及少量的投入和努力所产生的。原因与结果、投入与产出或努力与报酬之间，往往存在着一种不平衡。若从数学方面考虑这种不平衡，得到的基准线是一个80：20的关系：产出或报酬的80%取决于20%的投入或努力。

在现实生活中，有的人整天忙忙碌碌，却不见得有什么成绩；有的人并不怎么忙碌，却始终活得轻轻松松、有滋有味——同样是一天24小时，为什么不同的人却有着不同的效率和质量？

这是因为，那些整日忙碌的人在做事的时候总是习惯于贪多，总想一下子做成几件事。这种追求面面俱到的做法，很容易使其拘泥于小事而无法正视大事，结果极有可能本末倒置，最终一事无成。所以，我们在做事的时候，一定要先弄清什么事才是最重要的。

伯利恒钢铁公司总裁理查斯·舒瓦普，在公司初创时常常为自己和公司的低效率而忧虑，于是向效率专家艾维·李请教。艾维·李给他的建议是："把你明天必须要做的最重要的工作记下来，按重要程度编上号码。最重要的排在首位，依次类推。早上一上班，马上从第一项工作做起，一直做到完成为止。然后用同样的方法对待第二项工作、第三项工作……直到你下班为止。即使你花一整天的时间才完成了第一项工作也没关系，只要它是最重要的工作，就坚持做下去。每一天都要这样做。在你对这种方法的价值深信不疑之后，叫你公司的人也这样做。"

5年后，伯利恒钢铁公司从一个鲜为人知的小钢铁厂，一跃成为最大的不需要外援的钢铁生产企业。理查斯·舒瓦普也成为一名举世闻名的钢铁大王。

哈佛商学院的教授在教学中经常给学生讲述一种很有效的做事方法：80对20法则。即任何工作，如果按价值顺序排列，那么总价值的80%往往来源于20%的项目。

简单地说，就是如果我们把所有必须做的事情，按重要程度分为10项的话，那么只要把其中最重要的两项干好，其余的8项工作也就自然而然地顺利完成了。这也就是说，如果我们要把手中的事情处理好，就要分清事情的轻重缓急，学会抛开那无足轻重的80%，敢于舍弃一些细枝末节的小事，把自己的时间、精力全部集中在那些最有价值的20%中去。这是高效率做事的一个妙招，也是成功者们的共识。坚持这个原则，会给我们的生活和工作带来意想不到的收获。

一个人在运用全部的精力处理最重要的工作时，可以将注意力"封闭"起来。这样，在处理重要任务时，就不会再受外界的干扰，并为其他次要的事务分散精力。相反，如果一个人在生活和工作中分不清轻重缓急，做事就会没有计划。不但会浪费许多时间、错过大好的机会，更会让我们的努力全部"归零"！

思路突破

学会舍轻就重

对于那些成功者来说，不论他们处于多么复杂的环境中，都会停下来审视一番，把事情分为轻重缓急。先把那些最重要、最紧急的事情做了，再做那些不重要、不紧急的事情，放弃那些没有意义的事情。这样做既节省了时间，又有效地提高了处理事情的效率。

经营事业：有所为，有所不为

80∶20法则认为，80%的销售额来自20%的顾客，80%的利润来自20%的顾客。它们之间存在着一种固有的不平衡关系。当把80∶20法则运用到市场营销中，我们就可以以此来确

立一些更为有效的营销策略。

如果你发现自己公司的80％的利润来自20％的顾客，你就会想方设法扩大对那20％的顾客的影响力。这样做，不但比把注意力平均分散于所有的顾客更容易，也更值得。现在，最主要的工作就是保住顾客中关键的20％，以及如何把这20％的关键顾客变为常客。

80：20管理法则的要旨在于将20％的经营要务明确为企业经营应该关注的重要方面，从而指导企业家在经营中收拢五指攥成拳，突出重点，全力进攻，以此来牵住经营的"牛鼻子"，带动企业各项经营工作顺势而上，取得更好成效。

应当看到，80：20法则所提倡的指导思想，就是"有所为，有所不为"的经营方略。将80：20作为确定比值，本身就说明经营企业不应该面面俱到，而应侧重抓关键的人、关键的环节、关键的岗位、关键的项目。企业家要想有所建树，就必须将企业里的注意力集中到20％的重点经营要务上来，采取倾斜性措施，确保重点突破，进而以重点带全面，取得企业经营的整体进步。

这一企业管理法则之所以得到国际企业界的普遍认可，就在于它用20％的比例确定了经营者管理的大视野，让企业家们知道，要想使自己的经营管理能突出重点，抓出成效，就必须首先弄清楚企业中20％的经营骨干力量、20％的重点产品、20％的重点用户、20％的重点信息以及20％的重点项目。从而将自己经营管理的注意力集中到这20％的重点经营要务上来，采取有效的措施，确保关键之处得到重点突破，进而以重点带动全面。

美国、日本的一些国际知名企业，都很注重运用80：20法则进行企业经营管理，不断调整和确定企业阶段性的重点经营要务；注重从80：20法则入手，积极思考如何采用得当的方法，使下属企业的经营重点也能间接地抓上手，抓到位，抓出成效。

正因为成功地运用了80：20法则，一个颇具规模的企业才被管理得有条不紊，并使那些重点经营要务在倾斜性管理中得到突出。

活用80：20的致富法则

80：20法则是一个宇宙大法则。这一法则广泛存在于自然界和人类社会。灵活运用它来经商绝不吃亏，因为它是犹太商人千百年来总结出来的经验。

80：20的经商法则是一个具有绝对权威、千古不变的真理法则，依靠这个不变的法则，犹太人获得了世人皆慕的财富。

阿沙德是一位美籍犹太人。二战初，他的父母为了逃避法西斯对犹太人的迫害，逃亡到美国并生下了他。十分不幸的是，阿沙德尚未读完初中，父亲就英年早逝。他不得不中途辍学，到社会上打工，以维持家庭生活。与其他犹太人一样，生活的艰难阻挡不住他求学的决心，他边工作边自学，直到读完了大学。

阿沙德认为，在一个国家中，富有的人远远少于一般大众，但富有人所拥有的货币却压倒大多数人。也就是说，一般大众所持有的货币为20％，而其他人所持的货币是80％。因此，做生意前须把80％的精力放在20％的最主要客户上，而不能平均使用力量。阿沙德就是利用了80：20法则，把主要精力集中于富有的客户身上，因而取得了巨大的成绩。短短两年时间，他就成了百万富翁。

后来，阿沙德创办了一家投资公司。他又注意到各国经济在不断发展，需要更多的资金发展大项目。于是，他又想出办法，把犹太人分散的钱积聚起来，吸纳个人的钱购买股票或股权，把集中起来的钱投向耗资多并且回报率高的大项目。这样做，既满足了企业发展的需求，又解决了当地政府发展经济的难题，自己还可以从中渔利。正是这样，阿沙德成为华尔街上的一名风云人物。

世界上有太多的80：20现象存在。犹太人认为，不赚钱的经商是不符合"80：20"法则的，因而不能生存下去。欲要赚钱，在经营中就必须懂得核算。这正如一个正方形的内切圆一样，投入的资本，起码要达到一定的利润回报率才合算；如达不到这个比率，就不合算乃至亏本，这样的生意就不能做。

放贷赚钱法是犹太人起家的一招，他们在英国和欧洲产业革命之时，瞄准了企业发展急需资金的状况，以高利率把钱借给那些企业，得到的回报率比自己办企业赚钱还多，而风险相应减少。这是运用80：20法则的又一种表现。

事实上，犹太人善于运用资金，靠筹集的钱增多增值，把其用到最佳的位置上，这也是80：20法则的活用。

点亮思维

在你生活或工作的过程中，绝对不可以将自己的精力和努力平均分摊在每一件事情上。"一视同仁"是不可取的。最明智的做法应该是：将有限的精力充分投入到对全局起着关键作用的重要的事情上，从而取得事半功倍的效果。

把时间花在经营强项上，
而非去弥补弱点

你能把什么做好，是天赋决定的；去不去做，是你自己决定的。如果你做了天性里最擅长的事，你就能成功；如果你蔑视上苍赋予你的强项，执意去做别的事情，那么，你的成就很可能小得多。换而言之，做任何事情，千万别偏离自己的最佳才能区。只有这样，你才会接近你想要的成功。

有人对100位退休老人进行了问卷调查，其中有一道题是这样问的："回顾你的一生，你最大的遗憾是什么？"

他们的答案大大出乎我们的预料：他们之中竟然有90%的人觉得一生中最大的遗憾是选错了职业！

这些风烛残年的老人，在回顾自己的人生时，没有抱怨自己挣钱太少，也没有抱怨婚姻和家庭的不幸，但对自己的职业选择却始终耿耿于怀。这是一张令人惊讶的人生答卷。

据统计，在选错职业的人当中，有80%以上的人在事业上是失败者。许多人之所以勤奋工作仍不能成功，就是因为选错了职业，走的是一条南辕北辙的路。他们越是在这条路上努力，成功离他们也就越遥远。无论怎样的勤勤恳恳、百折不挠，平庸都像挥之不去的梦魇一样，伴随其左右。他们的脚步仍然无法踏向成功的大道。

不仅如此，选错了专业，也是很多人郁郁寡欢的原因。

某杂志曾经对部分高校的在校大学生做过这样的调查：你喜欢所学的专业吗？有40%的大学生的回答是"不喜欢"。这是一个令人触目惊心的数字，也是一个令人深思的数字。如果真是那样的话，那么就意味着有40%的大学生不是在快乐地学习，而是在痛苦地或无奈地学习。试想一下，面对自己不喜欢的专业，想要学有所成，这不是痴人说梦吗？

不仅选择职业、专业如此，企业经营也如此。很多的企业越做越大，经营的项目越来越多，但是反而会亏损。其根本原因就是在多元化经营过程中，选择了自己并不擅长的项目。

法国某报悬赏提了一个问题：博物馆失火了，你只来得及抢救一幅名画，那你会挑哪一幅？答案五花八门：最昂贵的、自己最喜欢的、最古老的等等。但是最终得奖的是一位名作家的回答：抢救离出口最近的那一幅画。

很多人之所以没有找到最好的答案，就是因为没有意识到抢救离出口最近的那一幅画，是离成功最近和最有可能成功的。而对于我们每个人而言，离成功最近、最有价值、最有可能实现的，就是找到自己的最佳才能、最优性格、最大兴趣、最有利的环境等信息的区域。这个区域，我们称之为"最佳才能区"。简而言之，最佳才能区就是我们最感兴趣、最擅长、最得心应手的区域。因此，在选择专业、职业、工作和经营项目等过程中，要充分考虑自己的性格、兴趣、特长、内外环境等因素，也就是说别偏离自己的最佳才能区。

每个人都有自己的性格，并因为每种性格而有其擅长的职业。有的人擅长这一行，有的人擅长那一行，还有的人整天游来荡去，他们所擅长的就是无所事事。因此，我们在选择职业时，一定不能随波逐流，要选择最适合自己的，因为这才是最好的。

思路突破

聚焦于你的最佳才能区

做任何事，我们都不能偏离最佳才能区。只有锁定在你的最佳才能区内，事情才会变得轻而易举。遵循最佳才能区，是通往成功最近的路。

发现自己的长处

人生的诀窍就是经营自己的长处，因为优点和长处能够给人们的人生带来增值。正如洛威尔所说："做我们的天赋所不擅长的事情往往是徒劳无益的。在人类历史上，因为做自己所不擅长的事情而导致理想破灭、一事无成的例子不胜枚举。"

一个人竭尽全力去做一件事而没有成功，并不意味着做任何事情都无法成功。因为他可能选择了不合天性的职业，这就注定他难以出人头地。但也不是发挥了所有才能，才会

020

思路决定出路

发现自己真正擅长的是什么。只有每个人的天赋与个性完全和目前的工作相协调，才会干得得心应手。

很多人一时很难弄清自己的兴趣所在或擅长什么。这就需要在实际工作中善于发现自己、认识自己，不断地了解自己能干什么、不能干什么。如此才能取之所长，避之所短，进而成就大事。

几乎每一个孩子都会被问到同样的问题："你长大了想做什么？""要当科学家、文学家、歌星、总统……"但是随着年龄的增长，这些儿时的梦想就像美丽的肥皂泡一样破灭了。他们长大后对待生活和工作就像机器一样麻木。为什么会发生如此大的变化呢？究其原因，就是没有找到自己最感兴趣又最能发挥自己特长的工作。把握不了自己的前途和命运，因而也快乐不起来。

如果出现了不得不做一些不喜欢的事的情况，不要苦恼，更不要迁就，要尽早使自己从不开心的状态中解脱出来。只有根据自己的爱好去选择事业的目标，主动性才会得到充分发挥。即使是十分疲倦和辛劳、困难重重，也应兴致勃勃、心情愉快，百折不挠地去克服它，决不灰心丧气。

但凡成功者，他们成功的关键都是掌握了自身的优势，并加倍强化这种优势，完全投入到自己所喜欢的工作之中，将这种富有特长的兴趣爱好发挥到极致。因此，在选择职业时，不要问自己可以赚多少钱或可以获得多大名声，而应该问自己对哪些工作最感兴趣且可以最充分地发挥自己的潜能。要选择那些能促进自己的发展、使自己雄心勃勃、将来会有所成就的职业。

德国著名作家席勒曾经被送到军事学校学习外科医学。但他对医学根本不感兴趣，只热衷于文学创作。他私下里创作了剧本《抢劫者》。学校的管理像监狱一样，令他厌烦万分。而对作家职业的向往又令他饥渴异常，终于得到一位善良女士的帮助，创作出了两部伟大的戏剧，成为不朽的文坛巨匠。席勒的经历告诉我们：一个人只有发挥自己的长处，做自己最擅长的事情，才能取得非凡的成就。

爱因斯坦在20世纪50年代曾收到一封邀请他去当以色列总统的信，他断然拒绝了。他说："我整个一生只擅长同客观物质打交道，既缺乏天生的才智，也缺乏经验来处理行政事务及公正地对待别人。所以，本人不适合如此高官重任。"

美国作家马克·吐温为了维持生计曾经多次经商。开始时他打算进购一批打字机，但受了别人的欺骗，赔进去19万美元；后来又办出版公司，也不是很懂行，更不善经营，又赔了近10万美元。不仅把自己多年心血换来的稿费赔个精光，而且还欠了很多的债。马克·吐温的妻子奥莉姬深知丈夫没有经商的才能，只擅长写作，便帮助他鼓起勇气，振作精神，重走创作之路。终于，马克·吐温很快摆脱了失败阴影的痛苦，在文学创作上取得了辉煌的成就。

但凡有成就的人，无不从事着自己喜欢做、擅长做的工作。只有发挥自己的优势和长处，才能不断进取，获得辉煌。

做自己擅长的事

歌德曾经说过："每个人都有与生俱来的天分。当这些天分得到充分发挥时，自然能够为他带来极致的快乐。"如果你希望体验到这份快乐，首先要做的就是看清自己的长处，了解自己的能力。

如果你丢开自己天赋的优势和才能，在不擅长的领域寻求发展，你很快就会发现，自己像在泥潭里挣扎一样，无论从事什么职业，都难逃失败的命运。

面对失败，你也许会说："我实在是太平凡了，根本没有什么特殊才能。"千万不要这么认为。即使是那些看起来很笨的人，也会在某些特定的方面有杰出的才能。每个人都有自己的特长，都有自己特定的天赋与素质。如果你选对了符合自己特长的努力目标，就能成功；反之，就会埋没自己。

很多成功人士的成功，首先得益于他们充分了解自己的长处，从自己的长处开始做起。如果不充分了解自己的长处，只凭自己一时的兴趣和想法，那么就很不准确，有很大的盲目性。歌德一度没能充分了解自己的长处，树立了当画家的错误志向，害得他浪费了10多年的光阴，为此他非常后悔。美国女影星霍利·亨特一度竭力避免被定位为短小精悍的女人，结果走了一段弯路。后来在经纪人的引导下，她根据自己身材娇小、个性鲜明、演技极富弹性的特点重新进行了正确的定位，并出演《钢琴课》等影片，一举夺得戛纳电影节的"金棕榈"奖和奥斯卡大奖。

那些成大事的成功者，几乎都有一个共同的特征：不论才智高低，也不论他们从事哪一种行业、担任何种职务，他们都在做自己最擅长的事。

一位全国知名的经济学教授在经济研讨会上曾经引用三个经济原则做了贴切的比喻。他指出：正如一个国家选择经济发展战略一样，每个人应该选择自己最擅长的工作、做自己最感兴趣的事，这样才会干好并感觉愉快。

一是"比较利益原则"。当你把自己与别人相比时，不必羡慕别人，你自己的专长对你才是最有利的。

二是"机会成本原则"。一旦自己做了选择之后，就得放弃其他的选择。两者之间的取舍就反映出这一工作的机会成本。所以你一旦选择就必须全力以赴，增加对工作的认真程度。

三是"效率原则"。工作的成果不在于你工作时间有多长，而是在于成效有多少、附加值有多高。如此，自己的努力才不会白费，才能得到适当的报偿与鼓舞。

成功是自己造就的。你不必看轻自己，你要相信你的能力是独一无二的。你也许正在完成一件了不起的事，有朝一日，你或许真的可以变得"很不平凡"，而成为大家羡慕的成功者。

▌点亮思维▐

从事自己最擅长的事情的时候，我们的注意力就会自然地聚焦到这件事情上面。这种高度聚焦的境界能够产生一种不可战胜的力量。而许多人穷尽一生都没有成功，其中最重要的原因就是无法给自己一个合适的定位。

整合资源，与人共赢

俗话说得好："一个篱笆三个桩，一个好汉三个帮。"要获得事业上的成功，不能只靠个人的力量，更需要别人的帮助。只有得到更多人的帮助，自己才能成功。每个人的能力都有一定限度，善于与人合作，能够弥补自己能力的不足，才能达到自己原本达不到的目的。

我们知道，所有企业都存在于产业链条中，如何处理好与上下游的关系是存亡的关键。这好比在食物链中，狼吃羊，羊吃草。虽然狼不吃草，但是没有草，狼就活不了。所以说，企业的供应链也有这样一种相互依存的关系。生产企业如果没有原材料，甚至毛坯料都要自己去做粗加工，那样生产周期就太长了，所以还要依赖于供应商。同样生产出来的产品即使质量再好，但是如果整个销售网络没有打开也不行。俗话说："独木不成林。""一个好汉三个帮。"这些都说明，无论个人还是企业都不应该孤军作战。

创维的经历能够说明这个问题。2004年11月30日黄宏生事件发生后，创维避免了像金正、爱多等大多数家电业的民企"当家人一倒，江山变色"的悲剧，不但没有受到巨大冲击，一切工作按部就班地进行，而且借力于危难之间，在2004年12月和2005年1月创造了销售和回款的双增长。

这一切除了归功于创维成熟的公关技巧和"未雨绸缪"的公司制度外，还要归功于其

"上下游"供应商等合作伙伴的挺身而出和"拔刀相助"。

一向以大手笔公关著称的创维，在此次事件中，更是不忘充分利用各种可能利用的资源稳定供应链，为成功"复牌"精心策划。

先是上游供应商，以彩虹集团为代表的8家彩管供应企业纷纷表态支持创维渡过难关；紧接着来自下游流通渠道：国美、苏宁、永乐、大中等四巨头分别向创维领导人表示，无论发生什么情况，他们都力挺创维。这为创维市场的稳定起到了积极作用。

与经销商和客户对金正的落井下石相比，创维似乎要幸运得多。与巨能钙的危机不同，创维的主要危机不是来自于消费者，而是上下游。在关键时刻不被他们抛弃是创维渡过危机的关键。

比如就彩虹而言，创维是其第二大客户，自创维做彩电起就开始与其合作，业务往来已有很长时间。"创维一直是我们信誉很好的客户之一"，彩虹的相关负责人评论说。而黄宏生出事的时候，双方结账期限刚过去10天，创维欠彩虹的余款不过1800万元。在利益相关的前提下，彩虹很爽快地做出了上述表态。也正是有彩虹这样的合作伙伴力保，才使得创维闯过了难关。

值得我们关注的是，现今企业的产业链也在不断延伸。一些国际知名企业的产业链大都延伸至10个国家以上。事实上，合作伙伴的多寡，是衡量一个企业成功与否的依据。合作伙伴数目的增加有助于提升公司的自身能力。微软之所以有今天的地位，与它有2万多合作伙伴有直接关系。

特别是通过资本纽带，生产商、运输商、销售商等进行联合，大的工业链正在形成。在此趋势下，参与资源整合非常重要。资源整合能力必将成为企业的核心竞争力之一。企业要强化整合资源的理念，提升整合资源的能力，让社会资源为企业发展服务。具有垄断资源优势，或掌控市场渠道，或拥有自主知识产权和品牌等要素的企业，必将成为资源整合的龙头，享有资源整合的优势，处于资源整合的主动地位，也是资源整合的推动者。

管理学界最近有一句话很为企业界所认可："未来的竞争是价值链对价值链的竞争，是产业集群对产业集群的竞争，是联盟对联盟的竞争。"竞争的手段千千万，竞争力体现的方式和场合也五花八门。与强者结成牢固的战略联盟，以使自己有竞争力就是其中的一种。在市场经济的环境中，企业如果要和另一家强势企业结成战略联盟，就必须努力成为对方价值链上重要的一环。

思路突破

寻求合作，路路畅通

在科学技术日新月异、商务通讯极为发达的现代社会，单枪匹马打天下已不合时宜。合作伙伴的好坏决定今后合作的愉快与否以及事业发展的强弱。对此，一定要慎重，要以理智的头脑去选择合作伙伴，保证合作的成功。

狐假虎威，学会与强者同行

大量事实证明，善于合作是现代社会的生存之道。现代的竞争更多的时候是一种"相互合作"的结果，而决不是"单打独斗"。在社会分工越来越精细的21世纪，更多的竞争企业意识到，他们之间相互结为战略伙伴，不但弥补了各自的不足，还会进一步做大市场这块蛋糕的份额，从而实现"双赢"。

实际上，温州有不少企业就是这样发展起来的。立峰集团就是其中一个具有说服力的例子。在温州，这家企业一开始只是一个生产摩托车闸把座的小厂。老板张峰因开发出防腐性能超过日本标准并填补了国内空白的摩托车闸把座，而得以在摩托车制造行业中占得一席之地。当这一产品成为日本进口件的替代品并得到了国内市场的认可之后，张峰争取到了中国最大的摩托车生产企业——中国嘉陵集团的合作合同。其后，张峰凭借自己建立起来的良好信誉，寻求与嘉陵集团更深层次的合作。1992年，双方达成协议，共同出资建立瑞安嘉陵立峰摩托车配件有限公司。该公司的注册资金为600万元，由嘉陵集团投资180万元，占总股本的30%。公司专为嘉陵集团生产摩托车闸总成零部件。从此，立峰公司的产品成为中国产量最大的嘉陵摩托车的专用配件。其产值在3年时间内翻了一番，规模与效益扩大了10倍。在此基础上，张峰又提出将配件生产扩大为整件生产，从而利用了嘉陵集团的技术优势与品牌优势，开发出各种类型的嘉陵立峰摩托车，这些摩托车主要用于出口。通过这种合作关系，"嘉陵"和"立峰"双方都获得了利润。在"嘉陵"方面，降低了生产成本，取得了合乎质量要求的配件和整车；而在"立峰"方面，则除了获得利润外，还获得了先进的生产技术和品牌知名度。企业的壮大发展上了快车道，自然今非昔比。

在嘉陵集团这棵大树的"庇护"下，立峰公司既拥有了摩托车整车的生产技术和经验，同时还拥有了产品进入市场所不可或缺的资金。不仅如此，借着嘉陵集团的销售渠道，立峰公司轻而易举地在全国摩托车市场分到了"一杯羹"。乃至一切条件都已成熟，由立峰公司独立开发生产的大排量、高档次的重型摩托车"大地摩王"面世了，并迅速通过了技术鉴定，获得了摩托车生产许可证。

常言说："合久必分，分久必合。"立峰集团既然具备了独立发展的能力，与嘉陵集团分道扬镳也就成为一种必然。对此，嘉陵集团即使没有预感，也是有着心理准备的。他们也没有必要为培养出了一个竞争对手而生气。因为在"立峰"与"嘉陵"合作的几年中，"嘉陵"节省了大量的生产成本，获取了丰厚利润，并且因此更为顺利地发展和壮大起来。而从长远利益着眼，"立峰"得到的好处更是不可估量：从一家生产摩托车零件的小厂发展成为摩托车市场中的一个巨头，这变化还不明显吗？而这可以说十之七八得益于与"嘉陵"的合作。由此可以说，如果没有与"嘉陵"的合作，没有"寄人篱下"的那几年，就没有"立峰"的今天。

在现代市场经济条件下，企业的竞争是实力的竞争。要想在残酷的竞争中谋得一席之地，加强自己的实力必不可少，而借大经济之身发展自己的小经济并由小而大，可以说是小企业的基本发展模式。

高明的合作会使你由弱变强

在商战中，那些成功的商人非常重视合作。他们认为找一个旗鼓相当的合作伙伴是成功的一半。合作不仅可以扬长避短，共同承担风险，而且可以增大双方的力量。

犹太银行家莱曼兄弟的产业传到第二代莱曼的手里时，势力已经扩大到运输业、汽车业和橡胶轮胎业。同萨克斯公司联合之后，莱曼兄弟公司在华尔街异常引人注目。

20世纪70年代，美国进入空前繁荣时期。莱曼兄弟公司把全部资金投向了联合大企业。当时，莱曼公司大出风头，成为企业兼并和盘购狂潮的带头人。

在此期间，莱曼家族同其他几家犹太富豪结成了姻亲关系。刘易斯就是其中的一家，他把制铜业带进了莱曼家族的经营范围。

莱曼公司是银行业的大师。兼并和盘购企业，仅仅是莱曼公司按顾客要求而提供的一揽子服务的一部分。公司还代理大大小小的谈判，他们做起生意来从不嫌小，收起费用来从不嫌高。

后来由于经济衰退以及银行内部纠纷等问题，在20世纪70年代末期，莱曼兄弟公司进入了衰退时期，被列入了纽约证券交易所的早期警告名单之上。

为了挽救莱曼公司，股东们更换了董事长。两年之后，莱曼公司得到复兴，利润率一直保持在80%的水平。

1977年，莱曼公司与另一家犹太银行库恩‧洛布公司合并。库恩‧洛布公司是同莱曼兄弟公司同时发展起来的。

库恩‧洛布公司最初在辛辛那提卖干货，以后带着50万美元到纽约开银行，全盛时取得了美国投资银行的支配地位。同莱曼公司合并后，新银行在最大的投资银行中排名第四。这次合并不仅具有历史意义，而且把莱曼公司在国内的势力和库恩‧洛布公司在国外的特长集于一身，使华尔街最好的两家银行合并为一体。

自己的力量是有限的，这不单是商人的问题，也是我们每一个人的问题。但是只要有心与人

> 作为管理者要想成功，就要让管理
> 回归简单，即适才授"官"。这是
> 管理的灵魂之所在。

合作，善假于物，那就能取人之长，补己之短，而且能互惠互利，让合作的双方都能从中受益。

然而，现实生活中的合作有时很难成功。创业时，彼此尚能同甘共苦、同舟共济，而一旦有了胜利果实，就会为各自的利益争个面红耳赤，最终导致合作失败。所以，这就需要我们在选择志同道合、素质高的合作伙伴的同时，将丑话说在前头，签订详细完善的合作协议。单单以友谊为纽带、以感情为基础的合作，最终是不可靠的。

> **| 点亮思维 |**
>
> 善于与人团结协作是许多成功人士的共同特性。在现代社会，不讲合作，单枪匹马地干任何事情都是很难成功的。建立良好的合作关系，会使你受益匪浅，减少"弯路"，避免"摔跟头"。

指挥千军，不如用好一人

> 帅才善授"官"。与其指挥千人，不如指挥百人；与其指挥百人，不如指挥十人。作为管理者要想成功，就要让管理回归简单，即适才授"官"。这是管理的灵魂之所在。
>
> 西方管理学者卡尼奇说："当一个人体会到他请别人帮他一起做一件工作，其效果要比他单独去干好得多时，他便在生活中迈进了一大步。"

什么是管理者？说白了，管理者就是驱使别人为自己干活的人。遗憾的是，现实企业中，许多管理者喜欢事必躬亲，喜欢亲手做事的成就感。其实不然，这样做的管理者永远无法静下来思考，判断经济发展趋势、行业走向和本企业的战略发展规划。

只要被给予机会，每个人都有自己能做的一摊子事。这就要求把合适的人动用起来，让他能独当一面去做事。君主固然能治理国家，可要他去牧羊，他反而不如一个牧童做得好。这说明，人的才能总有局限的时候，放眼全球，那些大企业家、卓越的领导人，无不是擅长用人的人。

杰克·韦尔奇有"经理人中的经理人"之称，而他所在的通用汽车公司，也素有"企业家摇篮"的美誉。韦尔奇之所以获得这样的称赞，在业界之所以重要，就是因为他善于生产"人才"。

在一次全球前500名经理人员大会上，杰克·韦尔奇透露他成功的重要秘诀时说："我的全部工作便是选择适当的人。"韦尔奇这句经典的论述，被誉为"韦尔奇原则"，是他一生用人、培养人实践的总结，也是值得所有管理者好好琢磨的真谛。

一个称职的管理者，必须热爱自己的员工、拥抱自己的员工、激励自己的员工；一个合格的管理者，必须随时掌握20%的最好的员工姓名和10%的最差的员工情况，以便采取准确的奖惩措施；一个优秀的管理者，最值得骄傲的方面就是用人：让合适的人做合适的事——因为一个人在某个特定的历史时代、某个特定的历史时期做某件事情适合，但是换一个时间，他可能就不适合这个工作了。用人之道，应该就事论事，了解什么样的人、在什么样的时刻、适合做什么样的事情，只有恰到好处，才能最大地发挥人才的作用。

汉高祖刘邦斩蛇起义，以亭长起身，当上了开国皇帝。与其说他有过人的智谋，或者上天眷顾的运气，不如说是因为他选择了萧何、韩信为左膀右臂，让他得以功成名就。用好一人，胜过指挥千军万马。

对于刘邦的用人智慧，大将韩信也非常佩服。刘邦有一次问韩信："像我这样的人你看能带领多少士兵？"韩信回答："超不过十万人。"刘邦又问："那你呢？"韩信说："多多益善。"刘邦笑了："你能多多益善，那怎么还是被我所驱使了呢？"韩信说："你不善领兵卒，却善于领导将士，这就是我韩信为你所驱使的原因。"

可见，要想成为一个成功的领导者，关键在于能够用好关键的一个或几个人，让这些关键人对自己服服帖帖，再由这一个或几个关键人指挥千军万马，创造伟业。

成功之道，贵在用人。可能你自己并不优秀，但如果你能找到合适的人，给他们合适的工作去发挥，并且充分激发他们的潜力，那么你就是一个成功的管理者。

▌思路突破

学会授权

高明的授权法是既要下放一定的权力给下属，又不能给他们以绝对受重视的感觉；既要检查督促他们的工作，又不能使下属感觉到有名无权。

根据每个人的长处充分授权

高明的管理者之所以高明、平庸的管理者之所以平庸，其区别在于高明者懂得放手管理，充分授权于下属；而平庸者则事无巨细，全部包揽。

授权并不难，因为每个人都有自己擅长的领域，也有不熟悉的方面。所以在授权的时候应人尽其才、大胆启用精通某一行业或岗位的人，并授予其充分的权力，使其具有独立做主的自由，能自己做出决定，并激发他们工作的使命感。这是管理人实现成功管理的简单原则，也是适应公司发展潮流的必然要求。

河岛是本田集团的第二任社长。当他决定进入美国办厂时，企业内预先设立了筹备委员会。人员主要来自人事、生产、资本三个专门委员会，他们是整个集团中非常有才华的员工。虽然有权做出决策的是河岛，但制定具体方案的却是员工组织，河岛并不参与，他坚信员工做得会比自己做得更好。

一天，一位副总问河岛为何不亲自赶赴美国做实地考察。河岛说："我非常清楚我对美国不很熟悉。既然熟悉它的人觉得这块地最好，难道我不该相信他的眼光吗？我既不是房地产商，也不是账房先生。"

河岛继承了本田一贯的做事风格，即把财务和销售方面的工作全权托付给副社长。

1985年9月，在东京青山，一栋充满现代感的大楼竣工了。赴日访问的英国查尔斯王子和戴安娜王妃应邀参观了这栋大楼。一时间日本国内各种媒体竞相报道，本田技术研究工业公司的"本田青山大楼"从此扬名世界。

事实上，在"本田青山大楼"的规划、建筑过程中，作为本田集团的元老本田宗一郎并没有插手过问。他对手下人常说的一句话就是：不要抱着权力不放，要充分相信年轻人。第三任社长久米在"城市"车开发中也充分显现了对下属的授权原则。开发小组的成员大多是20多岁的年轻人。于是，有些董事不无担心地说："这帮年轻人做事都没经验，不会出问题吧？""会不会弄出稀奇古怪的车来呢？"然而，久米对这些话根本不予理会。年轻的技术人员则充满信心地对董事们说："要知道，开这车的是我们这一代人，而不是你们。"就这样，这些年轻技术员开发出的新车"城市"，车型高挑，打破了汽车必须呈流线型的"常规"。那些脑筋僵化的董事又担心地说："这样的车型太丑了，会有人买吗？"但技术员坚信：如今的年轻人就是想要这样的车。果然，"城市"一上市，很快就在年轻人中风靡一时。

其实，本田正是根据每个人的长处授权，并大胆使用年轻人，培养他们强烈的工作使命感和责任感，从而使本田辉煌的业绩达到了一个顶点。

拿捏好授权的节奏：有张有弛

一个成功的管理人应该懂得"一个人权力的应用在于让他们拥有权力"。掌握授权这一管理人的艺术，需要注意的是授权虽然重要，但并不是人人都会授权。授权不当比不授权造成的后果更严重。当然授权也并不是比登天还难，下面介绍几种授权方法：

（1）看准人授权

即根据下级的能力大小和其他个性特征等区别授权。对于能力相对较强的人，宜多授一些权力，这样既可将事办好，又能锻炼人；但对于能力相对较弱的人，不宜一下子授予重权，否则就可能出现失误。同时，授权时应考虑被授权者的其他个性特征。对于性格外倾性明显者，授权让他解决人事关系及部门之间沟通协调的事容易成功；对于性格内倾性明显者，授权他分析和研究某些问题则容易成功；对于要求做出迅速和灵活反应的工作，授权让多血质和胆汁质的人处理就能成功；对于要求持久、细致严谨的工作，授权让黏液质和抑郁质的人处理就可能效果良好。

（2）当众授权

当众授权有利于使其他与被授权者相关的部门和个人清楚管理人授予谁什么权、权力大小和权力范围等，从而避免在今后处理授权范围内的事出现程序混乱及其他部门和个人"不买账"的现象。

（3）授权要有一定根据

管理人以手谕、备忘录、授权书、委托书等书面形式授权具有三大好处：一是当别人不服时，可以此为证；二是明确了其授权范围后，既限制下级做超限的事，又避免下级将其处理范围内的事上交，以请示为由，貌似尊重、实则用麻烦新管理人的办法讨好新管理人；三是避免管理人将授权之事置于脑后，又去处理其熟悉但并不重要的事。

（4）授权后不宜短时间内把权收回

如果授予一定权力后立即变更，会产生三个不利影响：一是等于向其他人宣布了自己在授权上有失误；二是权力收回后，自己负责处理此事的效果如果调整，则更产生副作用；三是容易使下级产生管理人放权却又不放心的感觉，觉得自己并不受管理人信任，有一种被欺骗感。因此，在授权后一段时间内，即使被授权者表现欠佳，也应通过适当指导或创造一些有利条件让人以功补过，不必马上收权。

（5）授权忌把责任推给被授权者

组织管理原则中一直有"权责对等"这一原则，但授权却是例外。即授权后不要求被授权者承担对等的责任。因为权责对等原则是针对某一职位应拥有的权力而言的，若没有这一权力，则这一职位就没有必要设立。而授权对于管理人来说是一种可为也可不为的权力，而不是必须为的义务。在这种情况下，管理人授权的实质就是请被授权者帮助他办事，是一种委托行为。因此，授权后，当被授权者将事情干得好时，应当给予奖励和表彰；当事情干得不如意时，管理人应该自己来承担责任，而不能将责任推给被授权者。

（6）授权有禁区

尽管从某种角度说，管理人能够授出的权越多越好，但并不等于说管理人将所有权都授出去而自己挂了空衔最好。如果这样，公司就没有必要设立管理人了。在授权问题上存在禁区，有的权多授好，有的权少授甚至不授更好。比如公司长远规划的批准权、重大人事安排权等等。

点亮思维

高明的授权是既要下放一定的权力给部下，又不能给他们以绝对受重视的感觉；既要大胆信任，又要有一定的牵制。要知道授权并不是一味地授，而是要做到有张有弛。若想成为一名成功管理人，就必须深谙此道，把授权玩于股掌之间，在管理的海洋中游刃有余。

加长团队的 "短板"，
会霎时提高绩效

木桶的容量决定于最短的那块木板的长度。若想增加容量，方法就是要么 "加长" 那块最短的木板，要么 "换掉" 那块木板。

要加长那块最短的木板，就必须根据 "短板" 原有的质量来缝接木板。在公司人力资源管理中，常常采用培训的方法，提高员工的水平，但这会增加 "成本"，且有一定的周期。所以，一个人如果恰巧就是 "短板"，就要努力把自己 "加长"。

大千世界，复杂多变；人生多舛，世事艰难。但是，对于那些有志之人来说，不应因前进路上的重重困难而丧失志向，而应该认识逆境、突破逆境，一步步提高自己的能力，改善自己的条件，并认清发展自己的途径，那么成功是可以实现的。

由一个学徒工最终成为洲际大饭店总裁的罗拔·胡雅特，他的成功就是在于他时刻不忘加长自己的"短板"，并最终获得了人们的尊敬和认可，从而拥有后来的成就。

罗拔·胡雅特初到大饭店工作是当侍应生。由于接触的人多了，对饭店的事情也慢慢地有了深入了解。他知道，观光大饭店接待的是各国人士，因此必须有多种语言能力，才能应付自如。但是，除了本国语言，他对其他国家的语言一窍不通。于是，权衡利弊之后，他决定在工作之余开始自修英语。

3年之后，柯丽珑大饭店要选派几个人到英国去实习，胡雅特被录取，因为他的英文已有相当的基础。想不到3年的苦学，竟成了他进修的本钱。

在英国实习一年回来后，胡雅特由侍应生升了领班。接着，第二个机会来临了。德国广场大饭店想跟柯丽珑大饭店交换一个服务人员实习。胡雅特得知后，找到经理，要求这一工作机会。经理准许了他的要求。

这是对他未来事业影响最深远的一次转变。因为到了德国之后，他选择了一个对自己完全陌生的工作——招揽观光旅客。这使他对这一行的了解更上一层楼。

胡雅特到德国后不久，正遇上30年代的经济不景气。观光客的人数也跟着锐减，大饭店的经营非常不易。

大家都认为，在这段时间里，观光饭店的生意不会有什么大作为。但胡雅特却另有看法。他认为在这段时间如果能多招揽观光客，才是表现自己最好的时候。假如大家生意都好，就显不出自己有什么特别的地方了。

于是，他利用广场大饭店过去的旅客资料，动脑筋设计出一些内容不同的信函，分别寄给旅客。通过这些措施，使广场大饭店平稳度过了这段艰苦的时期。

胡雅特回到法国之后，由于广场大饭店老板的极力推崇，经理把他调升到罗浮大饭店当业务部副经理。

在这段时间，由于业务的往来，他发觉从事这种国际性的经营活动，如果不懂法律，会有很多不方便。所以他在下班之后，又开始补习法律。这种老是感觉自己"缺乏什么"的念头，正是创造机遇的重要因素。

这时候，胡雅特已具备会使用3种语言（英、德、法）的能力，也去过欧洲的几个大国，但他心目中向往的美国，却始终没有机会去。他考虑再三，决定请假自费到美国看一看。

胡雅特去美国，名义上是考察，实际上是想深入了解美国的观光事业。所以他一到美国，就去拜见华尔道夫大饭店的总裁柏墨尔，并把经理的亲笔信交给他，请求他给自己一个见习的机会，并要求从基层做起。

胡雅特从擦地板做起。他心里明白，要想深入了解美国的观光业，必须与基层人员打成一片，从他们的谈话中去了解真相。胡雅特的做法，给他带来了好运。

有一天，华尔道夫的总裁柏墨尔到餐厅部来视察，看到胡雅特正趴在地上擦地板。他跟这位来自法国的青年已见过一面，印象颇为深刻，见他在擦地板，不禁大为惊讶。

"你不是法国来的胡雅特吗？"柏墨尔走过去问。

"是的。"胡雅特站起来说。

"你在柯丽珑不是当副经理吗，怎么还到我们这里擦地板？"

"我想亲自体验一下美国观光饭店的地板有什么不同。"

"你以前也擦过地板吗？"

"我擦过英国的、德国的、法国的，所以我想尝试一下擦美国的地板是什么滋味。"

"是不是有什么不同？"

"这很难解释，"胡雅特沉思着说，"我想，如果不是亲身体会，很难说得明白。"

柏墨尔注视了他好一会儿，说："你等于替我们上了一课，下班后，请到我办公室来一趟。"

这次相遇，使胡雅特决心进入美国的观光事业。开始，他当华尔道夫的国外部副经理，后来，又升任主管部的经理。自此之后，胡雅特的事业蒸蒸日上，一直做到洲际大饭店总裁的位置，手下有64家观光大饭店，营业范围伸展到世界45个国家。

从胡雅特成功的经历中我们可以看到，他的成功不仅仅在于积极进取、勤奋学习、增强自身竞争能力，而且始终对自己的选择充满自信。这一切对他的成功都起到了极大的推动作用。

思路突破

加强自我和团队修炼

未来的竞争更多的是团队的竞争。这就要求团队不能有短板。而团队又是由个人组成的，这就要求在具体操作层面做到两点：一、个人努力学习、进步，不当团队的短板；二、团队给予成员激励、培训，帮助拉长短板。

让学习成为一种习惯

随着岁月的流逝，你赖以生存的知识、技能也一样会折旧。在风云变幻的社会发展过程中，脚步迟缓的人瞬间就会被甩到后面。即使你是工作数年自认"资深"的人，也不要倚老卖老、妄自尊大，否则很容易被淘汰出局。

一项数据统计表明，在知识经济时代，25周岁以下的从业人员，职业更新周期是人均一年零四个月。当10个人只有1个人拥有技工高级证书时，他的优势是明显的；而当10个人中已有9

个人拥有同一种证书时，那么原来的优势便不复存在。未来社会只有两种人：一种是忙得要死的人，另外一种是找不到工作的人。所以，只有踏踏实实地不断学习，才不会被社会淘汰。

一个优秀的人必须知道学习的重要性，并身体力行地勤奋学习，不断充实自己。学习是储备知识的唯一途径，知识能给梦想插上腾飞的翅膀。学习是给自己补充能量，先有输入，才能输出。成功是不断学习不断提升的过程。尤其在知识经济时代，知识更新的周期越来越短，过时的知识等于废料。只有不断地学习，才能不断摄取能量，才能适应社会的发展，才能生存下来，否则就会被淘汰。

约翰·内斯是美国ABC晚间新闻第一主播。虽然他连大学都没有毕业，但是却把社会作为他的教育课堂。最初他当了2年主播后，毅然决定辞去人人艳羡的主播职位，到新闻第一线去磨练，干起记者的工作。他在美国国内报道了许多不同路线的新闻，并且成为美国电视网第一个常驻欧洲的特派员。后来他搬到中东，成为中东地区的特派员。经过这些历练后，他重又回到ABC主播台的位置。此时，他已由一个初出茅庐的年轻小伙子，成长为一名成熟稳健而又受欢迎的记者。

专业能力需要不断提升组合以及刺激学习的能力。所以，不论是在生命之涯的哪个阶段，学习的脚步都不能稍有停歇，要把工作视为学习的殿堂。你的知识对于所服务的公司而言可能是很有价值的宝库。所以你要好好自我监督，别让自己的技能落在时代后头。

随着知识、技能的折旧越来越快，一个人不通过学习、培训进行知识更新，适应性将越来越差。每一个人都需要有很强的学习力作为支撑物。如果你不能与时俱进，不能不断地通过勤奋学习充实自己，提高自己的能力，那你很可能从一个人才变成企业乃至社会的包袱。

未来的竞争将不再是知识与专业技能的竞争，而是学习能力的竞争。一个人如果善于学习，他的前途就会一片光明。

玩转提升短板的两大法宝：全力以赴＋培训

成功是什么？成功意味着许多美好积极的事物堆积在一起。成功是需要经营的，也是需要不断积累和储存的。

参加培训就是一个积累成功的过程。一个人积极地参加培训，有助于提高自己工作能力与技能，消除不安心理，信心百倍地做好各项工作。

比尔·盖茨曾说过："国际市场是一个浪潮，它将淹没那些在这一浪潮中还没有学会游泳的人。"尽快学会游泳，参加培训，掌握多种游泳技巧，整装待发、跃跃欲试，不能任凭机会从身边溜走。

积极参加培训应从现在开始，找准自己的发展方向，坚持不懈地努力进取，尽自己一切努力去多学习一些必要的知识和技能。要多学习，多锻炼自我的学习能力；要多实践一些，多学一些技巧；减少一些障碍，多一些成功的机会，把未来把握在自己手里。

陈先生是北京一家著名外企的员工，刚刚被提升为部门副经理。他的部门属于公司的核心业务部门，决定着公司大部分的发展命脉。他的直接上司马上要请产假，领导说让陈先生主持部门的工作，并很有可能因此提升为正职。可是他总觉得自己的能力有限，尤其最近一两年，自己的知识技能明显力不从心。因此，他非常想参加培训，给自己充充电。但他现在去学习参加培训课程，部门里就没人管理了；但如果他接手了工作，凭他现在的状态很可能把工作搞砸。陈先生很矛盾，左右为难，不知道该怎么办才好。他把苦恼告诉了朋友，朋友仔细分析了他的个人情况和企业目前的现状，得出的结论是：一定得去参加培训，调整一下，再精力充沛地开始工作。于是，陈先生向企业领导提出了辞呈，并把自己的真实想法告诉了领导。出乎意料的是，企业领导也是这样想的。

陈先生是一个已经参加工作多年的人，但他依然感觉到自己的工作压力。于是他仔细思考了原因，决定重新回到课堂，调整一下心态，补充一下专业知识可能更好。但是又面临企业的紧要关头，他犹豫了，最后在朋友与企业领导的支持下，他最终决定去参加培训，以更好的状态面对工作和未来。

积极参加培训，不是所有的培训班都要参加，也不是无论什么时候都可以参加。要适当选择有针对性的、适合自己发展的、培训内容合理的培训班。另外，要安排好培训时间，不要因此给公司带来经济上的损失。同时，也不要因为参加培训而影响自己的前途和发展。

点亮思维

作为职场的一员，为了提高绩效，必须抓住每一个进步的机会，增强自己的竞争能力。这不仅需要勇气、运气和智慧，还要有迎接机会的实力，如果没有做好进步的积淀，就算机会再多，你也未必有能力抓住。

第 2 章

提高办事本领的思路

WAYS TO GET THINGS DONE

简单不等于容易

大凡世界上能做大事的人，都能把小事做细、做好。做好了每件小事，逐渐积累，就会发生质变，小事就会变成大事。任何一件小事，只要你把它做规范了、做到位了、做透了，你就会从中发现机会，找到规律，从而成就大事。

有这么一个故事：大哲学家苏格拉底在开学的第一天就对学生们说："从现在起你们每人坚持每天尽量把胳膊往前甩，然后再往后甩，看你们能坚持多久。"同学们想，这么简单的事，谁会做不到呢？就这样过了一个月，苏格拉底问学生："同学们，每天甩手300下的有哪些人？"有2/3的同学骄傲地举起了手。又过了一个月，苏格拉底又问了同样的问题，这回，坚持下来的学生只剩下了1/3。

一年过后，苏格拉底再一次问大家："请告诉我，最简单的甩手运动，还有哪几位同学仍然在坚持做？"这时，整个教室里，只有柏拉图举起了手。由于柏拉图的坚持不懈，后来他成为了古希腊最有成就的哲学家。

"这么简单的事，谁做不到？"这正是许多人的心态。但是，成功不是偶然的，有些看起来很偶然的成功，实际上我们看到的只是表象。正是对一些小事情的处理方式，已经昭示了成功的必然。

生活中常常有这么一些人，当他们对目前的工作不满意时，很容易找出一大堆理由，比如认为工作内容太简单、大材小用、不受领导重视等，而很少会从自身找原因，问一问自己有没有把这份"简单"的工作做好，有没有把当前工作做到最基本的水准。

做好当前这份"小而简单"的工作还需要有打持久战的心理准备。很多即将走上工作岗位的大学生，对未来充满幻想。所以刚开始工作时，他们一般都会充

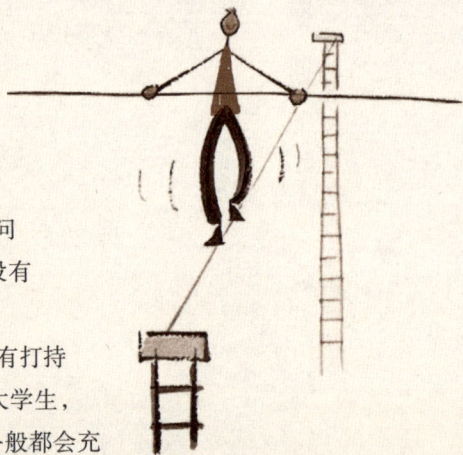

满热情，非常努力、认真、勤快、好学。但是，工作了一两年以后，往往会对工作失去新鲜感，缺乏新的刺激，很多人就会失去对工作的热情，很难再认真做事了。

一位MBA毕业生到银行任职，人事部门把他安排到营业网点当柜员，做储蓄工作。一个月后，他找到行长说，他到银行来不是干这种简单的琐事的，他应该担当更重要的工作。行长便把他安排到了国际信贷部，但很快信贷部的主管和同事们对他的工作能力都非常不满。他还自认为很能干，总是抱怨单位不好、领导不给他机会、同事嫉妒他。其实，大家都认为他是个大事干不了、小事不想干的人。

每个新职员在开始工作前都会被告诫应该做好当前的基本工作，但能意识到这一点并真正做得好的人并不多。其中最主要的原因就是他们大都是眼高手低，只想做"大事"，不愿做"小事"，结果是大事做不了，小事也做不好。

思路突破

把大事做小，把小事做细

每个人的工作都是从小而简单的事做起的。这时候，如果只抱怨他人或环境，他就不可能认真去做这件事，也就不可能取得成功。

成功要从小事做起

一个人无论从事何种职业，都应该尽心尽责，尽自己最大的努力，求得不断的进步。这不仅是工作的原则，也是人生的原则。

我们都是平凡人，只要我们抱着一颗平常心，踏踏实实地做好每一件事，那么我们获得成功的机会，肯定不比那些资质优异的人少到哪里去。

有一位女孩，大学毕业后进入一家非常普通的文化公司当编辑。公司安排新员工从校稿这样的最简单的工作做起。其他新员工十分抱怨，并且对此项工作毫不在意，不甘于做这些平庸的工作，感觉不能发展自己的才能。可是这位女孩与其他员工不同，她每天都认真地对待领导分配的每一项任务，还帮助其他员工做一些最苦、最累的活。在工作中遇到不懂或不会做的事情还虚心地向老编辑请教。她兢兢业业的工作态度和优秀的工作质量经常得到领导的表扬。经过一年的磨练，女孩完全掌握了编辑工作的全部流程。很快，她就被经理提拔为责任编辑。又过了一年，她已晋升为出版部门的编辑主任。而与她一起进来的其他员工，却还在校对着稿件。

志宏在一家房地产公司做电脑打字员，她虽然学历不高，但她并没有自卑，也没有靠

如果没有认真做好每一件事的心态，所有的理想也只能停留在最初的起点。

和公司里的员工打通关系工作，而是坚持靠自己实实在在的劳动工作着。志宏的打字室与老板的办公室之间只隔着一块大玻璃，老板的举止她可以看得清清楚楚，但她很少向那边多看一眼或奉承一下老板，而是做自己该做的工作。志宏每天都有打不完的材料，但她知道工作认真刻苦、待人正直、不搞个人小圈子是她唯一可以和别人一争短长的资本。她处处为公司打算，连打印纸都不舍得浪费一张。如果不是要紧的文件，她会把一张打印纸两面用。那一段时间，她为公司的办公耗材节省了不少开支。一年后，公司资金运作困难，同事们议论纷纷，一时间搞得人心惶惶，也有同事干脆跳槽。但志宏想：公司一定是哪里出了问题。于是她直接找到了经理，和经理谈了她的想法。经理觉得志宏是一个很有思想的女孩，敢于提出自己的想法，又认真分析了她的建议，觉得有可行之处，权衡利弊，最后经理根据她的想法把方案加以修改，并决定立即实施。一个月后，公司接到一笔新的业务，扭转了公司的危机，志宏也因此被提拔为项目部主管。

你不要以为一张纸、一度电不算什么，任何东西都是由少变多的，长期积累下来的成果也是惊人的。从小事做起，我们就会发现"小"中"大"的意义。

小事同样能造就成功。在工作中，应该认真对待每一件小事。同样，生活中也要养成这种习惯。

不光做好小事，还要做好每一件事

对于一个想要成功的人来说，工作中不论大小事情都应用心去做。特别是从那些小事上，更能体现我们用心的态度，如果没有认真做好每一件事的心态，所有的理想也只能停留在最初的起点。

有一次，北京国际展览中心举办汽车展览，人们蜂拥而至。在展览会上人们可以选购各种汽车，从最普通到最豪华的轿车都可以买到。

汽车展览期间，一位装束普通的山西富翁站在一款时髦的轿车面前，对推销员说："我想买下这部价值百万元的轿车。"按常理，这对推销员来说是求之不得的好事。可是，那位推销员只是直直地看着这位顾客，以为他是疯子，没有理睬。

富翁看看这位推销员，又瞅了瞅他那没有笑容的脸，然后走开了。到了下一个展位前，他受到了一个年轻推销员的热情招待。这位推销员脸上挂满了欢迎的微笑，那微笑就像阳光一般灿烂，使富翁有宾至如归的感觉，所以他又一次说："我想买部价值百万的轿车。""没问题！"这位推销员说，他的脸上挂着微笑："我非常乐意为您介绍我们的系列轿车。"

后来，这位富翁同推销员兴奋地谈了起来，并签了一张10万元的支票作为定金，并且对这位推销员说："我喜欢那些认真对待工作的人，你现在已经用实际行动向我推销了你自己。在这次展览会上，你是唯一让我感到我是受欢迎的人。明天我会带一张百万元的支票过来。"

第二位推销员没有用外表判断顾客，而是始终如一地用热情打动每一位普通顾客，使那位顾客决定买下原本没想买的车。

可以说，所有的工作，都是由一件件大小事情构成的。但不能因此而对工作中的小事就敷衍应付或轻视懈怠。其实，卓越的人与我们一样，都做着同样的事情。唯一的区别就是，他们从不认为自己所做的事仅仅是简单的小事。

你每天所做的可能就是接听电话、整理报表、绘制图纸之类的小事。你是否对此感到厌倦、毫无意义而提不起精神？你是否因此而敷衍应付，心里有了懈怠？这不能成为你的理由。请记住：对工作要专一，工作中无小事。要想把每一件事做到最好，就必须付出你全身心的努力。

有一个应届大学毕业生，他的第一份工作是在车间度过的，即坐在机器旁剔除流水线上的不合格产品，每天工作10小时，不仅时间长，而且相当辛苦。当时，与他一同来公司的10多位大学生不乐意做这样的工作，纷纷辞职了。但是他仍在勤勤恳恳地工作，仍在仔细检查每一个环节，连细微之处都没有放过。

这位毕业生觉得做任何事情总有个顺序，想一步登天是不可能的，而车间确实又是锻炼人的好地方。于是他静下心来埋头苦干。结果，半年后他顺利走上了中层领导岗位。老板对他的评价是吃苦、钻研、肯干，是个诚实的人。而反观当初与他一起来的那些大学生们，尽管一些人也事业有成，但大多数仍奔波于职场中艰难求生。

在竞争激烈的现代社会，想谋个理想职位不是那么容易的。这除了与整个客观环境有关外，也与许多求职者心态不稳有关，好高骛远、自命清高，大事做不好、小事不愿做，满腹牢骚，因此虚度了许多好时光。

对工作要专一，工作中无小事。要想把每一件事做到最好，你必须具备一种锲而不舍的精神，一种坚持到底的信念，一种脚踏实地的务实态度，一种自动自发的责任心。

点亮思维

大事是由小事组成的，所谓"天下大事必作于细，天下难事必作于易"，就道出了两者的辩证关系。现实无数的事实告诫我们，做好工作中每一件平常的小事，是一个人走向成功必不可少的关键所在。

切忌把问题复杂化

040 思路决定出路

最美的艺术品总是最简洁的，最有分量的文章也是最薄的。

把简单的事弄复杂容易，把复杂的事做简单却需要智慧。这需要我们凡事找规律，去伪存真，去粗取精，由此及彼，由表及里，在真正掌握问题本质的基础上，以效率和效果为出发点，力求用简单的方式解决问题。倘若把事情搞复杂，很多事情都会难以解决。

复杂是产生问题的根本原因，而解决问题，肯定会有很多方法。但总有一个方法最简单、最实用。事实上，把事情弄复杂很简单，把事情弄简单很复杂。要想把一件复杂的事情做得简单而有效，确实不是件容易的事情，因为这可能会涉及思想上的改变。

中国人习惯于把一句话变成几句话来讲，几句话要变成几个小时来讲，几个小时要变成一个上午来讲；几个字要变成一篇大文章，几分钟的会议要变成一天的会议……而德国人崇尚简约，讲究效率。德国人喜欢把几张纸的事情变成一张纸来说，把一张纸的事情变成几行字来说。这是一个完全不同的思维模式。

问题的关键在于转变思维。只有在思想深处真正地崇尚简单，在处理问题时直奔主题，才能实现真正的简单管理。当你把几页纸的文件变成一页纸，把一页纸变成几句话；把复杂的管理工作简单化，把层层机构简约化，那么你办一件事、完成一个任务所用的时间就会少许多，效率自然也就提高了。

管理的最高境界就是越简单越好。如果说四两拨千斤是中国功夫的精髓，那么化繁为简就是管理实践的最高境界。

实行简单化管理，不是放弃不管，而是换个角度想问题，换一种更

简单更有效的管理手段。

　　一个心理学教授开车去郊外办事，待办完事后发现自己的轮胎被人卸掉了一个，在附近找来找去都没找到。他心想：谁的素质这么差？偷个轮胎做什么？真是不可理喻！于是准备动手装上备用轮胎。可是正当他好不容易把备用轮胎扛下来准备安装的时候，发现偷胎的人居然把螺丝也都卸走了。教授十分气愤，心想，这下坏了，没法安了！

　　正在他愁眉苦脸时，一个七八岁的小男孩走过来好奇地问："伯伯，您在做什么呀？"教授一脸无奈地说："小偷把我的轮胎偷走了，我正准备安装备用轮胎，谁想到这该死的偷胎贼连螺丝也偷走了。唉——"

　　"那还不简单？"小男孩顽皮地答道。教授吃惊地看着小男孩。"您只要将其他三个轮胎中的任何一个螺丝拆下来安装这个备用轮胎不就可以了吗？"

　　教授大为好奇："请问小朋友是怎么想到这个办法的？"

　　小男孩嘻嘻笑了一声说道："我们搭积木盖房子时，有很多积木是可以卸下来的啊，其他的积木还可以再盖一个房子的。我感觉三个螺丝也行吧？不一定非得四个螺丝吧？"

　　"三个也行！"多么简单的道理，可是我们却很难想到它。很多时候，我们都被眼前的问题弄得焦头烂额。在求解的时候，习惯于寻找最复杂、最保险的解决方案，结果把事情想得复杂了，费尽力气却找不到答案。其实，当一个相当"困难"的问题出现在你面前时，如果能打破思维定势，换个角度想想，也许就会柳暗花明又一村。

思路突破

简单就是力量

　　在很多时候，决定一件事情成败的因素并不在于我们投入了多少，而在于我们有没有寻找到一个正确、合适的方法。

最简单的方法就是最好的方法

　　如今简单地工作、简单地做事是每一个企业管理者所追求的目标。基于企业不断发展的需要，管理者已经不可能事必躬亲，而且员工的责任和权利之间的关系也应随着事业的发展重新进行定位。管理者给部下以权限与责任，不仅使工作进度快、效率高，而且上边的方针能很快传达到最下边，既有利于明确权利责任的范围，又能够激发员工的积极性，从而使企业的整体与局部紧密相连，促进公司的发展。

　　最简单的方法就是最好的方法。与其指挥千人，不如指挥百人；与其指挥百人，不如指挥十人。帅才善授"官"。作为管理者，要想成功，就要让管理回归简单，即适才授"官"。这是管理的灵魂之所在。适才授"官"可以鼓励员工积极进取，展示更大的发展空间，不会使员工感到前途渺茫，产生危机感。只有这样才能激励员工的进取心，也利于人才的交流与分配，做到人尽其才。

人尽其才，是管理模式中科学的用人观，不仅凝聚人才，也凝聚人心，达到事半功倍的效果，是人才流动与竞争的正常秩序，也是企业发展的需要。如果不以人的才能分配适当的职位，而乱用职权、串通一气，最终会走向分赃不均，导致"狗咬狗"的残败结局。面对员工的出色表现视而不见、不放权、事事怀疑，终究会使员工离开企业而去寻找更多的机会。因此，在企业内部上下级之间，应杜绝和切断亲疏或依附关系，任人唯贤，建立和谐、讲原则、透明的晋升关系，杜绝任人唯亲和职场内部权、钱、利益交换，杜绝用人舞弊的现象，保障企业有章可循，合法合理。

微软从成立到现在已经走过了25年的历程。从两人的小公司发展到现在的3万人规模，微软深信"适才授官，人尽其才"的理念，设计了"双轨道"的发展机制，既允许优秀员工在管理轨道上发展，又允许在技术轨道上发展。员工在每个轨道上的机会都是平等的。这就从制度上保证了人才发展道路的多样性，也利于吸引人才和留住人才。

微软的高级管理者深深地认识到，授权给一个合适的人可以达到事半功倍的效果。所以，即便在副总裁或总经理这一级，微软公司也实行严格的淘汰制。微软的成功被很多人视为是一个神话，今天我们看到的是一个实实在在的具有严格管理和残酷淘汰制度的企业。它对优秀的员工给予充分的尊重、广阔的发展空间与高额的物质奖励，也对偷懒的员工实行决不姑息纵容的态度，兼顾了效率又不失公平，是一个相当完善的管理体制，值得每一个即将走向成功的企业深思和学习。

打破思维限制，用最简单的方法做成事

在航海的年代，曾经有一位第一次出海的年轻水手。当船在北大西洋遇上大风暴的时候，他受命爬上高处去调整风帆使它适应风向。在他向上爬的时候，他犯了个错误——低头向下看。颠簸不定的轮船和波涛汹涌的海浪使他非常恐惧，他开始失去平衡。正在这时，一位有经验的水手在下面向他大喊："向上看！向上看！"这个年轻的水手按照他说的话做了，又重新获得了平衡。

人生要想永远快乐，必须做一项重要的决定，那就是善用人生所给你的一切。如果你确实明白自己努力的目标、如果你真愿意奋力去做、如果你知道什么方法有效、如果你能适时调整做法并好好运用上天给你的天赋，那么人生就没有任何做不到的事。福勒创业成功的事迹，证明了这一点。

高效办事的前提就是把复杂的事做
简单，打开思维，化繁为简，从而
一步搞定，一锤定音。

<< THINK AND MAKE
思 路 点 拨 ········· 043
A GREAT DIFFERENCE

福勒是美国路易斯安那州一个黑人佃农家的孩子，9岁之前以赶骡子为生。这并不是什么特殊的事，大多数佃农的孩子都是很早就参加劳动的。但小福勒与他的朋友有一点不一样：他有一位不平常的母亲。他的母亲不肯接受这种仅能餬口的生活。她知道自己贫困的家庭被一个繁荣昌盛的世界所包围。她无法接受这个事实，觉得其中一定有些蹊跷。因此，她常同儿子谈论她的梦想：

"福勒，我们不应该贫穷。我们的贫穷也不是由于上帝的缘故，而是因为你的父亲从来就没有产生过致富的愿望。我们家庭中的任何人都没有产生过出人头地的想法。"

母亲的一番话在福勒的心灵深处刻下了深深的烙印，以至于改变了他整个人生。他开始想走上致富之路。这样，他致富的愿望就像火花一样迸发出来。为了缩短这一过程，他决定把经商作为生财的一条捷径，最后选定经营肥皂。于是他就挨家挨户出售肥皂，长达12年之久。后来他获悉，供应他肥皂的那个公司即将拍卖出售，售价是15万美元。他在经营肥皂的12年中一点一滴地积蓄了2.5万美元。双方达成了协议：他先交2.5万美元的保证金，然后在10天的限期内付清剩下的12.5万美元。如果他不能在10天内筹齐这笔款子，他就要丧失他所交付的保证金。

福勒在他当肥皂商的12年中获得了许多商人的尊敬和赞赏。现在他去找他们帮忙了。他从朋友那里借了一些款子，也从信贷公司和投资集团那里获得了援助。在第10天的前夜，他筹集了11.5万美元，也就是说，还差1万美元。

当时他已用尽了所知道的一切借款来源。那时已是深夜，他在幽暗的房间里跪下来祷告，祈求上帝领他去见一个会及时借给他1万美元的人。他自言自语地说："我要驱车走遍第61号大街，直到我在一栋商业大楼里看到第一个灯光。"

夜里11点钟，福勒驱车向芝加哥61号大街驶去。驶过几个街区后，他看见一所承包商事务所亮着灯光。他走了进去。在那里，在一张写字台旁坐着一个因深夜工作而疲惫不堪的人，福勒似乎认识他。福勒意识到自己必须勇敢些。

"你想赚1000美元吗？"福勒直截了当地问道。这句话使得这位承包商吓得向后仰去。

"是呀，当然想！"他答道。

"那么，给我开一张1万美元的支票。当我奉还这笔借款时，我将另付1000美元利息。"福勒对那个人说。他把其他借款给他的人的名单给这位承包商看，并且详细地解释了这次商业风险的情况。

那天夜里，福勒在离开这个事务所时，衣袋里已装了一张1万美元的支票。后来，他不仅在那个肥皂公司，而且在其他七个公司，包括四个化妆品公司、一个袜类贸易公司、一个标签公司和一个报馆都获得了控股权。当别人要求他谈谈自己的成功奥秘时，他回答道："要想尽一切办法，用最佳的做事方式处理身边发生的一切。只有这样，你才能在最短的时间

043

思路决定出路

内，改变自己的处境。"

一个人要想成功，面对稍纵即逝的机会，就必须学会用正确的方法去处理所有的大情小事。

点亮思维

高效办事是现代社会生存的基本需要。在这样一个竞争激烈的商业圈子里，没有较强的办事效率，很难在社会中立足。高效办事的前提就是把复杂的事做简单，打开思维，化繁为简，从而一步搞定，一锤定音。

经验有时是负担

经验有着潜移默化的力量，在一定程度上，它可以成就你，也可以毁灭你。如果你太过死板地遵循以往做事的方法，总是凭经验去做事，就会使你陷入平庸或者困顿的境况。同时，经验还会使你无限的潜能得不到充分的挖掘。

我们在思考如何解决碰到的新问题，或是对已熟悉的问题寻求新的解决方案时，就必须跨越经验的"桎梏"，多途径地去探索，大胆提出多种新的设想，最后再筛选出最佳方案。

你也许听说过"林旺"的故事。

林旺是一只小象，它在很小的时候，就被放进了动物园，鼻子被一根链条拴在了木桩上。

有一次，林旺想挣脱铁链到围栏外去看看以前从没有见到的风景，没想到用力过猛，铁链把它的鼻子挣得生疼。"这条铁链太牢了，看来我是挣不脱它的。"

一年后，林旺又想到动物园外面去开开眼界，一挣铁链，鼻子又被挣得生疼。它又想："我这头小象是挣不开这铁链的。"经过两次的失败，林旺再也不敢去挣那铁链了。

又是五年过去了，林旺从一头小象变成了身材巨大的大象。这时候，凭着它一身的蛮力，那条铁链很轻易地就会被挣断。但是，前两次失败的教训让林旺意识到自己是不可能挣脱掉这条铁链的。于是，它老老实实地呆在围栏内，一直到死也没能实现它"走出去"的愿望。

可见，经验决定了林旺的意识，最终使它的一生碌碌无为。

无数事实证明，经验只是人在实践活动中取得的感性认识的初步概括和总结，并未充分反映出事物发展的本质和规律。由于受着许多条件的限制，无论是个人的经验，还是集体的经验，一般都不可避免地具有只适合于某些场合和时间的局限性。因此，我们不可让过去的经验成为我们创新思考的障碍物和绊脚石。

老王是一家小建筑公司里的工程师，工作经验很丰富。在一次给新楼安装电线时，他遇到了难题。他们要在一处直径仅有3厘米且要拐4道弯的管道里将电线穿过去。这可难坏了他。显然，用常规方法是很难完成任务的，他怎么也想不出办法来。无奈的他只好向新来的工程师求救。新来的工程师虽然没有丰富的经验，但他想出了一个非常好的办法。他找来两只白鼠，一公一母，分别将这两只白鼠放在管子的两头，公鼠的身上拴上一根线。母鼠在管子的另一端发出吱吱的声音，公鼠听到后，便沿着管子向母鼠跑去。身上的线也随之到了管子的另一端。

就这样，穿电线的难题顺利得到解决。经验限制了老王的思维，面对新问题时他一筹莫展。

现代科技的特点是专业分工越来越细，而具有广博的知识、能利用综合性学术观点来解决问题的人却越来越少。虽然专业面越小越有利于使研究深化，但随之而产生的另一个问题是由于视野狭窄而使创造力大受影响。深度和广度看上去是矛盾的，但在实际中却是相互促进的。专业知识过于集中，就不容易看到科学发展的广阔前景，也容易忽视一些有启发意义的重要情报，因而难以实现创造性的飞跃。

所以，作为一名现代人，你在某些时候必须超越经验去考虑问题，尽最大努力摒弃保守的思想。只有这样，你才能突破制约你成功的瓶颈，才能获得一个创新的思维去解决问题。

思路突破

把脑袋打开一厘米

做人做事，不能拘泥于经验。太过死板地遵循一般性的处事经验，往往会使自己陷入平庸或者困顿的窘况。尤其是在如今这样一个处处充满竞争、提倡创新精神的社会，我们的做人与处世方针也要应时而变，需要用新的思维模式来指导自己的为人处世。

从思维定势中走出来

有一位心理学家说过："只会使用锤子的人，总是把一切问题都看成是钉子。"就好像卓别林主演的《摩登时代》里那个可笑的工人那样，由于一天到晚拧螺丝帽，一切圆的东西，包括衣服上的纽扣和圆形图案，在他眼里都成了螺丝帽，他都会用扳手去拧。

其实，一个人要想变得更聪明、更富有创造力，就必须要打破思维定式的束缚并克服它所带来的不利影响。

有一天，一位数学老师走进教室对全班同学说："今天给你们出一道题，谁算完，谁就回家吃饭。如果算不出来，就甭想吃饭。"说完，他在黑板上写下了一道数学题：

$$1+2+3+4+5\cdots\cdots+100=?$$

同学们闷着头做题，老师跷着二郎腿看起了小说。可没等他看上两页，小高斯就站起来说："老师，我算出来了。"然后就用手举着自己的小本子走到老师面前给他看。

按照以往的经验，小学生不可能这么快就知道答案，所以老师很不客气地对高斯说："去去去！回到座位上再算，你肯定算错了！"

小高斯很不服气地说："老师，我想这个答案一定是正确的！"

开始，老师没有说话，只是"啊"了一声。停了一会儿后，他又问："那你说说，你是怎样这么快就算出这道题的？"

高斯理直气壮地说："我发现这些数中，一头一尾两个数相加的和都是一样的，1加100是101，2加99是101，3加98是101……这道题中一共有50个101，所以，答案肯定是5050。"

老师听完，非常高兴地夸奖高斯说："你的计算方法和别人不一样，说明你的思维模式突破了同龄人习惯的思维定势，你将来会大有前途的。"

心理定势这种心理现象最早是由德国心理学家缪勒发现的。他提出，在人的意识中出现过的观念，有一种在意识中再重复出现的趋势。他曾经通过大量的实验来证明心理定势的存在。其中一个有趣的实验是：让一个人连续10～15次手里拿两个重量完全相同的球，然后再让他拿两个重量有差别的球，他也会感知为完全相等。反过来也一样。心理学上把这种现象称为心理定势，指的是"过去的感知影响当前的感知"。

心理定势反映在思维上就是思维定势。简单地说，思维定势是反复思考同类或类似问题所形成的定型化的思维模式。

综观中外科学史，各个科学领域里的很多经过深入研究后获得的重大成果最初的突破口，其实早就有不少人遇到过。为什么总是只有极个别的人才会去注意、重视、研究并由此取得重大突破呢？其中的一个重要原因就是，一般人都难以摆脱自己的知识和经验所形成的思维定势的束缚。

有很多看起来很难解决的问题，其实往往并不是难在问题本身，而是难在不容易突破自我。换个角度，换一种思维方式，有可能很快找到解决的办法。

认清常规有时是一种陷阱

思维定势、心理定势在人类社会进步中，扮演了极为重要的角色。一般来说，思维定势有利于常规思考。它使思考者在思考同类或相似问题的时候，能省去许多摸索和试验的步骤，不走或少走弯路。这样就既可以缩短思考的时间、减少精力的耗费，又可以提高思考的质量和成功率。再就思考者的感受来说，还能起到一种使思考者在思考过程中感到驾轻就熟、轻松愉快的作用。

思维定势的这种有利作用，特别明显地表现在各个领域里的许多权威者身上。他们常常能很快就找到解决本专业问题的有效办法。其重要原因之一，就在于他们的头脑中已形成了关于本专业问题的大量的"一定之规"。

比如：现在人们普遍使用电动机，这早已成为机电专业方面的常识。这一常识，在众多机电专业人员的头脑中逐渐形成了一种思维定势。有了这样的常识和思维定势，科技人员在设计各种自动化机械时，对于如何解决它们的动力问题，就不需要再费时费力地去逐一探索、试验，而是很快就能明确：需要电动机来驱动。这显然对设计自动化机械起到了提高效率的作用。

但是，这种"一定之规"却使人们在遇到有些问题时百思不得其解。请看下面一个例子：

为满足市场需要，日本一家公司的科技人员开始设计一种新的小型自动聚焦相机。所谓自动聚焦，就是相机要根据拍摄的对象自动测量距离。然后镜头做相应的调整，自动定好焦距。设计这种相机有几个必须达到的基本要求：小巧轻便、容易操作，而且要成本低廉。按照当时的技术水平和条件，在相机里装进电动机以后，体积就小不了，重量就轻不了，成本就很难降下来。如果要为它再去特别设计一种专用的超小型电动机，时间又很难保证。设计人员为此大伤脑筋，想了很多办法都行不通，设计工作长时间裹足不前。后来一个不是学电机专业的技术人员想到：自动聚焦需要的动力很小，而且距离很短，不用电动机而用弹簧行不行呢？这个突破了"必须用电动机驱动"这"一定之规"的新设想提出以后，设计人员沿着新的思路不断进行探索和试验。没过多久，就相继设计成了一种又一种小型和超小型的自动聚焦相机，生产出这种给人们带来了很大方便、连傻瓜也能使用的"傻瓜相机"。

后来，科技界给予"傻瓜相机"很高的评价，认为它代表了产品开发的一个新的重要方向——傻瓜化，即"功能简单化"、"易操作化"，同时也是"高智能化"、"高科技化"。

"一定之规"在日常工作和生活中的作用不可低估。它可以使我们高速度、高质量地解决各个方面的大量问题。但凡事皆有两面性，既有好的一面，也有副作用。从另外一个角度上讲，一个人如果不能正确看待种种"一定之规"，就会给他的生活或工作带来很大的负面影响。它会使人陷在旧的思维模式的无形框框中，难以进行新的探索和尝试，因而也就难以产生新的设想。

点亮思维

一个长期习惯于按"一定之规"考虑问题、很少进行创新思考的人，往往会把很多本来大不相同的问题，也因为它们之间的某些相似之处而看成是同一类问题，并用相同的办法去解决。

放弃跟踪等于放弃计划

工作计划并不是为了向某人汇报，也不是为了给自己增加压力，而是为了让你记住有哪些事情需要去做，而不是被无形而又说不清楚的工作压力弄得头晕脑涨，烦躁不已。因此，不要为未完成预定的任务而懊恼，而是记住这些任务，并且尽快安排去进行。同时，工作计划还会给你带来自信和成就感！

工作效率不理想的人都有一个通病，就是没有找到适合事情本身的工作方式，做事不得要领，忙忙碌碌。

现实生活中有人经常会说："太忙了！"也许他真的在忙碌着工作，在公司里比任何人都勤快，比任何人都拼命工作，加班加点，节假日也加班，连自己的空闲时间都用来工作。可是，结果怎样？工作效率不高，没效果。此种"大忙人"，肯定是事前计划不好。

工作很卖力，却在事前不区分工作的种类，也不考虑处理的先后顺序，碰到哪种事情急就做哪种，想一下子完成必须做的事情。可是，花费的时间、处理方式、重点在何处却不知道，做起事情来不得要领，能不瞎忙吗？

做任何事情都有"轻重缓急"之分，在处理的顺序上，必须明白哪件事是优先的，哪件事是待后的。可是，只懂得穷忙而不会在事前好好计划的人，每件事都认为是"重要的"，这样处理事情有如"眉毛胡子一把抓"。

敏捷而有效率地工作，就要善于安排工作的次序，分配时间和选择要点。只是要注意这种分配不可过于细密琐碎。善于选择要点就意味着节约时间，而不得要领地瞎忙等于乱放空炮。

有这么一个故事：

刘国是一个商人，做了十几年的生意。到后来，他竟然失败了。当他的一位朋友跑来向他要债的时候，刘国仍然没弄明白为什么他会失败。

他对朋友说："我为什么会失败呢？难道是我做生意不热情、对顾客不客气吗？"

"也许失败的原因并没有你想象得那么可怕。你不是还有许多无形资产吗？你完全可以东山再起！"

"什么？东山再起？"刘国显然有些生气。

"是的，我要说的意思是，你应该把你目前经营的情况列在一张资产负债表上，好好清算一下，然后从头再来一遍。"朋友好意劝道。

"你的意思是要我把所有的资产和负债项目详细核算一下，列出一张表格吗？是要把门面、地板、桌椅、橱柜、窗户都重新洗刷、油漆一下，重新开张吗？"刘国不解地问。

朋友说："是的，你现在最需要的就是按你的计划去办事。"

"但是，这些事情我早在几年前就想做了，只是一直没有时间去做。也许你的话是对的。"刘国喃喃自语。后来，他确实按朋友的话去做了。一年后，他的生意重新步入正轨！

一个人如果没有计划、没有条理地去做事，无论干什么都不可能取得成功。事实上，按计划做事对于一个人来说，不仅是一种做事的习惯，更重要的是反映了他的做事态度。这也是他能否取得成功的重要因素。

┃思路突破┃

养成按计划做事的习惯

按计划做事不仅可以让你缩短做事情所需的时间、提升效率，即提高所谓"量"的效果，而且还可以提高该事件"质"的效果。

做某事时，知道什么时候该停下来和
清楚什么时候开始一样，都很重要。

计算好做一件事的长度

做某事时，知道什么时候该停下来和清楚什么时候开始一样，都很重要。知道怎样将这件事做得最好，达到什么样的最佳结果，你就能科学地规划时间，制订你的工作时间表。如作者有交稿的期限；电影导演有拍摄与首映式的具体日期；画家和雕塑家确定画廊的展览日等等。这种日期表明什么时候该结束。

某一天，你决定收拾一下杂物。在你的心目中，是否知道做到何种程度才算完成这项工作？从理论上来说，一间非常洁净的屋子就是一间空屋。但是，这样的想法不会阻止你继续去收拾屋子，扔掉不想要的东西、把书整齐地摆放到架子上、把衣服折叠好放进合适的柜子里、把纸张归类好放进文件夹里等等。接下来，你开始打扫、擦洗、掸灰的步骤。最后，你环顾一下四周，非常满意，没有被忽视的死角。每一样东西都放在适当的位置，归好了类，整间房子有条有理，十分温馨。你感到非常满意。有了这种感觉，意味着你的工作已完成，该停止下来。

当你不能确定一件事情是否该停止的时候，也就是说，你还不满意你工作的效果，那你继续工作吧。

做事没有不考虑效率的，在所有提高工作效率的技能中，规划时间的能力很重要。你也许担心自己没有充足的时间完成某个项目。但是，只要你严格按照工作时间表完成每一件事，你就可以在预定的时间内做好此项工作。从某种程度上看，这是基本的计划。你需要多少时间和你有多少时间完成这件事，在计划之前你得心中有数，并计划好。可是，一些创造性活动其时间性很具弹性，是开放式的。比如，完成一幅画或一首诗是没有确切期限的。

一些创造性活动，你很难精确制订出时间计划表。一个成功的商业作家可以这样制订自己的创作时间表：一年创作一部一流的作品草稿，一天写一页，一年把它改好。乍一看，这种长期的时间计划看起来令人生畏，可是，只要你一天写一页，严格控制好进度，就会在预定的期限内完成。

提高时间的利用效率

有效率的人都有自己的时间表，也会照着时间表来做事。不过，根据美国一家杂志的一项调查可知，半数以上的人平时都没有为自己的工作安排时间表。

这样的话，你怎会了解工作的进展状况？工作效率高的人会把一天分成几个部分。然后，依自己的喜好，一大早或是前一天晚上做这件事。这可是每天都得做的事。把工作时间表贴在墙上，或是粘在桌面上，这样你会常常看到它，提醒你当天的事情当天完成。

一天当中，你也许花不止一个小时的时间在其他的事情上，不过你可以利用不同时段的时间把工作做完。有了工作时间表，你可以在一天中按时间表保持工作的进度。如果因为工作的优先次序改变，你必须修改时间表并把修改后的时间表重新粘到原来的地方。

制订一张工作时间表，指定自己在每小时内做不同的事情，能帮你掌握工作进度，避免拖拉。

以每一个小时计算，把你要做的事情分成小块，然后一小块一小块完成。若时间有余，可插入其他小块的事情来做。一句话，灵活地运用时间表，你最想做某件事时就做某件事。这样可以帮你克服拖拉的毛病——当你对某件事感到厌烦，或是想不出什么点子时，就换别的事情做。

完成某一件事情，给自己一点奖励，休息一会儿，或走动走动。若想每天每一小时以最佳的方式工作，达到好的效果，就必须制订每小时的时间表。拥有这种时间表的人，知道自己每分钟该做什么事。因此，就会强迫自己赶快把事情做好。没有制订这种时间表的人，可能一整天都在迷迷糊糊中度过，一会儿做这个，一会儿做那个，从某件事情换到另一件事情上面。结果，什么事也没做完。

以每小时计划每日的工作，成效会更佳。这种做法，每小时都是截至期限，你必须在这个小时内把事情完成。如果你用一整天的时间做一件事情，你会花一天的时间去做它。如果你只有一小时的时间做某项工作，你会更迅速、有效地在一小时内完成。

只要你不延期工作，你就可以更改时间表。有些时候，一些工作效率很高的人因为事情的变化，一天当中也会更改时间表的具体事宜。其实，只要你有计划，能掌握截至期限，有足够的时间完成每项工作，时间就可以灵活运用了，这样能让自己的效率大增。

不要认为这种工作时间表会令你受限。你很快就会发现，你在纸上写得愈详细，就愈不必花力气记那么多东西，也就不必担心太多。这么一来，就可以空出一些心思，好好想想更重要的工作。

计划只是一张纸，是督促你行动的行程表，关键看你如何落实到行动上。

用好规划来实现好人生

不论是规划人生或者规划工作、时间，都要运用你的心灵，做出超过你既有成就的举措，努力实现你的臆想，铸造更大的辉煌。

那么，怎样制订一个切实可行而又完美的规划呢？

第一步：许下心愿，编织梦想。

你想拥有什么？你想做到哪一步？你想成为什么样的你？你想散播什么理念？你把这些简明地写下来。别将自己框住，涵盖越广越好，否则心灵受限，将来的成就亦会受限。

第二步：预测达到目标的期限。

你希望用多少时间达到你的目标？半年？1年？5年？10年？还是20年？如果你给目标定下期限，对你的成功会有很大的帮助，成功很可能伸手可及。

第三步：列出本年度最重要的目标。

在你所有的短期目标里，选择你最愿意投入的、最感兴趣的、最能令你满意的一件事写下来。然后，明确、扼要、肯定地写下你要做好这件事情的真正理由及其重要性。

第四步：目标的重要性。

你列举的那些目标是你真正需要的吗？你知道实现这些目标的细节及期望的具体结果吗？细节及结果是否具体？这些目标在实现的过程中能否验证？当你达到目标时，可能会有什么样的感受？如果你达到了目标，其结果对你及社会是否有利？这些你都得细心考虑。

第五步：细数你的资源。

列一份资源清单：人脉，财物，现金等。清单越详细越好。学会使用这些资源。

第六步：自我总结。

在你列举的资源清单上，你利用过哪些资源？运用娴熟吗？总结一下，找出你认为运用资源最成功的两三次经验。

第七步：明确实现目标的条件。

如果你想得到很好的教育和训练；如果你想运用好时间；如果你想做个成功者，就把实现这些目标所需要的能力和条件列举出来。

第八步：短期内不能实现目标的原因。

从分析自己的个性开始，了解哪些原因妨碍了你前进的步伐。是你不会规划，还是不知道如何执行？是你分身无术，还是太专注于某件事情？是患得患失，还是浅尝辄止？

第九步：制订出实现重要目标的步骤。

朝着方向订出实现目标的步骤，第一步该怎样做才能成功？目前，是什么因素妨碍了你前进的脚步？你必须从现在开始行动，千万不要好高骛远。

第十步：效法成功者。

熟悉你身边成功人士或你目标领域里名人的事迹，总结他们成功的经验。他们每一个人都为你提供了实现目标的宝贵经验，记下这些经验。

点亮思维

制订一份好的计划，是你走向成功的第一步。计划只是一张纸，是督促你行动的行程表，关键看你如何落实到行动上。不要轻易半途而废，不要因为外界的诱惑或阻力而偏离既定的目标。

结束不等于结果

千万不要以为完成任务就万事大吉，可以松一口气。其实，你要问自己：我把任务完成得怎么样？能给自己打80分、60分，还是不及格？不同的结果会带来不同的反响和收获。正确的态度是要做到最好，并将每一次结束都视为一个新的开始，一段新的体验，一扇通往成功的机会大门。

不要满足于尚可的工作表现，要做最好的，才能成为不可或缺的人物。人类永远不能做到完美无缺，但是在我们不断增强自己的力量、不断提升自己的时候，我们对自己要求的标准会越来越高。这是人类精神的永恒本性。

对于我们来说，顺其自然是平庸无奇的。为什么可以选择更好时我们总是选择平庸呢？为什么我们不能超越平庸呢？

我们大多数人都愿意超越自己，把事情做得近乎完美。可是，还有些人惰性十足，做事马马虎虎，不负责任，敷衍了事。这样的人终其一生都不会有大作为。

敷衍了事是一种恶习，时间一长，免不了会不诚实。人们往往会看不起这种人，尤其对这类人的品格会有所轻视。一个人如果工作态度不负责任，肯定在生活中也会邋邋遢遢。因为工作只是人类生活中的一部分。工作敷衍了事，会使工作质量降低，工作质量一降低会使人丧失斗志。所以，粗劣的工作态度，就是摧毁自己的理想、丧失生活的热情、阻碍上进心的最强的敌人。

许多员工做事不精益求精，只求差不多。尽管从表面看来，他们也很努力、很敬业，但结果总无法令人满意。那些需要众多人手的企业的经营者，有时候会因员工无法或不愿意专心去做一件事而无奈。懒懒散散、漠不关心、马马虎虎的做事态度似乎已经变成常态，除非苦口婆心、威逼利诱或者奇迹出现。否则，很少有人能一丝不苟地把事情办好。

每个人都应该把自己看成是一名杰出的艺术家，而不是一个平庸的工匠，应该永远带着热情和信心去工作。成功者和失败者的分水岭在于：成功者无论做什么，都力求达到最佳境地，丝毫不会放松；成功者无论做什么职业，都不会轻率疏忽。

一个人工作的质量往往决定他生活的质量。在工作中应该严格要求自己，能做到最好，就不能允许自己只做到次好；能完成100%，就不能只完成99%。不论你的工资是高还是低，你都应该保持这种良好的工作作风。

▌思路突破▐

没有最好，只有更好

进取之心，可以说是人类智慧的源泉，它始于一份渴望。当你渴望实现梦想时，进取心便油然而生了。而当你坚信能改善自己的生活状况时，进取心便能滋生茁壮。当你想要一样东西、想要做成一件事时，你心中便有一份力量推动你去获得、去进取、去追求。

做事要精益求精

追求完美会让我们工作起来疲于奔命，似乎永远看不到最终的目标。可是，它对职场中的人来说很重要。自我满足就意味着停滞不前。一旦一个人自以为工作做得很出色了，那么他就会固步自封，难以突破自我，慢慢地就会找不到自己的位置。

李杰在一家世界著名的公司打工。这是一家公有性质的，以促进资讯产业发展为目标的研究开发机构。这里的从业人员主要从事计算机软件的开发工作。

有一次，李杰的朋友到公司找他办点事。到公司的时候，天已经晚了，但他们公司整个大楼依然灯火通明，透过每一间办公室的玻璃隔墙，可以看到员工们都在聚精会神地工作，似乎没有谁准备下班。

朋友不禁惊诧："你们这里的上下班时间是不是同其他单位不一样？"

李杰认真地说："不！完全一样，其实早该下班了。我们已经习惯于把一天的目标彻底完成再离开办公室，而各自制订的目标都是满负荷的。"

"那么，是不是早上要来得迟一些呢？"

"不会的，来晚了会没有泊车位，反而更麻烦。"

是什么原因让他们如此勤勉工作呢？通过与李杰简单的交谈，朋友了解到：这大概是从事计算机程序设计工作的人都持有的一种追求完美的心态，每一个人都想着把自己设计的程序更加合理化，试图使自己设计的程序有着更高的效率。其实，这就是一个精益求精的过程，当这个过程成为大家工作的常态时，谁也不认为每天多工作几个小时就吃亏了，反而觉得把大把大把宝贵时间浪费在上下班高峰时段的路上是最划不来的。

由此我们不难理解，这家计算机产业在最近的十多年来为什么如此发达，并在世界上具有相当的竞争力。这在很大程度上同那里的员工精益求精的追求是分不开的，与他们的敬业精神也是分不开的。

对工作能不能做到精益求精，关键在于是否热爱自己的工作，是否发自内心去追求精益求精的目标，追求完美的实现。美国的马丁·路德·金曾经说过："如果一个人是清洁工，那么他也应该像米开朗基罗绘画、像贝多芬谱曲、像莎士比亚写诗一样，以同样的心情来清扫街道。他的工作如此出色，以至于天空和大地的居民都会对他注目赞美：瞧，这儿有一位伟大的清洁工，他的活儿干得真是无与伦比！"

精益求精的前提是要敢于让你的老板或者主管挑剔工作中的毛病。不要总是抱怨别人对你的期望值过高。如果你的老板能够在你的工作中找到失误，那就证明你还没有做到精益求精。更不要寻找任何借口，不要搪塞或是掩盖自己的缺陷。如果你能够做到精益求精，为什么要让缺陷存在呢？

中国的神舟五号载人宇宙飞船成功飞入太空并安全返回指定地点，是中国航天科技发展史上的又一个里程碑。要知道这样一个极其复杂的载人航天系统，要由500多万个零部件组成。即使是有99%的精确性，也仍然存在着5000多个可能有缺陷的部分。如何能够达到100%？那就要消灭那5000个可能存在的缺陷。哪怕是99.99%的精确性，不也还存在50多个可能的隐患吗？航天的奇迹就在于一定要做到100%，要把一切可能的隐患都测试估计预控到，这样才能够确保万无一失。

按照一般的概率统计，如果一部由13000个部件组成的汽车，其精度能够达到99.999%的话，那么它第一次发生故障或出现反常情况将可能在10年以后。中国的汽车都还做不到10年以后才出现毛病。德国奔驰汽车就能够保证20万公里不动螺丝刀。而正常每年2万公里的汽车行程，也基本上能做到10年工夫了。这种质量保证就来自员工精益求精的工作态度。

一个优秀的人对待工作的态度应该是没有最好，只有更好。唯有如此，才能保持旺盛的工作热情，才能把工作做得更好，也才能不断进步。

胜利时要静下心来

当你通过自己的努力胜利完成了一项任务，或是经商赚了一笔钱，或是升职加薪，都值得庆贺。但在这里需要提醒你的是，不要得意忘形。胜利之后，让自己静下心来，再接再厉，继续投入到人生新的一段旅途中。

惹人喜欢的动画明星米老鼠和唐老鸭的形象从20世纪30年代开始风靡世界，经久不衰，深受成人和儿童的喜爱。它们的"生身父母"沃尔特·迪斯尼也被人们称为卡通片大王。他是有声动画片和彩色动画片的创始者，曾荣获奥斯卡金像奖。后来，他又根据这些可爱的银幕形象设计和创建了被称为世界第九大奇迹的迪斯尼乐园。

沃尔特·迪斯尼1901年出生于美国芝加哥，他的父亲是西班牙移民。15岁时，沃尔特就确定了自己一生的理想。在他看来，他最大的本领是有异于常人的艺术感知力。他认为，自己将来有可能靠画画挣钱，当一名画家，于是把课余的时间都用在绘画上。他白天上学，晚上到芝加哥画院学画。20岁时，沃尔特到一家广告公司工作。这期间他经常光顾电影院，成了好莱坞喜剧明星的崇拜者。这些喜剧片大都是一些既粗糙又幼稚的动画片。年轻的沃尔特既喜爱这种形式，又感到有点不满足，他决心创造出比这更出色的东西来。

此后，沃尔特便经常去堪萨斯公共图书馆，阅览有关电影动画绘画的书刊。1922年，沃尔特有了一点积蓄，他辞去了广告公司的工作，自筹了1500美元，创办了动画片制作公司。

米老鼠系列片一部接一部地拍了出来。1932年，迪斯尼公司的第一部彩色有声动画片《花儿与树》获得了巨大成功，并获得当年的奥斯卡奖。《花儿与树》的成功不仅进一步确立了沃尔特·迪斯尼在动画片领域的地位，也给他带来极为可观的收入。

1933年，沃尔特又拍成了彩色动画片《三只小猪》，首映时的盛况不亚于米老鼠系列片。当时美国正处于经济危机中，这部片子的主题歌《谁怕大灰狼》风行一时。之后，沃尔特又拍了一些米老鼠题材的动画片，并在其中加入了"唐老鸭"、"普洛托狗"等形象。

1934年，沃尔特在欧洲旅行时，从巴黎的一位老板那儿得到灵感，决定拍一部长的动画片《白雪公主和七个小矮人》。当时还没有长的动画片问世。长片放映时间大约一个半小时，很多人都认为沃尔特这样做是冒险。但沃尔特坚持了下来。1937年12月，片子拍出来了，果然又是盛况空前。这部片子被译成各国语言，在全世界放映，盈利比沃尔特预期的要高出10倍。

沃尔特天生有着无穷的想象力。就在他创作米老鼠、唐老鸭、三只小猪、白雪公主等动画片角色时，他已经开始设计一座童话乐园。在他想象中，那是一个孩子们的世界，不仅有动画片和童话故事里的人物、建筑和树林，还有各种各样新颖有趣的游戏。总之，应该充满儿童的乐趣。

1955年，乐园建成并启用。那时他就发现，这座乐园并不完全是属于孩子们的，成年人也和孩子们一样对它怀有极大的兴趣。它成了洛杉矶一处标志性的旅游景点，所有到美国西海岸的游客都要来此一游。因此，迪斯尼乐园收益巨大。后来，他在美国东部的佛罗里达州又建了一座规模更大的乐园，叫做"迪斯尼世界"，园内设有酒店和更多的旅游景点，成了美国最有趣的一个度假村。

从沃尔特·迪斯尼的成功事业之路可以看出，从事任何职业，都需要能最大限度发挥自己的能力。如果你错误地认为事情有了一个结果，便心满意足、不再追求更高的层次，你就永远达不到人生的最高点。

人往高处走，水往低处流，这是事物发展的基本规律。做人要有上进心，对自己的要求要高一些。唯有如此，你才能"百尺竿头，更进一步"。

▎点亮思维▎

任何人的成功都离不开脚踏实地的努力，离不开积极进取的实践。我们必须牢记，进取心是一个人成功的起点，它能激发人的潜能，做好想做又不敢做的事，获得他人所企望的发展机遇。

058

THINKANDMAKE
········思路点拨
AGREATDIFFERENCE

>>

只有掌握了做事的正确方法，运用
正确的做事策略，我们才能事半功
倍，而不是事倍功半。

第一次就把事情做对，
多次返工等于无功

做事要讲方法和技巧。只有掌握了做事的正确方法，运用正确的做事策略，我们才能事半功倍，而不是事倍功半。否则，如果一味地盲目冲动，做事不假思索，就很可能好心办坏事，最终把事情办砸。那些成功者往往能够真正参透做事的学问，掌握正确的做事方法，并且从中找到自己成就事业的道路。

许多人做事喜欢再三返工，不信，就看下面的例子：

一次工程施工中，一位师傅需要一把扳手。他叫身边的小徒弟："去，拿一把扳手。"小徒弟飞奔而去。师傅等啊等，过了许久，小徒弟才气喘吁吁地跑回来，拿回一把巨大的扳手说："扳手拿来了，真是不好找！"

可师傅发现这并不是他需要的扳手，生气地说："谁让你拿这么大的扳手呀！"

小徒弟没有说话，但很委屈。

师傅这时才发现，自己叫徒弟拿扳手的时候，并没有告诉徒弟自己需要多大的扳手，也没有告诉徒弟到哪里去找这样的扳手。

第二次，师傅明确地告诉徒弟，到某间库房的某个位置，拿一个多大尺码的扳手。这次，没过多久，小徒弟就拿着他想要的扳手回来了。

这个故事中，师傅知道从自身找原因，因此很快就改过来了。但在现实生活中，许多人做事常常多次返工，返工后还不从自身找原因，反而责怪周围的环境，这是很不对的。

从自身找原因，想着怎样把事情第一次就做成，这才是最重要的。

在社会中，第一次就把事情做成，你才能很快让自己闪光。

在工作中，每个员工第一次就把事情做对，是提高工作效率并有机会获得晋升的第一步。相反，你第一次若是做不对，就很可能在职场上被踢出局，从而失去了再次去做的机会。

某广告公司的员工就犯过这样一个错误：在为客户制作宣传广告时，将客户的联系电话

机遇是人生最紧俏的"商品"，它需
要用行动去抢购。看准就去抓，是你
处理机遇、做决定的最佳手段。

<<< THINKANDMAKE
思路点拨 · · · · · · · · ·
AGREATDIFFERENCE 059

中的一个数字弄错了。当他们将宣传单交给客户时，由于时间紧，客户没有详细审核就接收了，第二天便用在了产品新闻发布会上。新闻发布会结束后，在整理剩下的宣传单时，这家公司才发现关键的联系电话有误，而此时此刻，存在错误的宣传单已发放了五千多份。

由于错在广告公司，并且这家公司召开新闻发布会花费巨大。一怒之下，这家公司向广告公司要求巨额赔偿。大错已经铸成，万般无奈之下，广告公司只能按照客户要求进行赔偿。

但事情并没有就此结束，弄错电话号码的事情传开后，广告公司在客户中失去了信誉，再也没有人敢把自己的业务交给他们做。这家广告公司渐渐没有生意可做了。

就这样，一个人的错误不仅毁了自己的前途，连带毁了一家公司。

第一次就把事情做对，不仅是对自己的负责，也是对别人的负责。职场上需要这样的员工，商场上需要这样的合作伙伴。能一次就把事情做对的人，是现代社会需要的人，是值得信赖、受大家欢迎的人。

思路突破

要么不做，要么一次做好

现实生活中，有多少人是"成事不足，败事有余"？多少人雄赳赳、气昂昂地去做事，却一次做不成，两次也做不成？现代社会讲究效率。只要是失败重来或者返工，即便最后做成了，也是毫无效率可言。要想做高效能人士，提升自己的办事本领，就要尽可能使自己做到：对于一件事，要么不做，要做就一次做好。

一定要把握住机会

机遇是人生最紧俏的"商品"，它需要用行动去抢购。如果你不及时买，当你发现了它的价值而再想买时，它早已属于别人了。因此，看准就去抓，是你处理机遇、做决定的最佳手段。

机遇财缘如同面包、牛奶一样，总是新鲜的，有营养，受人喜欢。同样，我们在利用机遇时，也应该在机遇刚出炉时，就迅速抓住。

20世纪70年代，日本索尼彩电在美国人眼里是不受欢迎的杂牌货。索尼公司国外部部长卯木肇终日苦思，绞尽脑汁想将彩电打入美国市场。

一日，卯木肇偶然路过一处牧场。当时夕阳西下，飞鸟归林，一个稚气的牧童牵着一头雄壮的公牛走进牛栏，一大群牛便紧随其后，温驯地鱼贯而入。眼前这种景象，使卯木肇茅塞顿开。他暗自思忖：何不在美国找一家"带头牛"商店率先销售索尼彩电呢？

次日，卯木肇选择了当地一家最大的电器推销公司——马希利尔公司作为主攻对象。开始的进攻极不顺利，连续三次都碰壁。但卯木肇毫不气馁，第四次上门时，马希利尔公司又以"索尼的售后服务太差"为由拒绝。卯木肇没有争辩，而是马上设立特约服务部，并在报上公布特约服务部的地址和电话号码，保证随叫随到。

第五次会面，马希利尔公司经理挑剔说："索尼在当地形象不佳，知名度不够，不受消费者欢迎。"卯木肇仍然不动声色，吩咐30多名工作人员，每人每天拨5次电话，向马希利尔公司购买索尼彩电。接连不断的订购电话，把该公司的职员搞得晕头转向，以至于忙乱之中，误将索尼彩电列入"待交货"名单。这使得经理大为恼火。当卯木肇第六次镇静自若地走进马希利尔公司时，经理终于被说动了，同意代销索尼彩电。

至此，日本索尼彩电终于挤进了芝加哥市的"带头牛"商场。由于有"带头牛"开路，"群牛"便争相伴随，芝加哥地区的100多家商店都纷纷要求经销索尼彩电。如此不到3年，索尼彩电在美国其他城市的销路也随之打开。

一个成功的人，总是会冷静而理智地注视着发生在身边的一切，清醒地分析着风险与机会，巧妙地利用争夺中的各种力量，稳稳地把握着自己的航船。一旦时机成熟，他便果断行动。为了达到自己的目的，他尽可能地采取一切手段，精心策划，巧妙控制，操纵局势向有力于自己的方向发展。

做好万全准备

约翰娜是一位漂亮的英国女孩，她的人生理想就是成为人人喜爱的电视明星。然而，在成名之前的很长一段时间里，她所走过的影视之路并不平坦。那个时候，因为没有资历，她只能在电视中扮演配角，尽管她当时已经具备了较好的艺术修养。

为了给自己创造机会，她时刻做着最充分的准备：每拍完一部片子，就找主角一起拍

要成为一位成功人士，你不能靠
天，不能靠地，也不能依靠别人，
只能依靠自己改变自己。

THINK AND MAKE
思 路 点 拨··········
A GREAT DIFFERENCE
061

照，然后将照片印成剧照，注明片名、演播日期，并用大字标出自己扮演的某某角色。当她听到某电影公司将摄制一部新片，她就把这些剧照寄给物色演员的制片人，进行自我推荐。终于，有一位著名制片人看到她为那么多名演员配过戏，在那么多电视剧中担任过角色，就认定她是个有潜力的演员，从而选中了她。就这样，她终于在一部非常火爆的电视连续剧中担任女主角，并发挥其所有的表演才华，结果一夜成名，成为观众最喜爱的著名影星。

约翰娜为什么能成功？仅仅是因为她有机遇吗？不，是因为她长时间来苦苦地经营、细细地准备。机遇不是天上掉下来的，好的机遇需要你去勤奋经营，努力创造才能得到。当人们在称羡别人获得成功的时候，却往往忽略了他们成功之前的准备工作。其实他们都很平常，和大多数人一样吃饭、睡觉，但关键是在于他们凡事皆有备而来，创造机遇，抓住机遇，并善加利用。

《国际歌》中有几句歌词是这样唱的："从来就没有什么救世主，也不靠神仙皇帝，要创造人类的幸福，全靠我们自己。"同样道理，要成为一位成功人士，想在事业上有所建树，你不能靠天，不能靠地，也不能依靠别人，只能依靠自己。只有你自己可以改变自己，并改变周围的环境，最终走向成功。

出击时讲求策略

约翰是一位推销员。一次他奉命到印度去推销公司经过数次谈判都没有谈成的军火生意。为了顺利完成这次任务，他事先给印度军界的一位将军打电话，但只字不提军火生意的事，只是说："我准备到加尔各答去。这次是专程到新德里拜访阁下，因为您的大名对我是如雷贯耳。所以，我只要求给我一分钟的时间就心满意足了。"那位将军勉强答应了。

约翰来到将军的办公室，还没等他张口说话，将军先声明说："我很忙，请勿多占时间！"冷漠的态度让人觉得谈生意几乎无望。

然而，推销员说出的话却更让将军感到意外。"将军阁下您好。"他说，"我衷心向您表示谢意，感谢您对敝公司采取如此强硬的态度。"

闻听此言，将军莫名其妙，一头雾水。

"因为您使我得到了一个十分幸运的机会，在我过生日的这天又回到了自己的出生地。"

"先生，难道您是在印度出生的吗？"冷漠的将军终于露出了一丝微笑。

"是的！"推销员停顿了一下，接着说，"29年前的今天，我出生在贵国名城加尔各答。当时，我父亲是法国密歇尔公司驻印度的代表。印度人民非常好客，我们一家的生活得到了很好的照顾。"

将军对他的这段经历很感兴趣，推销员借此机会又娓娓动听地谈了他对童年生活的美好回忆："在我过三岁生日的时候，邻居的一位印度老大妈送给我一件可爱的小玩具。我和印度小朋友一起坐在象背上，度过了我一生中最幸福的一天……"

很显然，将军被约翰的话深深感动了，非常诚挚地说："您能在印度过生日太好了，今天我想请您共进午餐，表示对您生日的祝贺。"

汽车驶往饭店途中，推销员打开公文包，取出一张颜色已经泛黄的合影照片，双手捧着恭恭敬敬地放在将军面前，神态恭敬地说："您认识这个人吗？"

"甘地，这不是圣雄甘地吗？你怎么会有他的照片？"

"是呀！您再仔细瞧瞧左边那个小孩，那就是我。那是在我四岁的时候，我和父母一道回国途中，十分荣幸地和圣雄甘地同乘一条船。这张照片就是那次在船上拍的。我父亲一直把它当做最宝贵的礼物珍藏着。这次，我就是要拜谒圣雄甘地的陵墓。"

听到此话，将军紧紧握住了约翰的手，声音洪亮地说："我非常感谢您对圣雄甘地和印度人民的友好感情。"

当约翰告别将军回到住处时，这宗大买卖已拍板成交。

设计好策略，就是找到办成事的最佳突破口。所以，在办事时，要多了解当事人、了解当时的环境，找到有助于办成事的最佳方案，这样事情的发展就会按照你的意愿进行。

点亮思维

人生的得失常常在于机会的得失。有了一个机会，抓住它，利用它，你的命运或许就会因此而发生改变；相反地，忽略它、远离它，你就会错失做事的良机，事倍功半，甚至落个失败的结局。因此，请记住：做事一定要讲方法，一次成功。否则，多次返工既花费了精力，又浪费了时间，得不偿失。

第 3 章

从逆境中崛起的思路

WAYS TO WADE THROUGH DIFFICULT SITUATIONS

没有什么不可能

"没有办法"或"不可能"常常是庸人和懒人的托辞。事实上，在那些成功人士看来，"没有办法"并不能使事情画上句号，而"总有办法"则使事情有突破的可能。

鉴于此，你如果想做出一番事业，就必须删除诸如"不可能"、"没有办法"这样的想法，把"完全有可能"、"总有办法"等类似的概念加入到你的大脑中。

生命中，没有什么比完成别人口中"办不到"的事情更过瘾的事了。人生的一大乐事就是完成别人认为你做不到的事。去看看叫你放弃的这些人，他们是否有伟大的成就？是否勇于突破障碍，活出自己的梦想？这些人自己都做不好，又怎么能教你怎么做？

综观历史上最伟大的成就往往在开始时都是"这是绝对做不成的"。其他人的意见或者自疑常常会削减自己的信心。而那些胜利者无一例外都是满怀信心之人。美国总统林肯就是一个很好的例子。

林肯认为自己是与生俱来的胜利者。在他看来，没有干不成的事。下面就是他经常向人们讲述的一个故事：

林肯小时候曾经做过一件他父亲认为不可能的事情。林肯的父亲在西雅图以非常低廉的价格买了一座农场。农场里面有许多石头，看上去非常牢固，仿佛和山紧紧地连在了一起。有一天，林肯的母亲建议把上面的石头搬走。父亲说："如果可以搬走的话，别人就不会以这么低的价格卖给我们了。它们是一座座牢不可动的小山头。"

那座农场一直保持原样。直到有一天，父亲去城里办事，林肯的母亲带着孩子们来到农场。母亲说："孩子们，让我们把这些碍事的东西搬走，好吗？"

"它那么牢固，这怎么可能？"林肯的哥哥对母亲说。

"孩子，只要我们决心把它们搬开，就没有什么不可能的。"母亲对孩子们说。

于是，林肯和家人一起开始挖石头。他们只往下挖了一英尺，那些看似生着根的石头就晃动起来。不长时间，所有的石头就被清理干净了。

"不可能"就像那座农场中的石块压在我们心头，使我们放弃唾手可得的胜利。如果能够把这些石头从我们的心头搬开，那么就没有什么事情做不到了。

思路突破

别让"不可能"扼杀了你的自信

奥瑞森·马尔登曾说："人类灵魂深处，有许多沉睡的力量。唤醒这些人类从未梦想过的力量，巧妙运用，便能彻底改变一生。"

去掉"不可能"的念头

美国成功学创始人拿破仑·希尔博士年轻时立志要做一名作家。要达到这个目的，他知道自己必须精于遣词造句，字典将是他的工具。但是由于他小时候家里很穷，接受的教育并不完整，因此，那些"善意的朋友"就告诉他，说他的雄心壮志是"不可能"实现的，劝他不要异想天开。年轻的希尔并没有接受朋友的劝告，他用打零工挣来的钱买来了一本最好的、最完整的、最漂亮的字典。他所需要的字都在这本字典里。他做了一件很奇特的事：他找到"不可能"这个词，用剪刀把它剪下来，然后丢掉。于是他便有了一本没有"不可能"的字典。

之后，他把整个事业建立在这个前提下，那就是：对一个迫切想获得成功的人来说，没有任何事情是不可能的。最终，他成为美国商政两界的著名导师，被罗斯福总统誉为"百万富翁的铸造者"。他的著作《人人都能成功》成为世界最著名的畅销书之一。

065

思路决定出路

不是因为有些事难以做到，我们才失去自信。而是因为我们失去了自信，有些事情才变得难以做到。

克勒蒙特·史东是一位著名的成功人士，他是属于古典的《赫雷萧·亚尔嘉成功谈》故事里的主角型人物。他早年的生活非常贫困，在南塞德卖报生涯中开始他的创业。

他在自己办的杂志《成功》中谈到："不必理睬向你说'不可能'这些悲观字眼的人。"然后提出好的方法来证明"那种事不可能"乃是谎言。以下就是他的建议：

"有数百万人在他们的人生中拥有能力却不能实现更高的目标，这是为什么呢？

"听到别人对他说'那种事是不可能的'，他自己就相信了。并且未曾学习和应用'积极思考'来振奋自己。如果他们能有意识地树立积极的态度，周围纵然满是荆棘，也能在不侵犯他人权益的情况下，达到所有目标。

"他们如果采取下列行动，就必能实现一生的最高目标，解决最困难的问题：

"第一，对自己读到、听到、看到、想到以及经历的事物，加以剖析、有所领悟并灵活运用。

"第二，设定极高的理想目标并写成文章。然后每天利用30分钟或更长的时间，就该目标学习、思考、拟订计划。这样重复多次以后，潜意识中将会显现所要的答案。"

发挥你看不见的磁场

科学家认为，一个人50%的个性与能力来自基因的遗传。这意味着另外的50%不取决于遗传，而取决于创造与发展。如果能够做到这一点，你最希望的变化是什么？当然，我们必须承认有些事情是我们无论如何也无法改变的，比如身高、肤色等。但是我们却可以改变对它们的看法，通过自身努力，把劣势变成优势。

许多人喜欢看NBA掘金队里的小个子博伊金斯上场打球。

博伊金斯身高只有1.65米，在东方人里也算矮子，更不用说在即使是身高两米都嫌矮的NBA了。

据说博伊金斯不仅是现在NBA里最矮的球员，也是NBA有史以来破纪录的矮子。但这个矮子可不简单，他是NBA表现最杰出、失误最少的后卫之一，不仅控球一流，远投精准，甚至在高个队员带球上篮时也毫无畏惧。

每次看博伊金斯像一只小黄蜂一样满场飞奔，人们心里总忍不住赞叹。他不只抚慰了那些身材矮小但酷爱篮球者的心灵，也鼓舞了平凡人内在的意志。

博伊金斯是不是天生的好球手呢？当然不是，而是意志与苦练的结果。

博伊金斯从小就长得特别矮小，但他非常热爱篮球，几乎天天都和同伴在篮球场上打球。当时他就梦想有一天可以去打NBA。因为NBA的球员不仅薪俸奇高，而且也风光无限，

只要定位清晰，目标明确，那么当
你投入一分心力，也就向成功靠近
了一步。

<< 思路点拨••••••••••

THINK AND MAKE
A GREAT DIFFERENCE

067

是所有爱打篮球的美国少年，甚至是全世界的少年最向往的梦。

每次博伊金斯告诉他的同伴："我长大后要去打NBA。"所有听到他的话的人都忍不住哈哈大笑，甚至有人笑倒在地上，因为他们"认定"一个1.65米的矮子是绝不可能打NBA的。

但是，这种嘲笑并没有阻断博伊金斯的志向，反而激发了他的斗志。为了实现打NBA的宏愿，他把所有的时间（除了吃饭和睡觉）都用在了打球上，苦练控球要领和投篮技术。尤其是他的控球方法花样繁多，让人防不胜防。十年过去了，隐藏在他身上的篮球潜能迅速而充分地被挖掘出来，他的球技出神入化，终于成为全能的篮球运动员。

在高个如林的NBA，博伊金斯充分利用自己矮小的"优势"——行动灵活迅速，像一颗子弹一样；运球的重心最低，不会失误；个子小不引人注意。因此，博伊金斯被人看做是美国篮球史上最伟大的控球后卫之一。

当你有了长远的人生规划，在实现自己人生目标的过程中，就要时时告诫自己：凡事皆有可能。要知道，人生旅途中没有爬不过去的山，也没有趟不过去的河，更没有迈不过去的坎。其实，一个人要使美梦成真的唯一途径就是脚踏实地去实践它。只要定位清晰，目标明确，那么当你投入一分心力，也就向成功靠近了一步。

一切成功皆源于求胜的信心

一个人只要有自信，那么他就能成为他希望成为的那种人。在日常生活中，强者不一定是胜利者。但是，胜利者都属于有信心的人。一个人要永远保持成功的自信！

1955年，18岁的吉尔·金蒙特已是全美国最受喜爱、最有名气的滑雪运动员了。她的照片被用做杂志的封面。金蒙特踌躇满志，积极地为参加奥运会预选赛做准备。大家都认为她一定能成功。

她当时的生活目标就是得奥运会金牌。然而，1955年1月，一场悲剧使她的愿望成为了泡影。在奥运会预选赛的最后一轮比赛中，金蒙特沿着大雪覆盖的罗斯特利山坡开始下滑，没料到，当天的雪道特别滑，刚过几秒钟，便发生了一次意想不到的事故。她先是身子一歪，而后便失去了控制……当她停下来时早已昏迷了。人们立即把她送往医院抢救，虽然最终保住了性命，但她双肩以下的身体却永久性瘫痪了。

她整日和医院、手术室、理疗、轮椅打交道，病情时好时坏，但她从未放弃过对有意义的生活的不断追求。她历尽艰难，学会了写字、打字、操纵轮椅、用特制汤匙进食。她还在加州大学洛杉矶分校选听了几门课程，想今后当一名教师。

想当教师，这可真有点不可思议。因为她既不能走路，又没受过师范训练。她向教育学院提出申请，当时系主任、学校顾问和保健医生都认为她不适宜当教师，因为录用教师的标准之一是要能上下楼梯走到教室，可她做不到。但在此时，金蒙特的信念就是要成为一名教师，任何困难都不能动摇她的决心。

她又向洛杉矶学校官员提出申请，可他们听说她是个"瘸子"就一口回绝了。金蒙特不是一个轻易就放弃努力的人，她决定向洛杉矶地区的90个教学区逐一申请。在申请到第18所学校时，已有3所学校表示愿意聘用她。学校对她要走的一些坡道进行了改造，以适于她的轮椅通行。这样，从家里坐轮椅到学校教书就不成问题了。从此以后，她一直从事教师职业。

到底是什么使那些成功者能坚持不懈地全身心投入到各种各样的事务中呢？是信念的力量。吉尔·金蒙特的成功经历告诉我们：一个人要取得成功，需要有强烈的信心和意志。因为信心和意志是一种巨大的动力，它可以推动你去做别人认为不可能成功的事情。

决心即力量，信心即成功。当你做出了成绩，或朝着自己的目标不断前进时，千万别忘了给自己鼓掌，为自己喝彩。当你对自己说"完全有可能"或"真是一个好主意"时，你的内心一定会被这种内在诠释所激励。

点亮思维

记住，你要在没有人相信自己的时候，对自己深信不疑。一旦你退缩，你将永远踏不出成功的脚步！因此，你要慎下结论，相信凡事都有可能，千万不要自我设限。

从困难中看到机会，而非障碍

　　两个人从监狱的铁栏里往外看，一个看见烂泥，另外一个看见星星。

　　在人生中，我们会遇到各种困难——不论你计划得多么周密，挫折都在所难免。然而最难以逾越的障碍并不是来自别处，而是来自我们的内心。有时候障碍在不知不觉中已经消失了，但在我们的内心中它仍然存在。

　　只有打破内心的障碍，把困难视为"不难"，发掘它蕴藏着的机会，你的人生才会光明。

　　事物的多面性和复杂性，决定了人生不可能一帆风顺，机会也不总是顺风顺水的。蕴藏在挫折中的机会永远都是非常巨大的，足以改变人的一生。所以，任何时候，对于挫折或失败都应该抱有一种积极的心态：学会在心中的庭院里，培植一棵忍耐的树。

　　在华人圈内素有"美容教母"之称的蒙妮坦国际集团董事长郑明明，有一个美丽的称号——"蒙妮坦不倒翁"。近40年以来，她一直在为"美丽"奋斗不止。

　　1973年，她精心挑选了一批美容产品，带领6名受过训练的职员，在印度尼西亚雅加达租了一个储存仓库，准备通过销售产品在那里开设蒙妮坦的分支机构。怎料一场大火把仓库内的所有产品烧了个精光。产品没了，本儿也亏了，欠下银行一大笔贷款，还要赔偿被烧毁的仓库。她经常回忆这段往事："当时只感到两手空空，脑也空空，什么都没有了。"而就在绝望的时候，她突然想起了父亲的不倒翁，顿时得到鼓励。她说："父亲最喜欢不倒翁，他常常鼓励我要敢于面对现实，学会正视自己。应该学习不倒翁的精神，遇到挫折倒下来不要紧，最要紧的是懂得如何再次站起来。"

　　于是，郑明明借着父亲的"至理名言"，在仓库失火后再次勇敢地站起来。她先回到香港，努力逐步重建事业，一年后还清了银行贷款，手头又有了积蓄，于是再次扩张。几十年风雨历程的背后就是她父亲那句再普通不过的教诲，一直在支撑着这位"美容教母"。

　　后来，她在总结自己成功的经验时说："踏足内地的头八年，工作并不顺利，到处碰壁。对当时的中国来说，开办美容学校是不可思议的事情，困难很多。但每当要打退堂鼓时，我就想到了父亲的那句话，于是就咬着牙，再大的难关都闯过了。以后最大的心愿是建

你的心理障碍越多，人就会变得越怯懦。要想克服困难，首先克服心理障碍。

立中国的民族品牌，让中国的美容产品在海外同样得到认同……"

虽然困难重重，但郑明明看到的是大陆广阔的市场，是"郑明明"三个字成为家喻户晓的名牌，是名牌背后蕴藏的巨额财富，于是她咬着牙挺过来了。

人生在世，谁都有过失败，有过挫折。古今中外哪位成功人士不是从失败中走出来的？挫折特别吸引意志坚强的人。因为他只有在困难面前才会真正地认识自己。有失才得，只要一个人拥有坚强的意志，就可以战胜一切困难，摔倒了重新站起来。

【思路突破】

看到机会，搏击光明

你的心理障碍越多，人就会变得越怯懦。要想克服困难，首先克服心理障碍，然后采取行动，勇敢地迈出第一步，从而赢得光明未来。

突破心障：要想钓到大鱼，必须勇赴激流

有一个渔夫，经常在潭边不远的河段里捕鱼。那是一个水流湍急的河段，雪白的浪花翻卷着，一道道的波浪此起彼伏。

一群经常路过此河段的学生看到他这样感到非常奇怪，同时又觉得他很可笑：在浪大又那么湍急的河段里，怎么会捕到鱼呢？

一天，有个男生终于忍不住了，他走过去问渔夫："你这是在干什么呢？"

渔夫抬头看了他一眼，没有答话。

男生仍不死心，继续追问："鱼怎么会在这么湍急的地方停留呢？"

这回轮到渔夫说话了："当然不会。"

听到答话，男生更为惊讶地问："那你怎么能捕到鱼呢？"

渔夫笑笑，什么也没说，只是提起他的鱼篓往岸边一倒，顿时倒出一团银光。那一尾尾

蹲在家里等待机会的来临是最傻的
事情。要想获得什么东西，就必须
马上付诸行动。

<< THINK AND MAKE
思路点拨••••••••
A GREAT DIFFERENCE
071

鱼既肥又大，在地上翻跳着。

学生们一看就傻了，这么肥大的鱼他们从来都没有见过。他们以前在潭里钓上的多是些很小的鲫鱼和小鲦鱼，而渔夫竟在河水这么湍急的地方捕到这么大的鱼，这是多么令人不可思议的事情啊。

看着瞪大了眼睛、合不拢嘴的学生，渔夫笑笑说："潭里风平浪静，所以那些经不起大风大浪的小鱼就自由自在地游荡着，靠潭水里微薄的氧气就足够它们呼吸了。而这些大鱼就不行了，它们需要水里有更多的氧气，没办法，它们就只有拼命游到有浪花的地方。浪越大，水里的氧气就越多，大鱼也就越多。"说着，只见渔夫手一扬，一条足有二三斤重的鱼被甩进了鱼篓。

渔夫重新放下鱼竿，得意地说："许多人都以为风大浪大的地方是不适合鱼生存的，所以他们捕鱼就选择风平浪静的深潭。但他们恰恰想错了，一条没风没浪的小河是不会有大鱼的，而大风大浪恰恰是鱼长大长肥的唯一条件。大风大浪看似是鱼儿们的苦难，但恰是这些苦难才使得鱼儿们茁壮成长。"

这个故事告诉我们：一个人要提高和发挥自己的创造力，必须做到突破许多思维障碍。我们暂且把这些障碍称为"心障"，而正是这些心障才把我们的心灵囚禁在常识、陈规以及貌似合理的标准中，使我们失去了创造力。因此，要培养创造力必须要突破一些限制我们思维的"心障"。

拿出解决所有问题的良方——行动

自己的命运要自己来开创，当你真正梦想要一件东西时就一定能弄到手。蹲在家里等待机会的来临是最傻的事情。要想获得什么东西，就必须马上付诸行动。如果你想要实现自己的梦想，就一定要有无论遇到多大困难都必须去克服、无论遇到多少问题都必须去解决的精神。

我们看看下面的故事：

在中国商界有一个响当当的名字——王月香。早年她离开家乡闯荡西安。在这人生地不熟的古都西安，为了尽快赚得"第一桶金"，她开始做起了服装批发生意。几年过去后，她有了一定的资本积累。一心想把事业做大的她不甘于眼前的利益，决心扩大投资规模，向更高的人生目标迈进。

机遇终于来到，王月香从朋友那里了解到陕北油田允许民营开发的信息，她做出了放弃服装批发生意、转向石油开采投资的重大决定。

在原油开发过程中，王月香的运气一开始并不好，甚至可以说是问题多多，命途多舛。创业早期，她和丈夫变卖了所有的财产，一起来到位于延安地区延长县的油田。确定勘探地

很多人之所以失败，就在于他们只看到了困难，却没有意识到蕴藏在困难中的巨大机会。

址后，他们以荒原为家，日夜驻守在钻塔前的帐篷里，既当老板又当工人，与所雇的钻井工人一起干活，白天一身泥水，夜晚和衣而眠。由于丈夫身体不好，王月香不仅担任工地总指挥，同时负责材料供应和后勤工作，整日奔忙在风沙滚滚的黄土高原上。由于疲劳过度，加上高温中暑，王月香的丈夫不久病逝，全部重担便落在了一个弱女子身上。这使她不得不重新审视自己当初抉择的正确性。痛定思痛，为了激励自己，她改名为王荣森，以三个"木"代表自己所开发的三座钻井架，把自己的命运同油井拴在一起，发誓要战胜厄运，走向成功。

对成功的执著追求，成为王月香全部的精神支柱，支撑着她迎接不断袭来的严重困难。转眼就是一年，这名经过千辛万苦成长起来的女商人，再次出现了无法预料的问题。恰在丈夫周年祭日这一天，即将完工的钻井突然发生故障，钻杆被井壁死死卡住，无论采用什么办法都转动不了，钻井工人费尽心思也无法将其启动，眼看480万元的投资最后时刻即将付诸东流。但王月香面对困难不畏缩，身处逆境不绝望，敢于坚持到底。因为她知道，只有坚持到底，才能看到胜利的曙光。于是她在钱粮告罄时四处求援，经过努力，终于绝处逢生，最终解决了难题。钻杆启动之后，钻井也终于完成，滚滚而出的原油成为对王月香创业精神的最大褒奖。

这个故事告诉我们：如果把对问题的畏惧如顽石一般堆积在心里，面对那些看似坚不可摧的重重障碍，寸步难行，你的一生就只能在畏惧中度过。其实问题远没有你想象得那么多，只要坚持下去，就没有过不去的坎。

紧紧抓住机会，将成功进行到底

桑德斯上校是闻名世界的肯德基连锁店的创办人。他在65岁高龄的时候才开始从事这项事业。那么是什么原因促使他这样做的？原因很简单，他身无分文且孤身一人。当他拿到生平第一张救济金支票时，金额只有105美元，他的内心实在是沮丧之极。但是他既不埋怨这个社会，也没有写信去骂国会，而是心平气和地问自己："我还能为人们做出什么样的贡献？"他经过冥思苦想，终于找到了一个答案：我有一份人人都喜欢的炸鸡秘方，要是我把这份炸鸡秘方卖给餐馆，餐馆因此而生意兴隆，说不定他们会给我一点钱。

随后他便挨家挨户地敲门，把想法告诉每家餐馆："我有一份上好的炸鸡秘方，如果你们能采用，相信生意一定会很兴隆，而我希望能从增加的营业额里提成。"但是很多人拒绝了他的建议，而且当面嘲笑他："得了吧，老家伙，若是有这么好的秘方，你干吗还穿着这么可笑的白色服装？"

桑德斯上校从不因为前一家餐馆的拒绝而懊恼，反倒用心修正说辞，以更有效的方法去说服下一家餐馆。桑德斯上校的点子最终被接受，你知道他被拒绝了多少次吗？在1009次之后，他才听到了第一声"同意"。

在过去的两年时间里，他驾驶着自己那辆又旧又破的老爷车，足迹遍及美国的每一个角落。困了就和衣睡在汽车的后座上，醒来逢人便说他的那些点子。他为人示范时所炸的鸡肉，经常就是他用来果腹的点心。在整整两年的时间里，经历了1009次的拒绝，有多少人还能够锲而不舍地坚持下去呢？无怪乎世上只有一个桑德斯上校。有人能接受20次的拒绝已经很不容易了，更不要说100次甚至1000次的拒绝了。

无数事实证明，在大多数的情况下，带给那些成功人士金钱与地位的，往往不是他们自以为是、拼命努力要人认可的特点，而是他们的执著和韧性。他们凭毅力与弹性去追求所企望的目标，最终必然会得到自己想要的。

点亮思维

每一位成功人士都源自于立即行动。很多人之所以失败，就在于他们只看到了困难，却没有意识到蕴藏在困难中的巨大机会。所以他们从来就没有踏出自己真正想要的第一步。不过如果你想成功，光有行动还不够，还要坚持不懈，任何情况下都不能轻易放弃。

不为失败找借口，只为成功找方法

借口是敷衍别人、原谅自己的"挡箭牌"。它也像一剂鸦片，如果你一而再、再而三地去品尝它，就会变得心虚、懒惰、缩头缩尾，最终丧失执行力。

借口越多越使人贫穷，借口越多越使人下滑。为失败找借口的人永远也走不出失败。告别借口，问自己"我怎样才能成功"，而不是"什么因素让我不成功"。

人生是一个漫长的旅程，我们每个人都想为它画上一个圆满的句号。然而，一些想到或想不到的挫折与失败时时刻刻总会猝不及防地袭来，崎岖和坎坷也是我们无法避免的。面对这些，我们唯一能做的就是：笑对那些不如意，把没有做完的事继续做完，把抱怨变成行动，把失败转为成功。

失败不可能排除态度的因素。爱迪生的发明就是一个态度跟失败有关的例子。他曾长期埋头于一项发明。

一位记者问他："爱迪生先生，你的发明失败过不下一万次，对此你有何感想？"

爱迪生答道："年轻人，你的人生旅程才起步，所以我告诉你一个对未来很有帮助的启示。我不觉得已失败过一万次，我只是发现了一万种行不通的方法。"

爱迪生发明电灯时共做了14000多次实验。他发现许多方法行不通，但仍然做下去，直到发现了一种解决问题的方法。

除非你放弃，否则就不会被打垮。希腊伟大演说家德谟克里特因口吃而害臊羞怯。他父亲留下一块土地，但当时的希腊法律规定，他必须在声明土地所有权之前在公开辩论中战胜所有人才行。口吃加上害羞使得他没能取得胜利，结果丧失了那块土地。他深受打击，此后更加刻苦努力，创造了人类空前的演讲奇迹。历史忽略了那位取得他财产的人，但没忘记德谟克里特的成功故事。不管你跌倒多少次，只要能再起来，就不会被失败击垮。

多年前，拿破仑·希尔的一位好友邀请他开发某种产品，结果卖不出去。幸运的希尔还来得及退出，但他的朋友却损失了几千美元。结束时，那个朋友满怀信心地说："希尔，你知道，我不想失去金钱，但是真正让我关心的是：我害怕在以后的生意中，会因谨慎而变成懦夫。如果真是那样，我的损失就更大了。"

任何成功都来之不易，都是在不断地探索和失败中获取的珍贵成果。那些真正的聪明人，就善于从失败中吸取教训并不断地改变自己，进而完善自己。为了成功，你需要做的是在生活中创造积极的东西，并随时调整你做事的方式。

思路突破

告别"如何才失败"，问鼎"怎样能成功"

也许从出生的那天起，我们就注定了要与失败如影随形般地相伴到老。所以，当我们面对失败时，就没有理由垂头丧气愁眉不展，而应该真诚地用笑脸去迎接它的到来，并感谢它给了我们一次成长的机会。

不为失败痛苦，为失败感恩

生活中，我们每个人或多或少都会面临一些失败和挫折，但为什么有的人能成功一世，有的人却平平一生呢？关键就是有的人把失败当成了纯粹的失败，在一连串的抱怨声中迎来的只能是再一次的失败。所以，那些成功者在面临失败时从来不会为失败找借口，而是汲取经验，接受教训，在失败中找出解决问题的途径和方法。

泰国商界的风云人物施利华，曾是一家股票公司的经理。他呕心沥血为公司赢得了几个亿的利润，自己也因此发了家。后来他转做房地产，把自己所有的积蓄全都投了进去，但由于时运不济，1997年的金融风暴让这个昔日的亿万富翁一夜之间变得一无所有，还负了一身的债。面对命运的无情捉弄，他却说了这样一句经典的话："如果没有这次的失败，我就没有机会享受从头做起的快乐，更没有时间享受和爱人一起吃苦的幸福。所以我得感谢这次失败。"与众不同的思维注定是要有大作为的，后来，他不但创出了独特的"施利华三明治"，而且生意越做越火，大有东山再起的苗头。

不可否认，失败会带给我们一度的消沉，但那只是暂时的。当失败过后，我们会变得坚强，变得懂事，变得成熟，变得更有魅力；当失败过后，我们才觉得，失败的降临就像是岁月早已为自己牵定的一份缘，是我们成长中必不可少的甘露。所以，我们不得不感谢失败带给我们的宝贵经验，不得不感谢失败带给我们一生的财富。

生命中，当我们受到某个人的帮助时，我们会以一颗感恩的心铭记一生。而面对失败，我们却一度地认为它是专门和你作对的敌人，其实不然。一个人能有所作为，失败是功不可没的。只要我们换一个角度去想，失败又何尝不是一位对我们不求回报的恩人呢？所以，重新给失败定位，用一颗感恩的心对待它，你会收到更丰厚的礼物。

从失败中提取让你坚强的要素

人生在世，谁都有过失败，有过挫折。古今中外哪位成功人士不是从失败中走出来的？

"世上无难事，只怕有心人。"成功之途是崎岖曲折的，它不可能是畅通无阻的康庄大道。"成功者是踏着失败而前进的"、"失败是成功之母"的哲理是意味深长的。

英国大文豪犹太人威尔斯，在他成为文豪前曾从事过近10种职业，但都一无所成。现代著名科学家克达林曾说："我的成功发明，每项都几乎经过99次的失败。"

在人生的长河中，不尽如人意的事常常是十有八九，但每个人都没有悲观的必要。失败乃是成功必须经历的过程，关键要有决心和忍耐。昨天的失败，并不意味最后的结局。从失败与错误中汲取经验和教训，是自我教育和提高自身能力的有效途径。最怕的是那些发生了错误或失败而一蹶不振的人，才是最终的失败者。

美国通用汽车公司董事长犹太人亚弗列说："人生是要犯错误的，不犯任何错误的人，是一无所成的人。"

失败是成功之母，没有失败，就没有成功。做任何一件事，都需要敢于冒险、敢于失败，并从失败中领悟和学到某些知识和经验，才有可能走进成功的大门。

"跌倒了揉揉痛处爬起来，在失败中求胜利。"这是历代伟人的成功秘诀。有人问一个孩子，他是怎样学会溜冰的。那孩子回答道："哦，跌倒了爬起来，爬起来再跌倒，就学会了。"使得一个人成功的实际上就是这样的一种精神。跌倒不算失败，跌倒了爬不起来才是失败。成功者相信："失败"是大自然的计划，它用这些"失败"来考验人类，使他们能够获得充分的准备，以便进行他们的工作。"失败"是大自然对人类的严格考验，它借此烧掉人们心中的残渣，使人类这块"金属"因此而变得纯净，使人们可以经得起严格的考验。

人生有成功，也有失败，这是必然的。成功者普遍对失败持一种容忍的、接受的态度。他们认为，如果一个人沉湎于成功的甜美，而忘掉了失败的苦涩，那么终有一天他会再次尝到失败的苦果。因为成功会使人松懈，使人自满，而失败却使人奋进。回味失败意味着不断攀登成功巅峰，舍弃失败即舍弃成功。

在成功人士看来，失败并不能证明自己的无能，只要能够自强不息，失败将是一次难得的契机。不敢面对和承认自己的失败才是真正的失败。

把失败当做阶梯，向成功迈进

失败是一种客观存在。只要做事，失败就不可避免。有一点可以记取：失败在聪明人那里的市场小一些，而在蠢笨的人那里大一些。而那些善于从失败中汲取教训的人，才是真正聪明的人。

对于那些成功者来说，他们从不介意一时的成败。失败只会让他们变得更加成熟。

美国企业家保罗·道弥尔就是这样一个聪明的人。他专门收购面临危机的企业。这类企业在他的手中经过整顿，个个起死回生，财源广进。

1948年，21岁的保罗·道弥尔离开了祖国匈牙利，来到美国。当时，他一无所有，最大的资本就是一副健康强壮的身体。

在美国找一份工作勉强度日并非难事，但是胸怀大志的道弥尔并不以能够维持生计为满足。在一年半时间里，他竟变换了15次工作。最后，道弥尔在一个制造日用杂品的工厂正式开始工作了。

一天，老板把道弥尔叫到办公室，对他说："我还有许多事情要做，我想把这个工厂交给你照管，你不会反对吧？"道弥尔非常高兴，他很自信地说："谢谢您对我的信任，我想

失败并不可怕，可怕的是失去面对
失败的勇气。

<< THINK AND MAKE
思 路 点 拨 ‧‧‧‧‧‧‧‧
A GREAT DIFFERENCE
077

我会把它管理得很好。"道弥尔做了工厂主管，每周工资由30美元升到了195美元。这笔工资在当时来说是不小的收入，但他追求的不是这个，他要向企业家的目标奋斗。这个小工厂固然能学点管理经验，但毕竟有限。

道弥尔认为：要想做一个企业家，不仅要学会工厂管理，还必须熟悉市场，了解顾客的心理和需求。销售部门是企业的最重要的部门，不懂销售业务就不能成为现代的企业家。因此，半年之后，他向老板递交了辞呈，决定做推销员。

他做推销员之后，视野果然开阔了许多。仅用两年时间，道弥尔便用自己的才智和心血编织了一个庞大的销售网，成为当地最富有的推销员。就在这时，道弥尔做了一个惊人的决定：将一家濒临破产的工艺品制造厂以高价买了下来，同时拥有70%的股份。也就是说，这家工厂成了他的控股企业。

有人这样问道弥尔："为什么你总爱买下一些濒临倒闭的企业来经营？"他回答得十分巧妙："别人经营失败了，接过来就容易找到它失败的原因。只要把造成失败的缺点和失误找出来，并加以纠正，就会得到转机，也就会重新赚钱。这比自己从头干起要省力得多。"

成功是在不断地探索和失败中发现的。那些成功者从不介意失败，无论遇到多么大的失败，都能够镇定自若，不会失去理智。更为可贵的是，他们能够从失败中及时总结经验，不断地改变自己，再接再厉，克服外在的一切境遇，坚持下去获得成功。

点亮思维

　　失败并不可怕，可怕的是你失去了面对失败的勇气。生活不可能一帆风顺，大大小小的失败与挫折不计其数。如果我们没有一个良好的心态，没有突破障碍、专注于成功的思维，那么等待自己的将是一个更大的失败。

077

思路决定出路

你无法改变3分钟前发生的不好的事，你唯一能做的是如何把这"不好"的事化为好事。

拥有"化负为正"的能力

现实生活中，有多少人不是在坏事面前手足无措，就是在逆境中哭泣。其实，你无法改变3分钟前发生的不好的事，你唯一能做的是如何把这"不好"的事化为好事。而这需要才智，也只有聪明人才能做到。从"傻人"变成聪明人并不难，你要放开眼光，从不利中看到可利用之处，从而扭亏为盈，化负为正。

人生只有拼搏进取，勇于挑战才能成功。一个人未经磨难，是永远不可能成功的。其实，每个人从生到死，就是一连串的成长与考验，从每一次面对挑战的经验中累积智慧。迎接磨难并予以克服，你就会拥有足够的力量与智慧。

我们应该勇于面对考验我们的环境。努力奋斗才会有更多机会。因为磨难迫使我们前进，否则我们将停滞不前。它引导我们通过考验，获得成功。未经磨难，无法得到任何有价值的东西。简单的事情每个人都做得到。每一个成功的人，在生活中都经过一番奋斗。人生是不断奋斗的过程，勇于面对困难、克服困难，继续迎接下一个挑战的人，就是最后的赢家。

艾柯卡是美国汽车业无与伦比的经商天才。他开始任职于福特汽车公司，由于其卓越的经营才能，使得自己的地位节节高升，直至坐到了福特公司总裁的位置。

然而，就在他的事业如日中天的时候，福特公司的老板——福特二世担心自己的公司被艾柯卡控制，解除了艾柯卡的职务并开除了他。

艾柯卡在离开福特公司之后，很多家世界著名企业的头目都来拜访他，希望他能重新出山，但被艾柯卡婉言谢绝了。因为他心中有了一个目标，那就是：从哪里跌倒的，就要从哪里爬起来！

他最终选择了美国第三大汽车公司克莱斯勒公司——他要向福特二世和所有人证明自己的才能和福特二世的错误。

艾柯卡到克莱斯勒公司后，对面临破产的克莱斯勒公司实行了大刀阔斧的改革，辞退了32个副总裁，关闭了几个工厂，解雇了上千个人员，从而节省了公司最大的一笔开支。整顿后的企业规模虽然小了，却更精干了。另一方面，艾柯卡仍然是用自己那双与生俱来的慧眼，充分洞察人们的消费心理，把有限的资金都花在刀刃上，根据市场需要，以最快的速度推出新型车，从而逐渐与福特、通用三分天下，创造了一个与"哥伦布发现新大陆"同样震惊美国的神话。

艾柯卡之所以能创造这么一个神话，完全是受惠于当年福特解职的逆境。正是因为这一磨难，才使艾柯卡的事业步入无限的辉煌。从艾柯卡的经验中可见，磨难有时也是一种成功的捷径。

面对各种艰难的挑战吧！因为在你穷思竭虑，要找出富有创意的方法来解决问题时，最好的机会也将随之而来。在你生命中的每一个早上，你将会因为不断地自我燃烧而渡过许多难关，使你确信即使将来面临更大的挑战，也能完全自控。

思路突破

汲取失败中的精华，更好地为生命服务

失败是一笔宝贵的财富，如果我们运用好了，是一生的幸运；如果运用不好，它会让你从此沦为平庸之人。失败就如一杯咖啡，入口之际苦难当，过后品味，你才会真正体会到咖啡的味道。

在挫折和失败面前保持冷静

如果你去问那些从伊朗旅游回来的人，对那里的什么印象深刻时，十有八九的人会说，他们对德黑兰皇宫保留的印象最深。

德黑兰皇宫可以说是世界建筑史上一颗璀璨夺目的明珠，因为在这里，你可以欣赏到世界上最漂亮的马赛克建筑。那里的天花板和四壁看上去就像由一颗颗闪闪发光的钻石镶嵌而成。走近细看，你会惊讶地发现，这些流光溢彩的"钻石"其实就是普普通通的镜子的碎片。

其实，最初这座宫殿的设计者打算镶嵌在墙面上的，并不是这些钻石般的小小碎片，而是一面面硕大的镜子。但是，当第一批镜子从国外运抵工地后，装卸镜子的工人不小心把镜子打破了。无奈之下，承运人忍痛将这些破损的镜子丢到了垃圾堆，并把这个坏消息通知了建筑设计师。

　　然而，令人惊讶的是，设计师并没有为此大发雷霆。相反，他非常平静地命令手下人将所有丢弃的镜子碎片重新捡回，并雇了许多工匠将残破的镜子敲成更小的碎片。一切就绪后，按照设计师的构思，工人们将这些碎片镶嵌到墙壁和天花板上，于是碎片就变成了"钻石"。

　　置身于这座宫殿，审视那四周由不计其数的小小碎片点缀的墙壁时，你或许会为设计师的巧妙构思啧啧称奇，或许更会为他的大胆臆想陷入沉思。

　　的确，当初谁也没有料到完好的镜子会变得残缺不全，更没有料到被人们视为废物的碎镜片通过另一种"组合"会成为完美无瑕的艺术品。

　　人生中往往这样，当挫折与失败突然袭来时，我们的梦想、热情被侵蚀得千疮百孔，就像那完好的镜子被打得粉碎一样。但当碎片簌簌掉落时，千万不要以为那就是世界末日，千万不要让碎片抛撒一地，而应该去拾起那些"碎片"，重新上路，用它们谱写出成功的乐章。

失去什么，都不能失去希望

　　任何人的成功都始于一个希望。不妨这样说：希望是成功之母。希望将来有美好的享受，希望获得健康和快乐，希望在社会上有地位……这种种希望，都是成功的资本。正如空气对于生命必不可少一样，希望对于成功也有绝对的必要。如果没有空气，没有人能够生存；如果没有希望，也没有人能够成功。

　　因此，我们要想完成某一伟业，就要做到：在努力实现的过程中，无论遇到多么大的艰难险阻，心中都要永远存有希望。

　　希望对于造就成功人生的大厦具有惊人的力量！如果你想要自己的生命绽放出美丽的花朵，你就应该很热烈、很坚毅地渴望着那些理想，并把这些理想保留在你的心中。对于那些成功者来说，无论生活怎样的贫苦，怎样的不幸，他们总是充满自信，充满希望，甚至带着自负。他们貌视命运的安排，相信好日子终会到来。

　　年轻的保罗·迪克从祖父那里继承了一座庄园，怀有美好希望的他对未来充满了种种憧憬。

　　然而，天有不测风云，人有旦夕祸福。一天夜里，一场雷电引发的山火烧毁了美丽的"森林庄园"，一夜之间，他心中原有的那份希望彻底破灭，他陷入了一筹莫展的境地。

　　迪克经受不起这沉重的打击，整日闭门不出，茶饭不思，眼睛熬出了血丝。

　　一个多月过去了，年已古稀的外祖母获悉此事，意味深长地对迪克说："小伙子，庄园成了废墟并不可怕，可怕的是你的眼睛失去了光泽，一天一天地老去。一双老去的眼睛，怎么能看得到希望……"

　　迪克在外祖母的说服下，一个人强打精神走出了庄园。他漫无目的地闲逛，在一条街道的拐弯处，看到一家店铺的门前人头攒动。原来是一些家庭主妇正在排队购买木炭。那一块块躺在纸箱里的木炭忽然让迪克的眼睛一亮，他看到了一线希望。

在接下来的两个星期里，保罗雇了几名烧炭工，将庄园里烧焦的树木加工成优质的木炭，送到集市上的木炭经销店。

出乎他的意料，经他加工过的木炭被人们抢购一空，他因此得到了一笔不菲的收入。然后他又用这笔收入购买了一大批新树苗，一个新的庄园初具规模了。几年以后，"森林庄园"再度绿意盎然。

可见，人一旦拥有了希望并经由自我暗示和潜意识的激发后便形成一种信心，这种信心便会转化为一种"积极的感情"。它能够激发潜意识，释放出无穷的热情、精力和智慧，进而将自己向前推进。

所以，我们每个人都应该坚信自己所希望的事情能够实现，千万不可有所怀疑。要把任何怀疑的思想都驱逐掉，而代之以永不磨灭的希望和必胜的信念。

设法把毒柠檬做成甜美的柠檬水

吉姆和休斯是一对兄弟，他们住在乡下，以烧制陶瓷维持生计。有一天，他们在从城里回来的人的口中得知，城里人喜欢用陶罐。于是，哥俩儿便决定把烧制好的陶罐运到华盛顿哥伦比亚特区去卖。

经过多次的试验，吉姆和休斯终于烧制出他们认为最好的陶罐。他们很兴奋，雇人把陶罐装上马车。一路上，他们幻想着全华盛顿哥伦比亚特区的人都来买陶罐，他们也能因此赚一大笔钱。

然而，世事难料，在他们就要进入华盛顿市区的时候，一场飓风从天而降，大风掀翻了马车，陶罐全部成了碎片。他们的致富梦想也随着陶罐一起破碎了。

看着散落一地的陶罐碎片，兄弟俩伤心极了。可是，就在休斯捶胸顿足的时候，吉姆提议先去酒店住上一晚："来一趟城里不容易，不如休息一晚后，明天再在城里四处走走，好好见识见识。"

休斯非常生气地责骂吉姆："你还有心思去城里四处走走，难道就不心疼我们辛辛苦苦烧出来的那些陶罐？"

吉姆心平气和地说："我们失去了那些陶罐，本来就够不幸的了，现在，如果我们还因此而不快乐，那不是更加不幸？"

听到此话，休斯浑身打了个激灵，他觉得吉姆的话有道理，于是就跟着吉姆向哥伦比亚特区走去。在城里，他们意外地发现城里人用来装饰墙面的东西很像他们烧制陶罐的材料，于是，哥俩儿索性将那些陶罐的碎片砸成更小的碎渣，做成马赛克出售给城里的建筑工地。

结果他们不但没有因为陶罐的破碎而亏本，反而因为出售马赛克而大赚了一笔。

这种做法是非常聪明的，而傻子的做法正好相反。傻子会发现生命给他的只是一个柠檬，他就会悲观地说："这就是命运。我连一点机会也没有。"然后他就会开始诅咒上帝，让自己沉溺在自怜自悯之中。可是当聪明人拿到一个柠檬的时候，他就会充满自信地说："从这件不幸的事情中，我可以学到什么呢？我如何才能改善我的情况、怎样才能把这个柠檬做成一杯柠檬水呢？"伟大的心理学家阿佛瑞德·安德尔说，人类最伟大的特性之一就是把负的力量变为正的力量。当一位农夫买下一片农场时，他却感觉非常沮丧。因为那块地既不能种植水果树，也不能用来饲养牲畜，只有白杨树及响尾蛇才能在这片农场生存。最后他想到了一个好主意，他要利用那些响尾蛇。他的做法使听到这个消息的人都很吃惊，他开始做响尾蛇肉罐头。不久，他的生意就做得非常棒了。现在这个村子已改名为响尾蛇村，是为了纪念这位把有毒的柠檬做成了甜美柠檬水的哈瑞·艾默生。

波里索曾说过：生命中最重要的一件事，就是不要把你的收入拿来做资本。你要用肯定的思想替代否定的思想，能有效阻止你为那些已经过去和已经完成的事情的忧虑，并将为你带来意想不到的收获。

其实，一个人如果养成了习惯，绝处也可逢生。纵观那些成功者的经历，我们会发现他们之所以成功，是因为他们有凡事往好的方面去想的思维习惯。在开始做事的时候，他们善于把阻碍前进的缺陷当做是促使他们加倍努力的一种资本，从而使得他们因此得到更多的报偿。

点亮思维

当挫折与失败突然袭来时，我们的梦想、热情被侵蚀得千疮百孔，就像那完好的镜子被打得粉碎一样。当碎片簌簌掉落时，千万不要以为那就是世界末日，千万不要让碎片抛撒一地，而应该去拾起那些"碎片"，重新上路，用它们谱写出成功的乐章。

跳出"红海"，找到"蓝海"

什么是"红海"？红海是你争我夺、竞争激烈的地方，那里的游戏规则就是弱肉强食。如果你不具备优势，注定要当牺牲者。许多人疲惫而又无收益的原因，就是因为身处红海中。什么是"蓝海"？蓝海是无人竞争、让你畅游的希望的大海。在这里，你为王、你做主，可以为生活打开崭新的一页。

现代社会，一个人要在纷繁多变的市场经济中寻求个人发展的机会，需要强烈的创新意识才可能成功。因为，在与他人竞争的过程中，从"独木桥"上通过的人越多，你超越他们的几率就越低。所以，那些聪明绝顶的人往往独辟蹊径，不显山不露水，最终成功地跳出"红海"，成为笑到最后的人。

众所周知，大学生就业岗位竞争日益激烈，那些毕业于名校的大学生在就业市场上的优势还是比较明显的。而众多普通高校毕业生尤其是专科毕业生难免受到一些不利因素的制约，就业的目的不可能一下就能达到。即便在专业、特长以及经验等方面都具有相当雄厚实力的大学生，如果不识趣地和那些"名校"出来的大学生展开激烈的竞争和正面的交锋，竞争的结果也未必一定能胜出。显然，面对面真刀真枪的硬干不是最有效最聪明的法子。

心急吃不了热豆腐。胸怀大志的大学生为了实现其目的，往往采取以迂求直的方法，选择迂回战术。

我们知道，每年从北京各高校毕业的大学生数以万计，其中有相当多的人都把在北京找到工作并取得北京户口视为第一要务。然而，僧多粥少，即便打破头拼命挤上"独木桥"，最后能够把愿望变为现实的人还是少而又少。

来自山东的张晓光2004年毕业于北京某普通高

084

THINKANDMAKE
········思路点拨
AGREATDIFFERENCE

>>

在这个一切以"新"以"奇"制胜
的时代里，谁开辟了新领域，谁就
掌握了命运的主动权。

校，按照他的条件，获取北京户口简直是痴人说梦。可是，就在他离校的前一个月，他从媒体上得到了"北京市远郊区县各村村支书助理在应届毕业生中招聘"的消息。张晓光敏锐地意识到这是他获取北京户口的绝佳机会，于是，他毅然采取跳出"红海"、寻找"蓝海"的策略，以最快的速度把自己的简历投递到负责村支书助理招聘的人员手中。结果，他有幸成为最早留在北京做村支书助理的一员。一年后，鉴于他取得的成绩和表现出来的能力，有关部门很快就给他转了户口。

张晓光成功的事例告诉我们：在竞争日益激烈的市场经济大潮中，只有那些头脑灵活的人才会觉察到社会的细微变化，与时俱进，紧跟时代潮流。他们善于采用迂回战术，改变固有的观念，捕捉机遇，进而成就一番事业。

思路突破

与其竞争，不如无竞争

在这个一切以"新"以"奇"制胜的时代里，生存无疑是一场智慧与胆识并存的战争。在这场战争中，谁开辟了新领域，谁就掌握了命运的主动权。

告别"扎堆"，向别处寻找肥肉

在党的十五大会议上，党中央、国务院高瞻远瞩，总揽全局，做出实施西部大开发的重大战略决策。一些精明的投资者等的就是这一天。因为在他们眼里，中部和东部的每寸土地上几乎都是人头攒动，商业领域内的生意人更是"扎堆"。所以，一个人要想在市场经济大潮中抢得一杯羹，就必须把目光瞄向中国的西部———一处尚未开垦的处女地。

熟悉成都的人都知道，青年路服装市场早年寸土寸金，做生意是开一家火一家。做服装生意的侯旨良当然也想在这里一试身手，无奈却租不到摊位。因为离开家乡的时候，他就发下重誓，不闯出一番事业决不回家。不甘心就此打道回府的他经过市场调研，决定退而求次在北站外城北街立下招牌。因为这里是城北火车站，是外地商户到青年路进货的必经之路，因而侯旨良认识到，此时城北路虽然不如青年路那么有名气、远不能和青年路相比，但这里地处交通要塞，道路四通八达。他坚信：只要以诚信为本，以质量为纲，没准能和青年路比上一比，发展起来还有可能超过青年路。

果然，侯旨良开辟的城北路服装市场踢出了头三脚，先是吸引了经过此地到青年路批发服装的商人，而后又将青年路的大批商客也吸引过来，渐渐地形成了自己的客户群。与此同时，来这里投资的商人比肩接踵，纷纷加入到城北路服装市场中来，共同经营这个服装市场。

随着时间的推移，城北路服装市场的规模不断扩大，名气也越来越大，成了成都又一个大市场。客户们也在不自觉间为这个市场起了一个非常富有诗意的芳名——"荷花池市场"。

一个市场兴盛与否，天时、地利、人和固然很重要，但更为重要的是要有头脑机敏的投资者。和那些优秀的商人一样，侯旨良紧紧抓住了西部大开发这一契机，并凭借着观察市场的独到眼光和打造市场的胆量，成功地在中国西部寻找到了别样的"肥肉"。

磨练眼光，发现别人发现不了的财富

在众多的经商之路中，与众不同才是高明的成功者。善于抓住财富的人，就懂得到人少的地方去。如果某个地方只有你一个人，那岂不是意味着这里所有的财富都只是属于你一个人吗？

哈默出身于一个普通犹太移民的家庭，23岁时他决定去苏联经商。之所以做出这样的决定，是因为他从报刊上读到了有关新闻。他对正受到斑疹伤寒和饥荒侵袭的苏联人民深表同情。当时谁也不敢去苏联，但哈默兴高采烈地开始准备这次旅行。

他买下了一座第一次世界大战中留下的野战医院，装备了必需的医药品和器械，又买了一辆救护车，就出发了。

他要去的这个国家早已与大多数西方人隔绝，因此在他们看来，这次旅行简直像月球探险。就这样，哈默在23岁的小小年纪，踏上了一条独特的人生道路。它不仅从根本上改变了他的生活，而且也对其他人的生活产生很大影响。

哈默到了苏联，给他的第一印象是：人们看来都是衣衫褴褛的，几乎没有人穿袜子或鞋子，孩子们则是光着脚。没有一个人脸上有笑容，一个个都显得既肮脏又沮丧。

火车缓缓地行驶了三天三夜，快到伏尔加河时，进入了干旱不毛的地带。霍乱、斑疹伤寒及所有儿科传染病在儿童中肆虐流行。火车离开伏尔加区时，车上有1000人。但几天之后，车上只有不到两百个身体原本最强壮的人还活着。

他很快又得知，饥荒正在迅速蔓延。成百个骨瘦如柴、饥肠辘辘的孩子敲打着从莫斯科开出的火车，乞讨食物。抬担架的人将难民车上的尸体源源不断地抬向一座公墓。从莫斯科来的代表团听到了人吃人的惨事。野狗在这些可怕的地方徘徊。吃死尸腐肉的鸟类则盘旋于头顶。

一昼夜后，视察车带着心急如焚的乘客驶进了卡特灵堡附近的工矿区。使哈默大为吃惊的是，正如卡特灵堡成堆的皮毛一样，这里有成堆的白金、乌拉尔绿宝石和各种矿产品。

"为什么你们不出口这些东西去换回粮食呢？"他问一些当地人。许多人的回答都相似："这是不可能的。欧洲对我们的封锁刚解除。要组织起来出售这些货物并买回粮食得花很长时间。"

有人对这位美国人说，要使乌拉尔地区的人坚持到下一收获季节，至少需要100万蒲式耳小麦。当时，美国的粮食却大丰收，价格跌到每蒲式耳1美元，农民宁可把粮食烧掉，也不愿

086 THINKANDMAKE
思路点拨
AGREATDIFFERENCE >>

有时，大众趋之若鹜的事情未必有
多大价值，而在鲜有人竞争的地
方，往往机会更多。

低价在市场上出售。

掌握了市场行情后，精明的哈默立刻给他的哥哥发了一个电报，要他火速购买100万蒲式耳小麦，然后用轮船直接运回苏联。

在这次小麦交易中，哈默获得了惊人的利润空间。以后，他在苏联相继开办了铅笔厂、制酒厂、养牛厂等，赚了一笔又一笔的财富。

独具慧眼的商人往往喜欢标新立异，喜欢做新的生意。因为新，才没有竞争、没有对手，才可赚取巨额利润。

"人无我有"，你就能立于不败之地

"人无我有，人有我优，人有我良"是生意场上永恒的真理。郑晓超选择的就是一条"人无我有"之路。早年他曾经当过产品推销员，跑供销做市场是郑晓超的长项。而且他非常具有敬业精神，讲究诚信，所销的产品质量不好便觉得是自己做错了事。在温州低压电器行业持续低迷时期，郑晓超见产品质量不过硬，再加上他不想赚取昧心钱、坑害消费者，只得告别电器营销行当，辞职回家。

在家赋闲的日子并不好过，这个时候的郑晓超整天思索的是如何冲出困顿，再创一番新的事业。就在他深感"英雄无用武之地"的时候，一个从前的同事带来了铜铝两种接线端子让他看，并告诉他，两个产品外形虽然相同，但生产制作工艺迥异，一种是用铝线铸的，另一种则是摩擦焊接的。前一种生产工艺在温州多如牛毛，但没有质量保障；后者只有国内少数厂家能够生产，它代表的是新的科技。这位朋友还告诉郑晓超，这种摩擦焊接的产品质量稳定，广泛应用于国家电网建设，而今后若干年内中国电力建设将会有一个大的发展，因而这种产品前景广阔。

"真是天上掉下个肉饼"，因为这个商机正是郑晓超长期以来求之不得的，它具备了"人无我有"的创业思路，所以，郑晓超备感珍惜，他不想让到手的机会白白溜走。说干就干，他抓住时机，果断上马，创办了永固金具厂。由于一丝不苟地狠抓产品质量，再加上他做的又几乎是独门生意，因此利润非常高。通过战略阵地的转移，郑晓超赢得了事业发展上的更大空间，同时也创造了一个另辟蹊径的为大家所津津乐道的典范案例。

每一个时代，都会锻造一大批富翁。他们都在别人不明白的新事物中发现了机会，在别人不理解的最新经济发展的朦胧期中抢占了先机，在新旧事物的交替过程中壮大了自己。

点亮思维

有时，大众趋之若鹜的事情未必有多大价值，而在鲜有人竞争的地方，往往机会更多。适当的时候，我们不妨离开人群，去别处寻找没人抢夺的肥肉。

第 *4* 章

让人生长线发展的思路

WAYS TO HAVE A PROMISING FUTURE

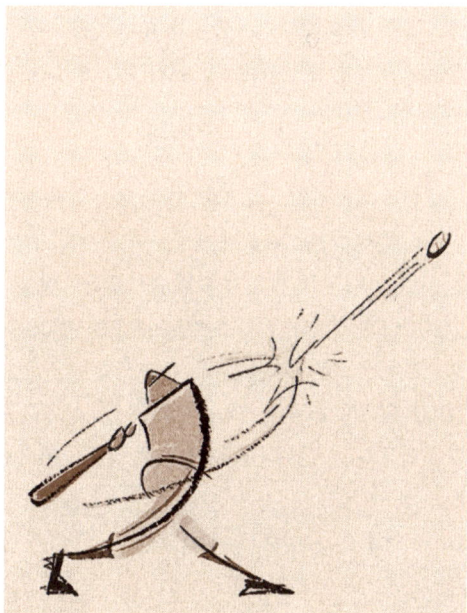

从事一份职业，而非一份工作

职业跟工作是两回事。职业是长线的、发展的、逐步上升的；工作更多是暂时的，是谋生的手段。职业和工作又是结合的。把工作当职业的人，中年后往往是业内的精英，是管理层，甚至是老板；把工作纯粹当工作的人会一辈子陷入"工作→生存→工作……"的怪圈，薪水低，生活质量也低。要走出这个怪圈，就得先给自己选定一个职业。

同样在公司里工作，有的人懒洋洋的，有的人却很努力。那些努力的人为什么努力？是因为勤劳吗？是为了自己的饭碗吗？是喜欢被老板剥削吗？不，真正努力的人都是为自己做事——他们有更高的需求：把这份工作当做长线发展的"职业"来做。

什么是职业？相信已经工作了很多年的人和那些天天在职场打拼的人也不见得能回答好这个问题。如果你大学刚毕业时是福特公司的一名推销员，一年后变成了壳牌石油的服务代表，突然有一天，你又成了一名小学教师，然后你又做了会计，直到有一天又成了报纸的评论员……虽然你的职场经验很丰富，但从严格意义上来讲，这并不是一种职业，你只是在不停地换工作、换行业。

但是，如果你这样做：

会计助理 → 低级会计 → 会计 → 主任会计 → 财务总监 → 主管财务的副总经理……

恭喜你，这才称得上是职业。它应该是沿着一条既定的路线、随着时间的推移逐步建立起来的，而不是你东一榔头、西一棒槌，随心所欲地更换工作。频繁更换工作的结果是丰富了你的人生经验，但它不是你的职业。

阿尔弗拉德·福勒生长在加拿大新斯科夏半岛的农场，由于没有突出的技术专长，他找了好几种工作都保不住，工作的头两年就被解雇了三次。后来，当他从事第四种职业——推销刷子的时候，他发现自己最适合做这项工作，并且爱上了这

种职业。因为当他从事这项工作的时候他异常兴奋，屡受鼓励，他相信自己一定会把这项工作做得非常出色。于是他把自己的全部精力投入到这项最美好的销售事业中去。

他非常了不起，逐渐成了一个成功的销售员。在他不断前进在成功之路的时候，他又立下了下一个目标：创办自己的公司。正因为他擅长经营销售，因此这个目标也就会非常适合于他的个性。从此，他不再为别人销售刷子，而是自己晚上进行刷子的制造和生产，第二天拿出去推销。他觉得销售自己生产的产品要比推销别人的东西更令他兴奋。他的刷子的销售额开始不断上升，资产也慢慢多起来。他干脆租下一块空地，雇了一名帮工，为他制作刷子，而他自己则集中精力推销产品。最后，福勒的事业越做越大，成为拥有几千名销售人员、年收入数百万美元的"福勒制刷公司"。

也许人生的最大快乐就在于有目的地、朝气蓬勃地工作。一个人的信心、活力和其他种种优良品质都依赖于它。全身心地投入到工作中，你会得到"忘我"的快乐，这种快乐是因循苟且者永远享受不到的。

思路突破

做职业生涯的主人而非奴隶

有质量的生活需要三个篮子：第一个装的是生活必备金，第二个装的是生活保险金，第三个装的是生活畅想金。要想把这三个篮子都装满，一个人需要付出巨大努力。因为，做到了才有资格得到。然而，有许多人也不比别人努力得少，可就是只得到了第一个或前两个，这是什么原因呢？我认为这与他们的选择和做法有关。

选定你的职业发展路线

职业生涯的设计，不仅能帮助个人实现目标，更重要的是有助于真正了解自己，从而设计出合理、可行的职业生涯发展方向。在激烈竞争的时代，只有掌握个人的竞争优势，才能把握稍纵即逝的机会，发挥个人的潜能，实现预定的人生目标。

然而，对于那些初入职场的新人来说，面对着复杂多变的职场风云，他们似乎有些无所适从。其实，要想摆脱这种状况，只需要按照既定的人生目标，找出最准确的职场定位，就能起到事半功倍的作用了。

关于职业定位，有专家认为可以分为以下五类：

第一类，技术型定位。这类人多出于个性与爱好的考虑，并不想从事管理工作，而是愿意在自己所处的专业技术领域发展。

第二类，管理型定位。这类人很想去做管理人员，同时，经验也让他们知道，自己有能力达到高层领导职位。

第三类，创造型定位。这类人需要完全属于自己的东西，如以自己名字命名的产品或工艺、自己的公司、能反映个人成就的私人财产等。

第四类，自由独立型定位。这类人更喜欢一个人做事，不愿像在大公司里那样彼此依赖。但是他们不同于那些简单技术型定位的人，他们不愿意在组织中发展，而宁愿做咨询人员或独立从业或与他人合伙开业。

第五类，安全型定位。这类人最关心的是职业的稳定性与安全性。他们会为了稳定的工作、可观的收入、优越的福利待遇等付出不懈地努力。

新生活从选定方向开始。我们的职业生涯有了方向就可以避开职场的暗礁长驱直入。成功的人和不成功的人就差这一点。

另外，一个人要做到职业发展路线准确，还必须考虑自己的特点和兴趣，择己所爱，先择己喜欢的职业和岗位。只有这样，你才能在整个职业生涯中不断地获得成功。

为老板工作的同时为自己打工

李强是一个进城务工的农民工，只有初中文化程度。但他不甘心一辈子给别人打下手，无时无刻不在寻找发展的机会。后来，几经波折，他来到北京城建公司所属的一个建筑工地打工。从进入建筑工地那一天起，他就下定决心要做同事中最优秀的建筑工人。当其他人抱怨工作苦、薪水低的时候，他却默默地积累着工作经验，并自学建筑知识。

晚上吃过晚饭，工友们往往扎在一起闲聊天或打扑克，只有李强躲在角落里看书。有一天，公司的经理到工地检查工作。视察工人宿舍时，经理看见了他手中的书，又翻了翻他的笔记，什么也没说就走了。

第二天，经理把李强叫到办公室问："你学那些东西干什么？"他不慌不忙地回答说："我想我们工地并不缺少工人，缺少的是既有工作经验、又有专业知识的技术人员和管理者，是不是？"经理点了点头。

不久，李强就被破格升任为技师。那些打工者中也有人讽刺挖苦他。但是他回答说："我不光是在为公司打工，更不单纯是为了赚钱，我是在为自己的梦想打工。我们只能从工作业绩中提升自己。我要使自己的工作所创造的价值远远超过所得的薪水。我只有把自己当做公司的主人，才能获得自身发展的机遇。"

正是抱定了这样的信念，他才努力工作，刻苦钻研，并系统掌握了建筑技术知识。就这样，李强一步一步升到了总工程师的职位。

李强的成功完全靠他自己的努力，自从他加入公司的那一天起，就能够胸怀大志向，能

如果没有空气，没有人能够生存；
如果没有目标，也就没有真正意义
上的成功。

<<< THINK AND MAKE
思 路 点 拨 ········
A GREAT DIFFERENCE 091

够为自己的目标做准备，能够去努力奋斗，反过来公司就成为他实现自己奋斗目标的平台和
施展自己才华的舞台。正是由于有这种目标加勤奋，他不仅做了建筑公司的高工，还在建筑
公司完成了最大的国华大厦。他的超人的工作热情和管理才能又被城建公司的总经理发现。
总经理立即让李强做了自己的副手，主管全公司事务。由于他的积极努力和热情工作，加上
他日渐成熟的管理艺术，30岁那年，他被任命为城建公司副总经理。

李强成功的人生经历说明：不仅仅是为公司工作，更是为自己的未来工作，这是一个优
秀员工时刻要牢记的。只要你以公司的主人翁心态去对待工作，把公司当做是自己实现抱负
的平台，那么你就已经是公司的老板。因为你已经和公司融为一体了，你的每一分努力都不
会白费。因此，从这个角度看，你的工作不是为别人，更不是为薪水，而是为自己！

点亮思维

　　世间男女谁不想成就自己的事业？职场是另一个家，虽然不用我们去费力装
修，但有一点必须知道，那就是：你对它有多好，它才会对你有多好。仅为了一
日三餐工作的人既没出息，又是在拿自己的生命开玩笑。只有把工作纳入职业规
划，人生才会更有成就，并且实现长线收益。

方向比努力更重要

　　一个人要想成功，最关键的一步就是首先要为自己树立一个明确的
奋斗目标。没有前进的目标，你就不知道该往哪里走；没有奋斗的目标，
你就不知道自己该干什么；没有人生的目标，你就不知道自己为什么而活
着。正如空气对于生命一样，目标与成功也是这样一种关系。如果没有空
气，没有人能够生存；如果没有目标，也就没有真正意义上的成功。

　　一位老者手里拿着鱼竿，正全神贯注地站在水流湍急的河岸边，一个从河对岸坐船过来
的年轻人问道："你在干什么呢？"

一个人要使人生不至于原地转圈，而是有发展、有内容、有价值，就必须树立远大的目标。

"我在钓鱼。"老者回答。

"那你在这里多久了？"

"有多半天了。"老者答道。

"钓到鱼了吗？"

"到现在一条鱼也没有钓到。"

"在水流这么湍急的河段不可能钓到鱼，你为什么不去水流相对平缓的河段去试试呢？"

看完这个故事，你肯定会觉得老者很可笑。然而，我们中的很多人每天都在错误的地方寻找他们想要的东西。

一个想要找到水源的人，如果他认为在沙地上挖掘更容易，因此就在那儿寻找水的话，那么他挖掘出来的肯定只是一堆堆的沙土，而绝对不可能找到水。不要在不必要的地方付出你全部的精力，若要有所收获，必须选择正确的目标。

法国科学家约翰·法伯曾做过一个著名的"毛毛虫实验"：这种毛毛虫有一种"跟随者"的习性，总是盲目地跟着前面的毛毛虫走。法伯把若干个毛毛虫放在一只花盆的边缘上，首尾相接，围成一圈。在花盆周围不到六英寸的地方，撒了一些毛毛虫喜欢吃的松针。毛毛虫开始一个跟一个绕着花盆一圈又一圈地走。一个小时过去了，一天过去了，毛毛虫们还在不停地、坚韧地团团转。一连走了七天七夜，它们终因饥饿和筋疲力尽而死去。其实，其中只要任何一只毛毛虫稍稍与众不同，便立时会过上更好的生活（吃松针）。

这个实验说明：一个人要使人生不至于原地转圈，而是有发展、有内容、有价值，就必须树立远大的目标。一幕幕"悲剧"的根源，皆因缺乏自己的人生目标。

思路突破

朝着正确的方向努力

成功，需要及早设定目标。只有确立了前进的目标，一个人才会最大可能地发挥自己的潜力。只有在实现目标的过程中，我们才能够检验出自己的创造性，调动沉睡在心中的那些优异、独特的品质，才能锻炼自己、造就自己。

干活一样，梦想不一样

有这样一个小故事：

三个工人在砌一堵墙。有人过来问："你们在干什么？"

第一个人没好气地说："难道你没看见吗？砌墙。"

第二个人抬头笑了笑，说："我们在盖一幢高楼。"

第三个人边干边哼着歌曲，他的笑容很灿烂很开心："我们正在建设一个新城市。"

十年后，第一个人在另一个工地上砌墙；第二个人坐在办公室中画图纸，他成了工程师；第三个人呢，成了前两个人的老板。

辛勤工作并不表示你真正投入到工作中了。同样砌墙，有的人默默埋头苦干，虽然觉得工作很无聊，但还是认命地做下去；有的人一面砌墙，一面想象这座墙砌成后的面貌，他努力砌墙的同时，眼睛已经看到努力的成果了。

做着同样工作的建筑工人，最后的结局之所以如此不同，就是因为他们的观念存在差异。如果你在工作上只是盲目地做牛做马，那就太不值得了。你必须有目标，并为你的目标而努力。

方向一定要清晰无误

一个人要想获得成功，就必须有一个清晰明确的目标。目标是催人奋进的动力。虽然你每天不停的奔波劳碌，可全是无用功。而那些成功人士，他们目标明确，所以他们能轻松地一直走到成功。

美国一个研究成功的机构，曾经长期追踪100个年轻人，直到他们年满65岁。结果发现只有1个人很富有，其中5个人有经济保障，剩下94个人情况不太好，可算是失败者。这94个人之所以晚年拮据，并非年轻时努力不够，主要因为没有选定清晰的目标。

为了证明树立目标的重要性，我们可以假设一场生死攸关的篮球冠军争夺战中的一个场景：

两支球队在做了赛前热身运动后，为投入比赛做好了身体上的准备。然后他们返回到更衣室，教练给他们面授行动前最后的"机宜"，下达最后的指示。他告诉队员："伙计们！这是最后一战，成败就在此一举。我们不是青史留名，就是默默无闻，结果就取决于今晚！没有人会记得第二名！整个赛季的成败就在今晚了。"

队员们士气高涨，一个个像被打足了气的皮球。当他们冲出门跑向球场时，几乎要把门从框上扯了下来。可当他们来到球场上时却愣住了，一个个大惑不解，十分沮丧和恼怒。原来他们发现球篮不见了。他们愤怒地大叫："没有球篮我们怎么打球？"因为没有

094

THINK AND MAKE
········· 思路点拨
A GREAT DIFFERENCE

>>

人生在确立目标后，还要非常注意
切合个人实际和环境，分阶段地一
步一步朝向目标迈进。

球篮，就没法知道比分，就无法知道他们的球是否命中。总之，没有投球的目标，他们就无法进行比赛。

一个没有目标的人就像一艘没有舵的船，永远漂流不定，只会到达失望、失败和丧气的海滩。前美国财务顾问协会的总裁刘易斯·沃克曾接受一位记者采访。他们聊了一会儿后，记者问道："到底是什么因素使人无法成功？"

沃克回答："模糊不清的目标。"记者请沃克进一步解释。沃克说："我在几分钟前就问你，你的目标是什么？你说希望有一天可以拥有一栋山上的小屋，这就是一个模糊不清的目标。问题就在'有一天'不够明确，因为不够明确，成功的机会也就不大。

"如果你真的希望在山上买一间小屋，你必须先找出那座山。我告诉你那个小屋的现值，然后考虑通货膨胀，算出5年后这栋房子值多少钱。接着你必须决定，为了达到这个目标你每个月要存多少钱。如果你真的这么做，你可能在不久的将来就会拥有一栋山上的小屋；但如果你只是说说，梦想就可能不会实现。梦想是愉快的，但没有配合实际行动计划的模糊梦想，则只是妄想而已。"

有理想、有追求、有上进心的人，一定都有一个明确的奋斗目标。他懂得自己活着是为了什么。因而他的所有努力从整体上来说都能围绕一个比较长远的目标进行。他知道自己怎样做是正确的、有用的，否则就是做了无用功，或者浪费了时间和生命。显然，成功者总是那些有目标的人。鲜花和荣誉从来不会降临到那些没有目标的人头上。

瞄准方向，任何时候都不偏离

美国犹太商人乔治·吉亚姆的高中时代是在田纳西州的温彻斯特度过的。他内心里经常梦想着有朝一日要成为一家大公司的总裁。虽然这只是一名17岁男孩的梦想，但却是其人生目标的萌芽。

进入耶鲁大学后不久，乔治·吉亚姆的兴趣就从经营一般企业转移到研究评断公司财务方面。3年后，他除获得经济学学士的学位外，同时还获得了著名的路德奖学金，并取得全国优等生俱乐部耶鲁分会会长的头衔，并以极其优异的成绩毕业。以后的两年中，他前往英国牛津大学攻读硕士，此行对于他后来从事财务经营有很大的影响。

吉亚姆回到美国后，便与一名田纳西女子结婚。随后，他前往纽约，正式开始追求自己的目标。他的起步是一家颇具规模的证券公司，他在公司里的职务是投资咨询部办事员。不久，朋友告诉他，国家地理勘察公司正在招聘年轻上进的财务经理。吉亚姆前往应聘，他认为这家公司可让他进一步学到许多有关财务经营方面的东西。于是他就进了这家公司，一干就是4年。

4年后，虽然这家公司业务非常稳定，而且他的表现也不错，但是他觉得能学的也学得差不多了。他又开始怀念起老本行。于是，他一咬牙又回到早先的那家证券公司工作，并等待机会。机会终于被他等到了，一名资深职员即将退休，这个人拥有8个相当有实力的客户，欲以5000美元出让。这对吉亚姆来说是相当大的赌注，5000美元相当于他的全部财产。若此举失败，他将会变得一贫如洗。而且，这些客户接下来能不能留住还是问题。这时吉亚姆再一次面对重大抉择。

最后，一心想自立门户的雄心战胜一切，他接下了这8名客户，并且立即前往拜访，十分坦率而且诚挚地向他们说明自己的理想与计划。客户们都被他的热情与直率所感动，表示愿意留下观察一段时间。当时，吉亚姆才28岁。两年的岁月很快就过去了，吉亚姆几乎每天都在为员工薪金及管理费用忙得焦头烂额。有时，他连自己的薪金都拿不出来。

两年期间，公司便是在这种拮据的情形下惨淡经营着。虽然如此，公司要求的服务品质并没有降低，反而愈来愈高。熬到第三年，终于苦尽甘来，公司业务开始蒸蒸日上，客户也有显著增加。吉亚姆小时候的梦想终于出现在现实生活中。

今天，他已经是一家投资咨询公司的总裁，拥有将近一亿美元的资产，并兼任某大型互助银行的常务董事及数家公司董事。

可见，人生需要确立奋斗的目标。一个人目标越远大，意志才会越坚强。没有大目标，一生都是别人的陪衬和附庸；没有大目标，就没有动力。漫无目标的漂荡，终将迷失航向而永远达不到成功的彼岸。

确立目标后，还要非常注意切合个人实际和环境，分阶段地一步一步朝向目标迈进。

▌点亮思维

人要想成功，必须了解自身所处的位置以及未来的发展方向。没有方向，会使努力力无所依附；没有方向，也会四处碰壁，产生迷茫。一个没有方向的人，很容易变得懒怠、消极，甚至滋生出悲观厌世的情绪。

成长比高薪更重要

不要只为薪水而工作。生计当然是工作的一部分，但在工作中充分发挥自己的潜力，使自己的能力得到最大的发掘，是比生计更可贵的。生命的价值不能仅仅是为了面包，还应该有更高的需求和动力。不要放松自己，要时刻告诫自己：人要有比工资更高远的目标。

为薪水工作，工作必是索然无味；为自己的成长工作，我们则愿意快乐地投入，前途也无可限量。

上班是为了赚钱。但如果你只为赚几个钱而没有更高的追求，你对工作就不会尽心尽力，那么明天你就会失去上班赚钱的机会。工作固然是为了生计，但是比生计更可贵的，就是在工作中充分挖掘自己的潜能，发挥自己的才干。

大多数人对于薪水常常缺乏更深入的认识和理解。其实，薪水仅仅是工作的报偿方式的一种。虽然最为直接，但把它绝对化是没有长远目光的表现。

大多数人因为不满足自己目前的薪水，而将比薪水更重要的东西也放弃了，到头来连本应得到的薪水都没有得到。这就是只为薪水而工作的可悲之处。

工资当然是工作目的之一。但是，如果以一种更为积极的心态对待工作，从中获得的就不仅仅是装在信封中的钱了。明智的成功之路是，选择一种虽然工资不多，但愿意一直干下去的工作。金钱将跟随你热爱的工作而来，你也将成为用人单位青睐的对象。

生活的质量取决于工作的质量。不管薪水如何，工作都积极努力，内心平静，这是成功者与失败者的不同之处。在工作中过于随便的人，将不能在任何领域中取得真正的成功。

因此，你应该清楚，老板支付给你的薪酬也许是微薄的，没有达到你的期望。但你可以在工作中使这微薄的薪酬增值，那就是宝贵的阅历、丰富的职业训练、能力的外现和品行的锻造。这些显然是不能用金钱来衡量的，也不是简单的用金钱就能买到的。

不要刻意考虑薪酬的多少，而应珍视工作本身给你创造的价值。要知道，只有你自己才能赋予自己终身受益无穷的黄金，而你的老板给你的永远都是可数的金钱。

如果你不仅仅是为薪酬而工作，那么，你从工作中得到的将比你为它付出的更多。只有用心工作，力求进步，你才能在企业甚至整个行业赢得良好的声誉。

不要担心你的努力会被老板忽视，因为你的老板每时每刻都在观察你。在你为如何多赚一些钱而左思右想之前，先考虑一下怎样才能把工作做得更好。不要费尽心思去说服你的老板接受你加薪的理由，只要在工作中竭尽全力，薪水自然会提高。

詹姆斯是一位银行职员，后来他受聘于一家汽车公司。半年后，他试着向老板琼斯毛遂自荐，看是否有提升的机会。琼斯对他说："从现在开始，你负责监督新厂机器设备的安装工作。但你需要明白的是，工资不一定比原来拿的多。"糟糕的是，詹姆斯从未受过任何工程方面的训练，对图纸更是一窍不通。然而，他却非常珍惜这个难得的机会。于是，他发扬自己的领导特长，又自己找了些专业人员安装，结果很快就完成了安装任务。令他没有想到的是他不仅得到了晋升，工资也翻了几番。

后来，老板这样对他说："我当然明白你看不懂图纸。假如你随意找个借口把这项工作推掉，我就会把你辞掉。"

当某些职位低而薪少的人被突然提到某个重要岗位时，人们往往对此表示质疑。他们不知道，那些拿着低薪的人始终在努力，一以贯之地保持着尽善尽美的工作态度，对工作目标满腔热忱，从而积累了丰富的工作经验，这就是他们得以晋升的真实原因。

世界上大多数人都在为薪水而工作，如果你能不为薪水而工作，你就超越了芸芸众生，也就迈出了成功的第一步。

▌思路突破▌

不为薪水工作，为抱负工作

一个人如果总是为自己到底能拿多少工资而大伤脑筋的话，他又怎么能看到工资背后可能获得的成长机会呢？他又怎么能意识到从工作中获得的技能和经验对自己的未来将会产生多么大的影响呢？这样的人只会无形中将自己困在装着工资的信封里，永远也不懂自己真正需要什么。

保证自己每天都在进步

现代企业的竞争也就是人才的竞争。每一个志在职场取得成功的员工，都要保持积极敏感的心态，善于捕捉进步的机会。大浪淘沙，为了不被社会淘汰和摒弃，应随时准备把握进步的机会，展现独立思考的能力和工作才能拥有为了完成任务在必要时不惜打破陈规的智慧和判断力，发挥自己的创意，完成任务。这也是对自身的历练。

企业的发展和壮大，不能光靠管理者一个人的努力，也需要团队所有成员的共同奋斗。有的员工经常抱怨工作条件差，机会少。仔细来分析这个问题，就会发现问题的根源不是企业的责任，而在于员工是否主动地在寻找进步的机会，是否采用科学的培养方式有意识地锻炼自己。

主动抓住机会也是给自己增加机会，增加锻炼的机会，增加实现自我价值的机会。企业只能提供道具，而舞台需要自己搭建。能表演什么精彩的节目，则需要自己排练。

在竞争异常激烈的时代，如果什么事情都需要别人来告诉，就已经落后了。等开始行动时已经挤满了主动行动的人，你就会被动挨打，但主动就可以占据优势地位。每个人的事业和人生都不是上天安排的，而是主动争取来的。一个人主动行动起来抓住机会，不但锻炼了自己，同时也为自己争取职位积蓄了力量。

工作的经验和见识决定了一个人的前途和命运。命运又掌握在自己手中，如果想改变自己的命运就要抓住每一个进步的机会，提升自己的能力，增长见识，不要惧怕失败。即使失败了也要找出原因，汲取经验和教训，未来发展道路的选择会很宽，方向性和目的性会更明确。

王佼从最初的销售员一直做到了经理助理。这个过程中他曾经做过部门经理、技术支持、策划。从一个位置到另一个位置，虽然也怀着忐忑不安的心情，不知道自己是否能够胜任，但他每一次的进步机会都是自己争取的。现在回过头来看，这些经历是他成长中的财富。如果没有这样主动抓住机会的经历，没有拥有这么多锻炼的机会，工作能力就不会提高。王佼在主动抓住机会的同时也在每一个阶段为自己设定了不同的目标，远期的近期的都有。比如他做销售员的时候就时常留意部门经理的工作内容，主动与部门经理接触，并建立了感情，力求了解企业的运转情况和流程等。部门经理忙的时候，经常让他分担一些工作，部门经理升职后自然就是他来接替了。

成了部门经理后，王佼的工作就更忙了，虽然与以前的工作有很大的不同，但是他积极主动地学习，请教有经验的员工。在这过程中他不断创新，比如对销售业绩突出的员工实行午餐免费的奖励等，受到了总经理的赏识。他也顺理成章地与总经理建立了良好的关系，为总经理做一些力所能及的小事。这时总经理助理也因为一些事情没有做到位而被解雇，王佼的"主动进攻"使总经理提拔了他。

王佼的每一次晋升好像都与他的运气有一定的关系，都赶上了上司出状况或者升迁。但生活就是如此，如果加倍地努力了，付出了，机会就会降临于他，即使上司不出现意外，也会受到提拔和重用。总之，抓住机会要主动，更要有迎接机会的实力。

抓住每一个进步的机会，不仅需要勇气、运气和智慧，还要有迎接机会的实力。如果你没有做好准备，机会全摆在你面前，你也未必有勇气接受。

让自己更具有竞争力

如果一个人的工作能力停滞不前，态度再好，人缘再广泛也不会受到周围朋友和同事的爱戴。所以，要从根本入手，提高自身的能力、提高工作能力才是关键。要做一个让别人从心底里佩服的人，没有过硬的工作能力是不可能的，不仅领导会怀疑他是否完美，同事也会怀疑他的真诚是否可靠。

提高工作能力不只是一味累积工作年限。不可沉湎于工作本身。要跳出工作，学习各种与工作关系不大的工作，会更利于对工作的理解，从而融入创新理念。工作效率提高了，能力自然不必说。但不能给自己太大压力，把心思全部放在工作上，很容易疲惫，更不利于发散思维的活跃。

邢小姐只有初中学历，经历了无数次的职场失败后，来到了一家广告公司做勤杂工。她的工作内容是负责公司内部的杂务，取稿、送样，每天很忙碌地穿梭在一座座写字楼、一家家公司之间，做原稿和样稿之间的"链接"。但她没有因此而自暴自弃。她在这来来回回中不断揣摩广告创意和客户意图，积累了很多经验，在完成本职工作之余发奋自学，从每天经自己手中"迎"进"送"出的稿件中汲取营养与经验，看一些关于广告策划、文案写作以及广告理论方面的书籍，一有空就埋头苦读，练就了一定的审美观，有时还对一些广告作品品头论足。她还经常揣摩公司同事们创作出的作品，留意报刊、杂志、电台、电视台以及其他广告公司发布的广告，从中找出缺陷，自己在心底悄悄地加以改进，同时，也留意他们创作中的神来之笔，以此作为提高自己的一种参照。不知不觉，她竟从中学到了不少本领，丰富和充实了自己的大脑。在一次胡萝卜素的广告创意中，邢小姐也想了一条并做成了完整的策划方案。第二天，主管审核创意部人员的创意时都觉得不好。这时，邢小姐很害羞地跟主管说："我也写了一个，您看行不行！"主管看了她的广告语后非常惊讶，连连夸奖她。这个广告方案顺利地通过了客户的认可，邢小姐就此正式成为了创意部的工作人员。

一个人的工作能力高低有很多方面的因素，受教育程度的多少固然会起到关键的作用，但是如果因此就窃喜，不注重培养自己的工作能力，最终也会被淘汰；相反，学历低的人也不要自卑，要通过刻苦努力来弥补理论知识的不足。一句话，提高工作能力才是最主要的。

点亮思维

薪水重要，还是成长重要？每个人都应该认真地思考一下这个问题。许多人喜欢对薪水斤斤计较，却忽略了工作带来的其他"收入"。如果你不计薪水，积极地学习，那么，每一项工作中都包含着许多个人成长的机会，高薪也是今后自然而然的事情。

光盯着小鱼，会阻碍你看到大鱼

两个人，一样的有才、一样的努力、一样的出身背景，可是到后来，他们的收益却迥然不同。为什么？

原因就在于眼光的不同：一个眼光狭隘，盯住的都是眼前"小鱼"；一个心胸广阔，放眼未来的"大鱼"。他们都在忙，可是，一个忙来忙去得到的是蝇头小利，另一个却忙出了功成名就，财务自由。

有位年轻人，想发财想得发疯。一天，他听说附近深山里有位白发老人，若有缘与他相见，则有求必应，肯定不会空手而归。

于是，年轻人便连夜收拾行李，往山顶上爬去。他在那儿苦等了5天，终于见到了那个传说中的老人，于是便上前神态恭敬地向老人请教发财之道。老人拿出三块大小不一的西瓜放在年轻人面前，说："如果每块西瓜代表一定程度的利益，你选哪块？"

"当然是最大的那块！"年轻人毫不犹豫地回答。

老人一笑："那好，请吧！"他把最大的那块西瓜递给青年，自己却拿了最小的那块。很快，老人吃完了，随后从容地拿起桌上最后一块西瓜，得意地在青年眼前晃了晃，然后大口大口吃起来。青年马上明白了他的意思：老人吃的西瓜虽不比自己的大，却比自己吃得多。如果每块西瓜代表一定的利益，那么老人占的利益自然比自己占有得多。

在分别的时候，老人对青年说："要想发财，就要学会放弃。只有放弃眼前利益，才能获得长远利益，这就是我的发财之道。"

因此，人生目标一定要长远，而不能短视。很多人之所以不能取得大成功，是因为他们只看重眼前的利益，被眼前利益迷惑了双眼，从而让更大的收益机会从身边溜过去。

哲学家蒙田说："若结果是痛苦的话，我会竭力避开眼前的快乐；若结果是快乐的话，我会百般忍耐暂时的痛苦。"所以，我们若是一味地把目光只放在眼前，那么未来就难以掌握；而我们若是想获得长久的快乐，那么就要忍受暂时的痛苦。

大多数人在做决定时都只考虑眼前而不考虑未来，结果快乐没得到却得到痛苦。事实上，人世间一切有意义的事若想成功，那就必须忍受有所失的痛苦。

一位著名音乐家举家移民国外。刚到英国的时候，因为一时找不到合适的工作，全家人陷入了生活的窘境。迫于生计，音乐家不顾身份到街头拉小提琴，希望通过卖艺来赚取生活费用。

几天后，他突然发现一家商业银行的门口人来人往，热闹非凡。一位黑人提琴手正在那里聚精会神地拉琴。不到一小时的工夫，这位黑人就得到了数目不小的一笔钱。

于是，音乐家也走过去，在银行大门口拉小提琴。显然，他的功底比黑人提琴手要高得多。人们争相涌到他的面前。几曲过后，围观的人纷纷慷慨解囊。

101

思路决定出路

过了一段时间，音乐家赚到不少卖艺钱之后，就和黑人提琴手道别。他说要到音乐学府里拜师学艺，和艺术家们互相切磋。黑人对他的举动嗤之以鼻。

三年后，音乐家又一次路过那家商业银行，发现那个黑人提琴手仍然在门口拉琴，而他的表情一如往昔，脸上露着得意、满足与陶醉。当黑人提琴手看见音乐家突然出现时，很高兴地说："好久没见了！你现在在哪里发财呀？"

音乐家回答了一个很有名的音乐厅的名字，但黑人提琴手没有一丝反应，只是问道："那家音乐厅的门前也是个好地盘，也很好赚钱吗？"

"还好，生意还不错！"音乐家没有明说。

其实，黑人提琴手哪里知道，音乐家早已不比当年，他现在已经是一位国际知名的作曲家、指挥家，还经常应邀担任著名乐团的指挥，生活条件也比昔日好得多。

大海是航船的目标，天空是鸿鹄的目标，我们每个人也都应该有高远的人生目标。只有这样，你才能充分发掘自己的潜能，迎来人生的辉煌。

思路突破

着眼长远，放弃一时小利

中国有句古话："有舍才有得。"有所得，就必有所失。什么都想得到，只能是生活中的侏儒。要想获得某些有价值的东西，就必须放弃许多东西。

摒弃小利益，看到大利益

传统观念认为，"好汉不吃眼前亏"。这其实是一种误解。好汉的眼光关注的是长远的利益，所以，对于眼前的一些祸福吉凶，他们都会咬牙忍耐。这就叫"好汉也吃眼前亏"。当然，忍耐不是屈从命运的安排，吃亏也不是逆来顺受。忍耐是为了积蓄力量，吃亏是为了风雨过后的彩虹。

普利策21岁时便获得了律师开业许可证。但作为一个有抱负的青年，他觉得当律师创不了大业。经过深思熟虑，他决定进军报界。

古希腊物理学家阿基米得说过："只要给我一个支点，就能使地球移动。"这给普利策很大的启发，他决心先找一个"支点"，有了"支点"才能去实现移动"地球"的壮举。因此，他千方百计寻找进入报业工作的立足点，以此作为他千里之行的起点。他找到圣路易斯的一家报馆，老板见他颇具热情，机敏聪慧，便答应留下他当记者。但有个条件，以半薪试用一年后再决定去留。

颇有眼光的普利策虽然明知老板对自己不信任，但他仍乐意屈就。为了自己长远的人生目标，他把做人的"忍耐"发挥到极致。在报馆工作期间，他顶住了老板的百般刁难和同事不屑的白眼，虚心研究报馆的各工作环节。最后老板高兴地提前吸收他为正式职工，第二年还把他提升为编辑。随着普利策的署名文章增多，影响力扩展，他的经济收入也大幅上扬。

一天，报馆老板把他叫进办公室，让他做该报总策划，并答应待遇还能再提高。但是，普利策并没有被眼前的小利益蒙住双眼，他心怀更高的志向，有着更长远的打算。他毅然辞去这份工作，开始竞选密苏里州议会议员。

后来，随着资本积累的增多，普利策收购了《纽约世界报》。经过几年的经营，终于使这家惨淡经营的报纸一举跃升为全美最有影响和利润最丰的大报。

普利策正是凭借独到的眼光，忍辱负重，并不断进取，最终成为美国的报业巨头。在获取人生"大利益"的同时，也实现了他长远的人生目标。

懂得选择，学会放弃

1990年，还在北京外国语大学英语系读大四的杨澜，在一次偶然的央视公开招聘中，从众多的应聘者中脱颖而出，成为《正大综艺》的主持人。

1993年底，正大集团总裁谢国民来到北京。他认为杨澜是一个很有潜力的人，应该去国外学习一段时间，更多地去提高自己的实力。他表示愿意无偿赞助她去美国留学。谢国民的几句话，又一次改变了杨澜的命运。

1994年，杨澜辞去央视的工作，选择了留学之路。这让很多人感到惋惜，就连喜欢她的观众们也不理解：做得好好的，又有地位又有高薪，还折腾什么呢？可杨澜不这么理解。在美国留学期间，她用业余时间与上海东方电视台联合制作了《杨澜视线》，第一次以独立的眼光看待并介绍世界。凭借40集的《杨澜视线》，杨澜成功地从娱乐节目主持人过渡到复合型传媒人才。

1997年回国后，杨澜加盟了刚刚创办不久的香港凤凰卫视中文台。1998年1月，《杨澜工作室》在凤凰卫视正式开播。两年的名人采访经历，让杨澜产生了质的变化：她已经拥有了世界级的知名度、多年的传媒工作经验以及重量级的名人关系资源。然而此时，杨澜又一次从光环中退出，选择开始新的生活。

2000年3月，她收购了香港良记集团，并将其更名为阳光文化网络电视控股有限公司。可惜就在杨澜刚刚创业不久，就遇到全球经济不景气。杨澜带领公司削减成本，锐意改革，终于在2003年度转亏为盈。不久，阳光文化正式更名为阳光体育，走上了新的发展历程。可是又一次获得成功的杨澜再次选择了退出，辞去了董事局主席的职务，并表示将全心投入文化电视节目的制作。

从当初上《正大综艺》，接着去美国留学，之后又转战香港凤凰卫视中文台，开辟阳光卫视，到现在和湖南卫视合作，杨澜作出了太多人们想不到、不理解的选择。面对荣耀和掌声，她拿出非凡的胆识与勇气，为自己赢得了广阔的天空和更大的财富。

从杨澜的选择和放弃中，我们可以看到，她的眼光是长远的、心胸是广阔的，她永远能看到远方的"大鱼"，并毅然决然地舍弃已到手的、令人艳羡不已的"小鱼"。

点亮思维

生活中，很多人没有取得大的成功，是因为已满足于眼前的小利益。终日不知疲倦地为小利益奔忙，忽略了提升自己赚钱的空间和本领，因此，只能一辈子拥有一块狭小的地盘，在原地打转。

有所不为，才能有所作为

瞎子的耳朵最灵，因为眼睛看不见；会计的心算能力最差，因为常用算盘。有所为，就有所不为。有所得，就必有所失。什么都想得到，只能当生活中的侏儒。要想获得某种超常的发挥，就必须放弃许多东西。

对于常人，要想成功，做到一点：专注。专注于目标，专注于要务，专注于最能给你带来价值的事。

人生无处不是在选择。既然无法拥有一切，那就会有取有舍。若要贪全，恐怕最后只能是一无所得。

美国钢铁大王安德鲁·卡内基在一次对美国柯里商业学院毕业生的讲话中指出："获得成功的首要条件和最大秘密，是把精力完全集中于所干的事。一旦开始于哪一行，就要决心干出名堂，要出类拔萃，要点点滴滴地改进，要采用最好的机器，要尽力通晓这一行。失败的人是那些分散了精力的人。他们向这件事投资，又向那件事投资；在这里投资，又在那里投资，方方面面都有投资。要把所有的鸡蛋放入一个篮子，然后看管好这个

善于从诸多的小事中抓住大事，从
大事中把握、做好最重要的事，应
该是我们每个人的成功必修课。

<< 思路点拨 ········· 105

THINK AND MAKE
A GREAT DIFFERENCE

篮子，注视周围并留点神。能这样做的人往往不会失败。看管好那个篮子很容易，但在我们这个国家，想多提篮子因而打碎鸡蛋的人也有很多。有三个篮子的人就得把一个篮子顶在头上，这样很容易摔倒。"

目标可以吸引我们的注意，引导我们努力的方向。至于最终是成功还是失败，就全看我们是否能始终走在正确的方向上。

有一次，一个青年非常苦恼地对昆虫学家法布尔说："我把自己的全部精力和时间都花在我爱好的事业上，结果却没什么收效。"法布尔赞许地说："看来你是一位献身科学的有志青年。"这位青年说："是啊！我爱科学，可我也爱文学，对音乐和美术我也感兴趣。但我却没有多余的时间花费在爱好兴趣上。"法布尔边从口袋里掏出一面放大镜边说："把你的精力集中到一个焦点上试试，就像这块凸透镜一样！"

集中注意力是一种能力，即你将思维与行动集中在某一特定目标上的能力。集中注意力的能力在工作量日益增加和信息爆炸的今天已成为成功者必备素质之一。伊格诺蒂乌斯·劳拉有一句名言："一次做好一件事情的人比同时涉猎多个领域的人要好得多。"在太多的领域内都付出努力，我们就难免会分散精力，阻碍进步，最终一无所成。

圣·里奥纳多在一次给校友福韦尔·柏克斯顿爵士的信中谈到他的学习方法。信中有一段是这样写的："开始学法律时，我决心吸收每一点获取的知识，并使之同化为自己的一部分。在一件事没有充分了解清楚之前，我决不会开始学习另一件事情。我的许多竞争对手在一天内读的东西我得花一星期时间才能读完。而一年后，这些东西，我依然记忆犹新，但是他们却早已忘得一干二净了。"

那些对奋斗目标不专一、左摇右摆的人，对琐碎的工作总是寻找托辞，懈怠逃避。他们注定是要失败的。如果我们把所从事的工作当做生活中不能缺少的事情来看待，我们就会带着轻松快乐的心情，在最短的时间内将它完成。

思路突破

一箭只射一雕

一个人能不能在社会上站得住、行得开，关键在于他能不能把握住最重要

106

THINKANDMAKE
········· 思路点拨
AGREATDIFFERENCE >>

即使是才华一般的人，只要他在某
一特定时间内不屈不挠地从事某一
项工作，他也会取得巨大的成就。

的事。善于从诸多的小事中抓住大事，从大事中把握、做好最重要的事，应该
是我们每个人都应该努力学习的成功必修课。

与其浅尝辄止，不如锲而不舍

专注能提高效率，专注能使目标明确。作为一名成功者，工作中全神专注于所干的事情
也是其必备的素质之一。只要专心致志盯住目标，而且不犹豫、不走神，干什么都能成功。
就像打井一样，打到一半深度可能没有水，这时你转移方向，就可能前功尽弃。而只要你坚
持下去再深挖一下，这口井就能打成。

你可知道石匠是怎么敲开一块大石头的吗？他所拥有的工具只不过是一个小铁锤和一
个小凿子，可是这块大石头却硬得很。当他举起锤子重重地敲下第一击时，没有敲下一块碎
片，甚至连一丝凿痕都没有，可是他并不以为意，继续举起锤子一下再一下地敲。100下、
200下、300下，大石头上依然没出现任何裂痕。可是石匠还是没有懈怠，继续举起锤子重重
地敲下去。路过的人看他如此卖力而不见成效却还继续硬敲，不免窃窃私语，甚至有些人还
笑他傻。可是石匠并未理会，他知道虽然所做的还没立即看到成效，不过那并非表示没有进
展。他又挑了大石头的另一个面敲，一锤又一锤，也不知道是敲到第500下还是第700下，或
者是第1004下，终于看到了成效。那不只是敲下一块碎片，而是整块大石头裂成了两半。

难道说是他最后那一击，使得这块石头裂开的吗？当然不是，而是他一而再，再而三连
续敲击的结果。这个引喻给我们很大的启示，把目标紧紧攥在手心里，并保持持续不断的努
力，有如那把小铁锤，就能敲碎一切横在人生路途上的巨大石块。

透过一些成功人士的自传可以看出，这些人在生活中都受过一连串的无情打击。之所以
最终成为彪炳史册的伟人，只是因为他们都能专注做事，从而获得辉煌成果。

霍金奇从小就受到父母影响。她的父亲是考古学家，母亲有很深的植物学知识。因此，
幼年的霍金奇对矿物和植物有着浓厚兴趣。她在家中的顶楼给自己搭了个实验室，模仿大
人做实验。那时，X射线结晶学的开山鼻祖威利姆·布拉格曾经写了一本面向儿童的科普读
物。就是在这本书的引导下，霍金奇知道了人类可以利用X射线看到一个个的原子和分子。
后来她在大学学习了X射线的衍射方法，并在毕业论文中论述了某元素有机化合物的结构，
发表在《自然》杂志上。

以后，在剑桥大学工作期间，她又继续向胃蛋白酶和胰岛素的X射线衍射挑战。她在自己
从小就崇拜的威利姆·布拉格的指导下，成为用X射线结晶学解析生物化学结构的第一人。

认准目标的霍金奇决定对世界上刚刚提取出来的生理活性物质如淄醇类物质、青霉素、
维生素等逐个用X射线解析法测定其空间结构。最终她获得了成功。1964年，她因这些业绩

一个人不能骑两匹马，聪明人会把
凡是分散精力的要求置之度外，只
专心致志地去做一门。

<< THINK AND MAKE
思路点拨·········
A GREAT DIFFERENCE 107

被授予诺贝尔化学奖。

霍金奇的成功得益于她幼年读到的科普读物。这些读物使她几乎没有犹豫就走上了研究X射线衍射的道路，使诺贝尔级的课题直接向着自己飞来。全神贯注地沿一条路走下去，这也是她接近诺贝尔奖的方法之一。获奖后，她得到了不授课、不做指导老师、专门从事研究的教授地位。这样，她避免了在教学事务上消耗时间，一心一意地钻研胰岛素的X射线衍射。1969年，她终于阐明了胰岛素的三维结构。

专注是一种至高的境界，是心无旁骛地做一件事情。为了做到这一点，你必须集中你的精神能量，定位在某一特定的想法上，排除一切杂念的干扰。

如果你专注于这些思考，把你的注意力全部投入在上面，就会引发你的另外一些与它们相和谐的想法，你很快就能领会到你所关注的这种思想的深刻意义。

专心和专注，一个都不能少

瑞典的查尔斯九世在年轻的时候就对意志的力量抱有坚定的信念。每当遇到什么难办的事情，他总是摸着小儿子的头，大声说："应该让他去做，应该让他去做。"和其他习惯的养成一样，随着时间的流逝，勤勉用功的习惯也很容易养成。

因此，即使是一个才华一般的人，只要他在某一特定时间内全身心地投入并不屈不挠地从事某一项工作，他也会取得巨大的成就。

勒韦的故事说明了"专注"的重要性。

勒韦1873年出生于德国法兰克福的一个犹太人家庭。他从小喜欢艺术，绘画和音乐都有一定的水平。但他的父母是犹太人，他们对犹太人深受各种歧视和迫害心有余悸，不断敦促儿子不要学习和从事那些涉及意识形态的行业，而要他专攻一门科学技术。他的父母认为，学好数理化，可以走遍天下都不怕。

在父母的教育下，勒韦在进入大学学习时，放弃了自己原来的爱好和专长，进入施特拉斯堡大学医学院学习。

勒韦是一位勤奋志坚的学生，他不怕从头学起，他相信全力以赴，必定会成功。带着这一心态，他很快进入了角色，专心致志于医学课程的学习。心态是行动的推进器，他在医学院攻读时，被导师的学识和专心钻研的精神所吸引。导师淄宁教授是著名的内科医生。勒韦在这位教授的指导下，学业进展很快，并深深体会到在医学上也大有施展才华的天地。

勒韦从医学院毕业后，先后在欧洲及美国一些大学从事医学专业研究，在药理学方面取得较大进展。由于他在学术上的成就显著，奥地利的格拉茨大学于1921年聘请他为药理教授，专门从事教学和研究。在那里他开始了神经学的研究，通过青蛙迷走神经的试验，第一次证明了某些神经合成的化学物质可将刺激从一个神经细胞传至另一个细胞，又可将刺激从神经元传到应答器官。他把这种化学物质称为乙醚胆碱。1929年他又从动物组织分离出该物质。勒韦对化学传递的研究成果是一个前人未有的突破，对药理及医学作出了重大贡献。因此，1936年他获得了诺贝尔生理学及医学奖。

后来，他受聘于纽约大学医学院，开始了对糖尿病、肾上腺素的专门研究。勒韦对每一项新的科研都能专注于一。不久，他这几个项目都获得新的突破，特别是设计出了检测胰脏疾病的勒韦氏检验法，对人类医学又作出了重大贡献。

勒韦的成功说明，成功之本取决于一个人努力的程度。当然，还必须兼具高远志向和实现目标的专心致志的毅力，特别是专注于一的精神，更有利于助人成功。

点亮思维

一个人不能骑两匹马，骑上这匹，就要丢掉那匹。聪明人会把凡是分散精力的要求置之度外，只专心致志地去做一门。做一门就要把它做好。

两点之间，曲线最短

平面上两点之间直线最短，但在现实生活中，更多时候是两点之间曲线最短。譬如，打击目标的炮弹都是走曲线才可以命中目标，说话、做事直来直去就容易失败。直线性思维在很多地方要碰壁，我们在人生规划中，要想取得大成就，就要学着朝目标"曲线迈进"。

曲线并不等于弯路，因为通往成功之道往往不是直的，懂得绕行和等待是一门艺术。

西方人讲条条大路通罗马，中国人讲愚公移山。你来判断一下，哪个聪明哪个愚呢？西方提倡的是一种变通，最终达到殊途同归；中国提倡的是一种苦干、硬干，更多的是一种精神上的不屈。可是，你来判断一下，在有限的生命中，哪种做法能让我们得到更多的利益？当然是前者。追求光明、百折不挠的精神固然是可敬可佩的，可是，为了达到目标绕道而行才是真正的大智慧！

下面这个故事听起来像一部传奇：一个穷孩子，7岁时就立志要找到一座城市；39年后，他果然着手工作，努力寻找，最后不仅找到了那座城市，而且找到了大批财富，一笔除16世纪西班牙征服者掠夺美洲所得的财富以外都无法与之比拟的财富。

故事始于1829年的圣诞，父母送给小孩一本《世界史图解》，里面有一幅希腊古城特洛伊的画。小孩子着迷了："特洛伊是这样的吗？""嗯。""它消失了，谁也不知道它在哪里？""是的。""等我长大后，我会找到特洛伊，找到财宝……"

从此，他就念念不忘这个梦想。12岁时，他自己挣钱谋生，先后做过学徒、售货员、见习水手、银行信差……长大后，他在俄罗斯经营石油，但他一刻也未曾忘记过自己的理想。他利用业余时间自修了古希腊语，又参与各国间的商务活动，学会多门外语——这些都为日后的行动打下了基础。他的爱情也与梦想紧密相连：他娶了个热爱学习、能够帮他了解古希腊的希腊姑娘。

他在经营中积攒了一大笔钱。人们都以为他会好好地享受，他却放弃了自己的事业，雇了许多工人跑到希腊搞考古挖掘去了。1870年，他开始在特洛伊挖掘。几年后，他就发掘出9座城市，其中包括两座爱琴海古城：迈锡尼和梯林斯。这样，他不仅发了大财，也成为发现爱琴海文明的第一人，在世界考古史上留下了响当当的名字——亨利·谢里曼。

此时，人们才明白了他的前半生为什么要做那么多"不相干"的事。

"不相干"的事其实并不是不相干，而是围绕目标所做的万全准备：积累资金、掌握知识，然后一举成功。

高尔夫球总要打出弧线才能落入洞里。当你有了长远的人生规划后，要做的第一件事就是给自己画出弧线，并告诫自己不要急躁。要知道，人生旅途中是没有那么多捷径的。人生就像是在爬山，我们沿着曲折的山路，拐许多弯，兜许多圈，有时觉得好似都背离了目标——那座最高的山峰。其实，你是离目标越来越近了。懂得兜圈子、绕道而行的你，往往是第一个登上山峰的人；那些不懂而硬爬的人，往往会反复掉落，摔得头破血流。

请你摆脱直来直去、硬干强干的"愚"字，让自己成为一个有策略、有智慧、有耐心的人生智者！

| 思路突破 |

抛开直线，绕道实现目标

英国军事家利德尔·哈特在《间接路线战略》一书中写道："从战略上说，最漫长的迂回道路，常常又是达到目的的最短途径。"

在目标与现实之间，给自己画出曲线

40多年前，一个出生在奥地利贫民窟的十多岁的穷小子在日记里发誓长大后要做美国总统。但如何实现这个宏伟的抱负呢？年纪轻轻的他经过几天几夜思索，拟定了一系列的连锁目标：

要做美国总统，首先得做美国州长；

要竞选州长，必须得到雄厚财力后盾的支持；

要获得财团的支持，就一定得融入财团；

要融入财团，最好娶一位豪门千金；

要娶一位豪门千金，必须成为名人；

成为名人的快速方法，就是做电影明星；

做电影明星之前，得锻炼好身体、练出阳刚之气。

怀着这样的打算，他移民到美国，开始步步为营。一天，他看到著名体操运动主席库尔后，相信练健美是个好点子。他开始刻苦练习，渴望成为世界上最结实的壮汉。三年后，凭着发达的肌肉、雕塑般的体魄，他成为"健美先生"，并囊括了欧洲、全球、奥林匹克的"健美先生"。

22岁时，他踏入美国好莱坞。在这里，他花费了10年工夫，一心去表现坚强不屈、百折不挠的硬汉形象。终于，他在演艺界出了名。当他的电影事业如日中天时，女友的家庭终于接纳了这位"黑脸庄稼人"。他的女友就是肯尼迪总统的侄女。

婚姻生活爱地过去了十几年。他与太太生了4个孩子，建立了一个"五好"家庭。

2003年，年逾57岁的他告别影坛，成功地竞选成为美国加州州长。

目前，他正在积极推进美国修宪进程，《宪法》规定只有出生在本土的人才有资格竞选总统，并打出"你无法选择你的出生地，但是你可以选择你热爱的土地"这句口号。如果修宪成功，他就有可能是未来的美国总统！他就是阿诺德·施瓦辛格。

施瓦辛格的经历告诉我们：敢想——给自己的人生一个宏伟的规划，不做平庸之辈；敢做——立即行动，步步为营，每实现一个小目标就为最终的辉煌创造条件。想想你有什么远

记住：一个经过磨练、能力全面的
人永远会比那些只有单一知识或能
力的人更有登上顶层的资本。

<< THINK AND MAKE
思 路 点 拨········
A GREAT DIFFERENCE

111

大的目标吧！联系自己的现实情境，想想采取哪些"曲线"步骤能有助你实现目标；每一个曲线步骤需要你花费多长时间。把这些列下来，你就有了清晰的行动计划。

夯实基础，让自己后来居上

布莱德雷从小就立志当将军，并为此拼命考入西点军校。出人意料的是，他毕业后却没有像其他人那样在军营中一路升迁上去，而是把多数时间用在教学上。前20年的军人生涯中，他当教官的时间就占去了13年。与昔日的同学相比，布莱德雷似乎一直盘旋在军营之外，失去了许多晋升实战的机会。

1920年，布莱德雷当上西点军校数学系教官，校长是麦克阿瑟。在此后的4年中，布莱德雷研究数学，提高了自己的推理能力。再遇到难题时，自己在数学上的造诣总能够使他有条不紊地去思考。

布莱德雷业余时间兼任着体育教练，不经意中锻炼了组织和指挥能力。在他的带领下，球队获得了橄榄球锦标赛的冠军。

1929年，布莱德雷在本宁堡步校遇见了一生中最重要的人——马歇尔。马歇尔是美国历史上最伟大的将军之一，他独具慧眼，知人善任。布莱德雷最初被分配在战术系，由于他表现出色，不到一年，就被马歇尔提升为兵器系主任，成为马歇尔的"四大金刚"之一。

1939年7月，马歇尔任美国陆军参谋长，布莱德雷感到机会来了。果然，马歇尔指名要来他，让他负责办公室工作。此后不久，布莱德雷就被马歇尔下放到本宁堡步校任校长，随即又出任美军第82师师长。结果很有戏剧性：绕了一个大圈后，布莱德雷成了西点军校同届毕业生中第一个当师长的人。此后，布莱德雷一路飙升，在短短几年间，他就从师长升为军长、集团军司令、第12集团军群司令，并于战后出任陆军参谋长和参谋长联席会议主席，远比巴顿和麦克阿瑟要威风。多年之后，当布莱德雷回首往事时，对13年的教官生涯颇感难忘，在他看来，那是一条攀向山顶的最短的曲线。

为了达到目标，不妨暂时走一走与理想偏离甚至是相背驰的路，有时这正是智慧的表现。可生活中，大多数人往往都太心急了，只想一下子超越别人，却忘了夯实自己的基础。记住：一个经过磨练、能力全面的人永远会比那些只有单一知识或能力的人更有登上顶层的资本。

遇到阻力绕道而行，更省人力、物力

如果你正在赶路，前面有一堵厚厚的钢板墙，而你需要走到墙的另一边去，该怎么办？
用头撞个洞？
用炮轰个洞？

把墙推倒?

用氧乙炔将墙切割掉?

这些方法都不可取：用头撞，非得撞得头破血流！用炮轰，你没有大炮。把墙推倒，你可不是超人！把墙切割开，又要工具又要化学药品，成本太高。但转念思考一下，问题就简单多了：面对铜墙铁壁——绕道而行。

两只蚂蚁想翻越一段墙，到墙那边寻找食物。一只蚂蚁来到墙角，毫不犹豫地往上爬。可每当它爬到大半，就会由于劳累而跌下来。可是它并不气馁，一次次跌下来，一次次调整自己，然后重新往上爬。

另一只蚂蚁观察了一下，决定采取另一种办法：它绕过墙来到食物面前享受起来。

第一只蚂蚁此时还在不停地跌落下去接着再重新爬。

我们很多人就像那可笑的第一只蚂蚁，精神固然可嘉，但只是累了半天白费力气罢了，最后还被一次次的失败弄得很气馁。在这个世界上有才华又努力的人不少，可真正成功的人不多，道理很简单：在障碍面前，不知道绕道而行，于是屡屡受挫，最终成为失败者。

如果你拥有足够的勇气和信心，而且又懂得兜圈子、绕道而行，那么，在经过一段艰辛的追求之旅后，你必定能追求到你所要追求的东西。

点亮思维

人生就像爬山，目标是那最高的顶峰。懂得迂回向上的人会最先爬到山顶，不懂而硬爬的人会摔得头破血流。

第 5 章

从工作中脱颖而出的思路

WAYS TO BE OUTSTANDING IN YOUR CAREER

很多时候，能够把分外的工作做好，不仅是能力的体现，更能加重你在公司领导心中的砝码。

工作中没有"不关我的事"

　　有些人到了一家公司，短时间内就能受到器重，迅速升职和加薪；有些人却在一个岗位上做了许久，工作也得到认可，可就是升不上去。为什么？很大一个原因就在于前者认识到只有做本职工作以外的事，才有机会锻炼自己全方位的能力，才能让老板看到自己愿意多干，才有机会承担更多的责任，才能够脱颖而出。

　　成功就得先付出，在公司里你永远没有分外的工作。其实那些所谓分外工作都应是你的工作。很多时候，分外的工作对于员工来说是一种考验。能够把它做好，不仅是能力的体现，更能加重你在公司领导心中的砝码。

　　拿破仑·希尔曾聘用了一位年轻小姐当助手，替他拆阅、分类及回复私人信件。当时，她的工作是听拿破仑·希尔口述，记录信的内容。薪水和从事相类似工作的人差不多。一天，拿破仑·希尔口述了下面的格言，要求她打下来："记住，你唯一的限制就是你自己脑海中所设立的那个限制。"

　　当她把打好的纸交给拿破仑·希尔时，说："你的格言使我获得了一个想法，对我来说很有价值。"

　　这事并未在拿破仑·希尔脑中留下特别的印象，但从那天起，他可以看得出来，这件事在她脑中留下了深刻的印象。每天用完晚餐后，她又会回到办公室来，从事不是她分内也没有报酬的工作，并开始把写好的回信送到拿破仑·希尔的办公桌上来。

　　她已经研究过拿破仑·希尔的风格，因此，这些信回复得

跟拿破仑·希尔自己所能写的完全一样，有时甚至更好。她一直保持着这个习惯，直到拿破仑·希尔的私人秘书辞职为止。当拿破仑·希尔开始找人来填补这位秘书的空缺时，他很自然地想到这位小姐。但在拿破仑·希尔还未正式给她这项职位之前，她已经主动地接受了这项职位。由于她在下班之后以及没有支领加班费的情况下，对自己加以训练，终于使自己有资格出任拿破仑·希尔属下人员中最好的一个职位。

不只如此，这位年轻小姐的办事效率太高了，拿破仑·希尔多次提高她的薪水，是她当初当一名普通速记员薪水的4倍。她使自己变得对拿破仑· 希尔极有价值。因此，拿破仑·希尔不能失去她这个帮手。

这位小姐能够在这么短的时间内便升到了较高的职位，名利双收，细察起来，使她脱颖而出正是她积极主动工作的态度。

这个例子告诉我们，成功的人永远比一般人做得更多更彻底。如果你只是被动地从事你分内的工作，那么你将无法争取到人们对你的有利评价。

思路突破

积极主动是职场"长生果"

多多考虑自己的工作计划和工作目标，不要只是一味等待上司的任务与命令，一旦完成任务便认为万事大吉，可以松一口气。这种被动的任务驱动的思想如果在头脑中根深蒂固，就会使我们懒得思考，更懒得行动，以致失去工作的机会，无所适从。

乐于去做"分外之事"

在这样竞争激烈的时代里，每个人都应该切实了解个人的努力对于达到公司使命和目标的重要意义，并积极主动地表现自我，力图对工作及所在的部门和整个组织产生更大的影响力。

被迫与主动之间的区别看起来很简单，除了自我感觉之外，结果完全相同——任务是必须完成的。尽管事实并非如此。

柯金斯任福特汽车公司总经理时，一天晚上，公司遇到紧急的事，发通知给所有的营业处，需要全体员工协助。不料，当柯金斯安排一个做书记员的下属去帮忙套信封时，那个年轻的职员傲慢地说："这不是我的工作，我不干！我到公司来不是套信封的。"听了这话，柯金斯一下就愤怒了，但他仍平静地说："既然这件事不是你分内的事，那就请你另谋高就吧！"

现实生活中有很多像这个书记员一样想法的人，他们常常会这样认为：只要把自己的本职工作干好就行了。对于上司安排的额外的工作，不是抱怨，就是不主动去做。要知道这样的人是不会获得升职加薪的机会的。要想获得成功，就必须像别人获得成功那样，做出一些人们意料之外的成绩来，尤其留神一些额外的工作，做一些分外之事，时刻去想着为公司领导解决一些实际困难。

美国一位铁路邮递员，和别的邮递员一样用陈旧的办法分发信件。大部分信是凭邮递员们不太准确的记忆挑选后发送的，因此差错频出，被无谓地耽误几天甚至几个星期。于是，这位邮递员开始寻找另外的办法。他发明了把寄往同一地点的信件汇集起来的制度。这件事看起来简单，却成了他一生中意义最为深远的事情。他的图表、计划吸引了上司的注意。很快，他获得了升迁。五年后，他成了铁路邮政总局的副局长，不久又被提升为局长，从此踏上了美国电话电报公司总经理的仕途。

邮递员这样做，也许是花费了休息的时间。但是他得到的是上司的信任，成了上司的依赖。你想一想，算一算，还有比这更好的报酬吗？在公司，你如果把分外的事当成分内的事去做，你就能获得更多升职加薪的机会。

你每天早到几分钟，打扫打扫办公室，擦擦桌子；每天晚走几分钟，整理整理资料，收拾一下办公室；在业务上多帮助帮助新手，平时多帮助老员工或上司干一点力所能及的事。这样你就会得到他们的爱戴和信任，从而有机会被委以重任。

比别人多做一点点

卡洛·尼斯是世界知名的投资顾问专家。他最初为杜兰工作时，职务很低，现在已成为杜兰先生的左膀右臂，担任其属下一家公司的总裁。他之所以能如此快速升迁，秘密就在于"比别人多做一点点"。

"在为杜兰先生工作之初，我就注意到，每天下班后，所有的人都回家了，杜兰先生仍然会留在办公室里继续工作到很晚。因此，我决定下班后也留在办公室里。是的，的确没有人要求我这样做，但我认为自己应该留下来，在需要时为杜兰先生提供一些帮助。

"工作时杜兰先生经常找文件、打印材料，最初这些工作都是他自己亲自来做。很快，他就发现我随时在等待他的召唤，并且逐渐养成招呼我的习惯……"

杜兰先生为什么会养成召唤尼斯先生的习惯呢？因为尼斯自动留在办公室，使杜兰先生随时可以看到他，并且诚心诚意为其服务。这样做获得了报酬吗？没有。但是，他获得了更多的机会，使自己赢得老板的关注，最终获得了提升。

请你每天多做一点，这不是为了别人，而是彻头彻尾地为了你自己，这就是职场中的无上心法。南丁格尔曾经说过："超出所得地工作，否则你就不会比现在得到更多。"

苏珊·朗格就是一直坚持这样的信念：每天多做一点事，每天多走一里路，所以她成功了。

当她刚进杜邦公司的时候，所有的人都不看好她，因为她没有上过大学，也没有什么出色的技能。在人才济济的公司里，她只能做一个打字员。但她并没有像别的女孩那样满足现状。

她注意到部门主管、自己的顶头上司芬利先生的办公室里有一个大的书橱，里面都是一些管理学方面的书，于是就向芬利先生借阅。芬利先生注意到了这个好学的打字员。他发现苏珊每天的工作时间都比别人多20分钟；下班后，她主动留下收拾凌乱的办公室；早晨上班时则提前10分钟到办公室打扫卫生。而芬利先生加班时，她也主动留下来帮忙，虽然她所能够做的不过是打字、查资料、倒茶之类的琐事，但是的确大大提高了芬利先生的工作效率。

在以后的时间里，芬利先生已经完全习惯了苏珊的帮忙，也习惯把越来越多的事交给她去办。再加上苏珊平时自学管理学，她已经完全应付自如了。不到三年，她已经升任为部门的副经理。

不要以为这些只是细枝末叶的问题，要知道给人留下深刻印象的往往就是这些点滴小事。有人说过："我总是忽略那些尽忠尽职完成本职工作的员工，因为这是对员工的基本要求，所有合格的员工都会做到。在众多的员工之中，能给我留下深刻印象的总是在自己的本职工作之外帮助别人的人，即使只是为同事倒一杯水。"

不要以为每天多做的事没人知道，就觉得自己吃亏，同样早到的老板往往就站在办公室门口，注视着公司的一切（包括你的所作所为）。每天多做一点吧，在人生征途上永不停步，比别人踏前一步，不要背着手跟在后头。

坚持每天多学一点，就是进步的开始；坚持每天多想一点，就是成功的开始；坚持每天多做一点，就是卓越的开始；坚持每天进步一点，就是辉煌的开始！

▌点亮思维▐

现代职场成功法则，总结起来只有两条：既要会做事，又要会做人。只是从事分内的工作，你将无法得到更高的评价。如果你想得到老板的器重，你就必须明白：你还应该做得更多。

现代职场成功法则，总结起来只有
两条：既要会做事，又要会做人。

主动操心：劳心者治人，
劳力者治于人

职场上，许多人不愿意操心，把操心当做一种苦差；而与此同时，他们又渴望晋升，拿更高的薪水。这是一组矛盾。古人已说过："劳心者治人，劳力者治于人。"不操心的人注定只是一个兵，要想当将领，你就得主动操心，把责任担起来。

负责的精神如果贯穿在一个人的整体意识当中，就会渐渐演变成为一种处世的态度，也就是我们常说的认真负责。而这种持之以恒的力量所带来的结果，也许是你永远始料不及的。

小张是重点大学计算机专业毕业的高才生，不久前从网管中心调到客户服务中心工作。一天，小张像往常一样对工商银行进行普通的客户走访，无意间听到该单位的联系人在商谈网络软件的事。原来该单位承接了一项新业务，需要与客户进行数据实时传送的专线联网，并且正在与一家公司进行洽谈。

于是小张立即向领导做了汇报，领导马上命人起草方案，准备竞标。在此期间，他们还一直向工商银行提供着优质的服务，客户反映专线质量非常好、数据传送稳定等等，对服务也非常满意，并表示如果价格相当，会长期合作。但对这次的招标会，他们同时也提供了一个情况：竞标的企业中还有一家公司的业务也非常不错，而且和工商银行的关系也很好，对到底用谁的产品最后还需要仔细考虑。

在这种情况下，小张和他的领导始终坚信事在人为。离招标日越来越近，他们与对方公司也在暗中进行着一场最后的比拼。领导还亲自与工商银行的行长进行了联系，市场部的同事也在分头活动，小张也在忙前忙后做工作。最后在工商银行及劳动局的反复权衡之下，最终选择了小张所在单位的IP光缆接入业务。大家欢呼雀跃的同时都没有忘记这个敏锐的市场信息员。

小张是一个善于捕捉信息的有心人，这源于他对工作的高度认真和负责的态度。从一个网络管理员到客户服务人员，这中间的工作内容是完全不一样的。但他完全没有因专业不对口或者没有兴趣之类的原因懈怠工作，相反却比别的同事更加努力、更加刻苦，把全部的心

有的人永远不会站在更高和大局的
角度看问题，永远没有思考和成长
的机会，自然而然也担不起大任。

<<　　THINK AND MAKE
思 路 点 拨 · · · · · · · · · ·
A GREAT DIFFERENCE　　119

思都用到了如何做好工作上来，最终因为敏锐的信息洞察力而获得了机会。

中标后不久，小张升为客服中心主任，挑上了更重的担子。

▌思路突破▐

操心是一种能力

这个社会上多的是不愿操心的人。这样的人永远"事不关己，高高挂起"，永远不会站在更高和大局的角度看问题，永远没有思考和成长的机会，自然而然也担不起大任。

培养起高度的责任感

老张是一家工厂的仓库保管员，平日里也没有什么繁重的工作可做，无非就是按时关灯、关好门窗、注意防火防盗等等。但老张却是一个做事非常认真的人，他并没有因职位的低微而放弃自己的职责。相反，他做得超乎常人的认真。他不仅每天做好来往的工作人员提货日志，将货物有条不紊地码放整齐，还从不间断地对仓库的各个角落进行打扫清理。他常挂在嘴边的一句话就是："职位虽小，但责任重大。"

凭着这份难得的责任心，三年过去，仓库居然没有发生一起失火失盗案件，其他工作人员每次提货也都会在最短的时间里找到所提的货物。

年终，在工厂全体员工大会上，鉴于老张在平凡岗位上所作出的不平凡业绩，厂长按老员工的级别亲自为他颁发了3000元奖金。这种做法使好多老职工不理解：老张才来厂里三年，凭什么能够拿到老员工的奖项？他是不是厂长的什么亲戚？是不是有什么背景？一时间，人们议论纷纷。

厂长看出了大家心里的疑问，也看出了他们不满的神情，于是说道："你们知道我这三年中检查过几次咱们厂的仓库吗？一次没有！这不是说我工作没做到，其实我一直很了解咱们厂的仓库保管情况。作为一名普通的仓库保管员，老张能够做到三年如一日地不出差错，而且积极配合其他部门人员的工作，比起一些老职工来说，老张真正做到了爱厂如家，我觉得这个奖励他当之无愧！"

从老张的工作经历中，我们明白了这样一个道理："责任"是一种人格力量，也是人生的一种境界，对工作负责的信念如果贯穿在一个人的整体意识当中，渐渐就会演变成为一种处世的态度，也就是我们常说的认真负责。而这种持之以恒的力量所带来的结果，也许是你永远始料不及的。

公司领导都喜欢有责任心的员工。如果你想有所作为，那么就请你永远怀有一颗责任心，并且从工作中体会出生活的乐趣，达到他人无法达到的境界。

关键时刻，要敢于担起责任

负责的概念是比较模糊的，负责的范围也是比较模糊的。面对同样的工作，有的员工就会多做一些，有的人则能偷懒就偷一点懒。这正是一个人人格的分水岭。敢于承担责任，任劳任怨是一种高尚的人格，但是敢于负责则是需要很大勇气的。遇事推诿，不敢承担责任，是一种低俗人格的表现。所以说，在责任心的天平上，最能称量出一个人的人格品质。

著名的企业家、钢铁大王卡耐基曾说："没有完美无缺、从不犯错误的人。即使犯了错误，世界也不会因此而灭亡。所以，对自己负责也是对公司负责，就要勇于承担因失误而造成的责任。"他经常把自己的成功经历说给别人听。他说，他年轻时曾经在铁路公司做电报员。一天他值班时突然收到一封紧急电报：附近铁路上，有一列火车出轨，要求上司通知所有要通过该铁路的火车改变路线，以免相撞。

因为是星期天，打了好几个电话也找不到主管上司。眼看时间一分一秒地过去，而正有一列火车驶向出事地点，此时，卡耐基决定冒充上司来发命令。按照铁路公司的规定，擅用上级名义发报，会被立即开除。卡耐基清楚这项规定，于是在发完命令后写了一封辞职信放到上司的办公桌上。

次日，卡耐基没去上班，却接到了上司的电话。到了上司办公室里，上司微笑着对卡耐基说："我要调到公司的其他部门工作了，我已决定选你担任这里的负责人。不因其他原因，只因你在正确时机做了一个正确的选择。"

只有当一个人从心底改变了自己对承担责任的理解，认识到责任不仅是对企业的一种负责，也是对自己的一种负责，并在这种负责中感受到自身的价值和自己所获得的尊重和认同时，他才能从承担责任中获得满足。

试着去承担一些责任，并且为这份责任付出自己的努力吧！你会发现心情会随之明媚，智慧会随之增长，你的周围会聚集更多志同道合的同事，让你在不知不觉中成为一个优秀团队的核心。

为好事负责，更要为坏事负责

对自己负责就是对自己在工作中出现的失误敢于承担责任，这也是作为一名优秀员工应当具备的素质之一。

约翰和戴维是同一家公司的两名职员。他们俩工作一直都很认真，也很卖力。上司也对这两名员工很满意，可是一件事却改变了两个人的命运。

一次，约翰和戴维一同把一件很贵重的古董送到码头，没想到送货车开到半路坏了。因为公司规定：如果不按规定时间送到，他们要被扣掉一部分奖金。于是，力气大的约翰背起古董，一路小跑，终于在规定的时间赶到了码头。这时，心存小算盘的戴维想：如果客户看到我背着古董，把这件事告诉上司，说不定会给我加薪呢。于是他对约翰说："让我来背吧，你去叫货主。"

当约翰把古董递给他的时候，一下没接住，古董掉在了地上，"哗啦"一声碎了。他们都知道古董打碎了意味着什么，没了工作不说，可能还要背负沉重的债务。果然，上司对他俩进行了十分严厉的批评。

戴维趁着约翰不注意，偷偷来到上司的办公室："这不是我的错，是约翰不小心弄坏了。"

上司把约翰叫到了办公室。约翰把事情的原委告诉了他，最后说："这件事是我们的失职，我愿意承担责任。另外，戴维的家境不太好，他的责任我愿意承担。我一定会弥补我们所造成的损失。"

他俩一直等待着处理的结果。一天，上司把他们叫到了办公室，对他们说："公司一直对你俩很器重，想从你们两个当中选择一个人担任客户部经理，没想到出了这样一件事。不过也好，这会让我们更清楚哪一个人是合适的人选。我们决定请约翰担任公司的客户部经理。因为，一个能对自己负责并勇于承担责任的人是值得信任的。戴维，从明天开始你就不用来上班了。"

"其实，古董的主人已经看见了你们俩在递接古董时的动作。他跟我说了他看见的事实。还有，我看见了问题出现后你们两个人的反应。"上司最后说。

122

THINK AND MAKE
······· **思路点拨**
A GREAT DIFFERENCE >>

责任是一种人格力量，也是人生的
一种境界，渐渐就会演变成为一种
处世的态度。

当问题出现后，推诿责任或者找借口都表现出一个人责任感的匮乏。这样的人领导是不会信任和器重他的，甚至会把他扫出公司。

承担责任，努力工作，对一个优秀的员工而言，感受更多的不是压力而是一种快乐和幸福；对企业老板而言，他也正是可以真正放心的员工。

点亮思维

你的生活是你自己建造的。你怎样对待工作，工作就怎样回报你。那些不愿操心、不愿多承担责任的人只有两种出路：一辈子在原地踏步，或是被别人踩在脚下，永无出头之日。

忠诚比能力更重要

有的员工天赋并不高，却能够越做越好，最终得到重用；有的员工看上去很聪明，却得不到领导的器重，最后甚至只能离开公司。单位里可能开除任何员工，但对一个忠心耿耿的人，估计不会有任何领导让他走。他会成为单位这个铁打营盘中最长久的兵，而且是最有发展前景的员工。

现代社会中，对任何人来说，如果要想获得成功，不被团队抛弃，你就必须忠诚于你的团队。只有忠诚于自己的工作，你的全部智慧和精力才可以专注在这个事业上。同时这个事业也能给予你相应的回报。

春节过后，很快就要毕业的董胜一直忙于找工作。有时为了赶时间去公司面试连饭都顾不上吃。然而，几个月过去了，他也没能找到愿意聘用他的公司。

一天，黄教授在路上碰上了董胜。看着他垂头丧气的样子，黄教授关切地询问："你找工作是不是遇到麻烦了？"

望着慈父般温和的目光，董胜忍不住向黄教授诉苦说："现在的工作真难找，再加上我的自身条件也不是很突出，所以至今也没有一个结果。"

黄教授奇怪地问："为什么？"

"和别的同学不一样，我既没有什么特长，也没什么社会实践经验，只有一个毕业证书。"

黄教授听后，在旁边的石凳上坐下来，亲切地拉着董胜的手说："我给你讲个故事，或许对你有所启示。"

"好啊，我洗耳恭听。"

小狗汤姆渐渐长大了，妈妈为了让它尽快自立，就让它试着找份工作干干。但是，出乎狗妈妈意料的是，有一天，忙碌了好多天却毫无所获的汤姆垂头丧气地向妈妈诉苦说："我真是个一无是处的废物，没有一家公司肯要我。"

狗妈妈奇怪地问："那么，和你一起找工作的燕子、蜘蛛、鹦鹉和小兔子呢？"

汤姆说："燕子当了空姐；蜘蛛在搞网络；鹦鹉是音乐学院毕业的，所以当了歌星；小兔子是警官学校毕业的，所以当了保安。和他们不一样，我没有接受过高等教育，因而我什么能力也没有。"

狗妈妈想了想，说："你说的不错，事实虽是如此，但你也不要自卑。尽管你没有受过高等教育，本领也不大，可是，我知道，你有一颗诚挚的心，它足以弥补你所有的缺陷。记住我的话，汤姆，无论经历多少磨难，都要珍惜你那颗金子般的心，让它体现出你的价值来。"

妈妈的话犹如一针强心剂。听了妈妈的话，小汤姆信心百倍地又重新找工作去了。

一个月过去了，两个月过去了，在历尽艰辛之后，汤姆终于找到了工作，而且试用期刚一结束，它就被任命为行政部副经理。有位老员工不服气，找到老板理论说："汤姆既不是名牌大学的毕业生，也不懂外语，凭什么给他那么高的职位呢？"

老板冷静地回答说："很简单，因为它是一只忠诚的狗。"

其实，对任何人来说，人品和能力同样可贵。只是能力可以用文凭、绩效来证明，而人品只能用忠诚来衡量。

事实上，在老板的眼中，忠诚比才能重要十倍甚至百倍。所以，许多老板宁要一个才能一般但是忠诚度高、可以信赖的员工，也不愿意接受一个极富才华和能力但却总在盘算自己小九九的人。

思路突破

忠诚是一种生存方式

忠于自己的公司，忠于自己的老板，与同事们同舟共济、共赴艰难，将产生一种集体的力量，人生就会变得更加充实，事业就会变得更有成就，工作就会成为一种享受。

想获得成功，不被团队抛弃，你就
必须忠诚于你的团队。

积极表现出对老板的忠诚

作为公司的一名员工，如果你想得到老板的信任和器重，就从信奉真正的职业操守开始吧，而忠诚则是这一切的基础和起点。

因此，你要积极地表现出对老板的忠诚，就应做到以下几点：

其一，从思想上要主动服从。

任何一个员工服从老板的指挥是理所应当的事情。我们每个人都有不服输、不愿服从别人的心理，但遇到比自己能力强的人还是要服从的。员工应多去挖掘老板身上的优点，总结自己哪些地方不如老板，这样在每次接受老板的指示时心理自然会平和许多。

有时候老板会对某个员工的印象十分不好，但是，如果员工能经常用实际行动对老板的指示表现出服从和敬重，久而久之，老板就很容易将以前的印象改变，觉得你是一个可以信任的人。所以我们每一个员工，都应调整好自己的心理状态，不要有服从老板就是一种耻辱的心理，要从思想上认识到服从老板是非常必要的，这样你才能在工作当中更好地展现自己的才华。

其二，争取主动，获得老板的信赖。

员工要想成为老板的心腹，最重要的环节就是要获取老板的信赖。那么如何才能获取老板的信赖呢？这就要求员工在做每一件事情时都要以积极的行动和忠诚的心，去尽自己最大的努力。

例如：工作中，老板在出现错误或忘事儿时，你要加以提示；对待老板的隐私要守口如瓶；老板在遇到困难时你要努力帮其解脱；老板和你商量的某些工作或业务上的事情你要保守商业机密；工作中有一些疑难问题你要自告奋勇抢着做。这样，时间一长，你很容易会成为老板心目当中的"自己人"。

其三，要主动承担过失。

评功论赏时，每个人都喜欢冲在最前头，当然也包括老板。而犯了错误或工

作失误时，许多老板碍于面子，不愿意在员工面前承认错误。那么这时的老板急需员工能站出来当替罪羊。作为员工的你虽然在这时有种被冤枉的感觉，但除了严重性、原则性的错误不能代老板受之外，这种感觉会很快让你有所回报。因为，既然你替老板承担了错误，肯定会赢得老板对你的感激和信赖，以后他必然会加倍地来补偿你所付出的代价。

其四，积极主动地把业绩让给老板。

你要尽可能地把工作中的部分业绩在众人面前让给老板。老板脸上有光，在以后的工作中免不了会多给你好差事，或许还会获得晋升的机会。如果你有远大的抱负，就不要在乎暂时的风光。

其五，主动给老板捧场。

适度的捧场可以让老板心里非常舒服。但是毫无原则、毫无限度的捧场就会变形，不但收不到好的效果，甚至会起到反作用。要懂得捧场也是有技巧性的，最主要的是要了解老板的喜好和习惯。有些年轻的员工不肯捧场，简单地认为捧场就是一种溜须拍马的表现，影响自己的人格和尊严。其实不然。适时地给老板捧场，会给老板增添不少光彩，可直接拉进你与老板之间的距离，使其与你的关系更加密切。

用忠诚赢得老板的信任

忠诚是承担某一责任或者从事某一职业所表现出来的敬业精神。如果你真诚对待你的老板，相信他也会真诚对待你的。忠诚也是一种生存方式。对于老板而言，公司的生存和长远发展需要忠诚的职员；而员工则需要的是丰富的物质报酬和精神上的成就感。表面上看，老板和员工是相互对立的，但站在更高的层面，两者又是和谐统一的。

李晓是一位职业经理人，供职于一家私营企业。企业老板只有小学文化水平，但却有着坚韧不拔的毅力和不达目的誓不罢休的拼搏劲头。经过多年的摸爬滚打，终于打开销路，产品畅销全国，老板也因此成为全国知名企业家。然而，随着资金的投入和市场规模的扩大，老板却面临着一系列问题：企业内部管理混乱、生产效率低下、裙带关系严重等等。苦苦思索之后，老板不顾其他股东的极力反对，决定高薪聘用职业经理人。李晓就是从众多的竞争者中脱颖而出走马上任的。

在迎接李晓的全体员工大会上，老板把他向员工做了隆重介绍，并郑重宣布从此以后退居二线，只担任公司顾问，在公司重大决策事务上决不插手，全权由"贤士"管理和经营。

事后证明，老板说话还是算数的。交出公司总经理权力后，他从不干涉公司的具体事物。很多股东打李晓的小报告，老板不仅没有偏听偏信，而且还从稳定大局出发，批评了"告密者"。年底时也按照合同付给了李晓百万年薪。

刚开始李晓还是非常敬业的，公司无论内部管理还是业务都上了一个台阶。但随着自己对业务的不断熟悉和关系网络的不断拓展，他逐渐狂妄起来，变得非常贪婪。他先是利用手中的权力，把一些不必要的开支都拿过来统统报销。在公司内部，他居然还想和老板平起平坐，刻意淡化老板的影子，处处凸显自己。

由于李晓心术不正，公司的财务赤字越来越高，整个企业很快陷入关门歇业的困境。董事会强烈要求进行财务监管。这本来是董事会正常的监督权利，但他却以种种理由拒绝。李晓的出格行为终于激怒了在家赋闲的老板，他召集老部下在董事会上将这个心术不正、贪得无厌、不知天高地厚的职业经理人赶出了公司。

任何一位老板都喜欢忠诚的员工。如果员工不忠诚，老板就有如坐针毡的感觉。这样势必影响老板对员工的信任，一些重大的事情就不敢交给员工去做，员工要想得到提拔和受到重视就很难。故事中的李晓由于没有一颗对老板忠诚的心，对企业没有一种归宿感，想当然地抱着"有权不用，过期作废"的心态。这就不仅仅是心理失衡，而是心术不正了！这样的人一旦手握大权，就一边对公司老板阳奉阴违，一边偷偷培植自己的势力，自以为掌握了公司的核心资源，明修栈道，暗度陈仓，甚至反戈一击。但很显然的是，由于从一开始他们就缺少忠诚，没有找准自己的位置，高估了自己的智商，低估了老板的能量，终于落得个"竹篮打水一场空"的结局。

老板不在日，更是检验忠诚时

忠诚不是一句空话，作为一种职业生存方式，当公司老板不在的时候，首先考验的就是员工的忠诚。

崔鹏供职于一家国内知名企业。一天，他到外地出差，联系一款最新的打印设备的销售事宜。因为这是一款定位为大众化的新产品，为了尽快打开市场销路，争取更大的市场份额，他决定在媒体大量宣传报道之前同一些有着良好信誉的经销商敲定首批的订量。但是，非常不巧的是，同他一直保持密切业务关系的那家公司的老板有事外出。当他拿出产品，准备做详细介绍时，一位负责接待的员工态度冷漠地说："公司老板出差了！这种事我们可不敢做主！"

崔鹏耐着性子继续把厂家准备如何做该款的宣传，需要经销商如何配合进行渠道开拓的设想向这位接待人员做了详细讲解，试图得到他的理解和回应。但是，令他非常失望的是，那人根本不听他的解释，始终只用非常简单的一句话搪塞："老板不在！"

万般无奈之下，崔鹏只好快快不乐地走了出来。他来到附近有业务联系的第二家公司。非常不巧的是，这家公司的老板也恰好不在。虽然很失望，他还是想试一试，看能否说服接待他的人。接待他的是一位新来不久的年轻漂亮的女大学生，不仅面容姣好，惹人怜爱，工作也特别有热情。当得知他是来推销产品的时候，她立即表现出了一个公司员工应有的热情和忠诚，不仅搬来椅子让他坐下，还马上倒了一杯凉白开给他喝，并且详细介绍了自己的情况。

崔鹏向她说明了来意，凭着以往的经验，女大学生敏锐地感觉到这是一个不错的商机，无论如何不能让它白白溜走。但是，这么大的生意她做不了主，老板一时还联系不上，怎么办？最后，她下定决心，就是冒着被辞退的危险，也要把这笔生意拿下来。于是她毅然要求崔鹏第二天就为公司送货，其他具体事宜等老板回来以后再由老板定夺。

结果很清楚，女大学生的忠诚度等于为公司谈成了一桩生意。因为这款新产品在整个市场上只有它独家代理经营，不到一个月就销售了近5000台，为公司净赚了10多万元。而第一家公司的员工却因为老板不在对工作敷衍了事，使公司丧失了很好的商机，蒙受巨大损失。

崔鹏后来把这件事告诉了第二家公司的老板。老板非常高兴，对女大学生的所作所为很是满意，不仅在公司全员大会上表扬了她，并且还奖励她5000元，鼓励她继续把公司的事情当做是自己的事情做。

点亮思维

在老板的眼中，忠诚比才能重要十倍甚至百倍。所以，许多老板宁要一个才能一般，但是忠诚度高、可以信赖的员工，也不愿意接受一个极富才华和能力，但却总在盘算自己小九九的人。

多立功劳，少诉苦劳

有能力是好事，至少可以在职场里分得一杯羹，不必为没有面包而天天踏破铁鞋。不过，有能力就想天天吃海鲜，那得看看你是否真的有力量。如果没有力量，最好不要乱要求，否则面包都得缺几餐。

在竞争激烈的现代社会，我们都不喜欢那些飞扬跋扈、自作聪明的人，老板也是一样。而且老板特别不喜欢那些自卖自夸、耍小聪明的人。因为这些人往往是成事不足、败事有余。

韩总在一次私人聚会上，认识了一位在国企IT部门上班的中年人。他向韩总吹嘘说，他早年毕业于清华大学，在20余年职业生涯中，只是因为没有人发现他这匹"千里马"，致使他空负一身绝学，英雄无用武之地。总之一句话，慨叹自己怀才不遇。

经过一段时间的沟通了解，韩总发现此人有一定能力，尤其对计算机非常精通，而且雄心勃勃。从对话中韩总感觉到此人的品质没有什么问题，只是在为人处事方面做得不是很好。于是，韩总便想当然地认为这位有才之士发挥不出才能可能是机制的原因。因为自己过去也曾在国有单位工作过，所以就打算把此人招到自己的企业来。但又怕他与周围同事有矛盾，于是就决定让他兼职独立开发一套对企业来说不是十分紧迫但比较重要的数据库系统。同时韩总也让他提出条件和待遇。出乎意料的是，这位怀才不遇者以事业为重，坦言能让自己的才华得以施展比什么都重要。但是韩总还是给了他远远超出他本人提出的待遇。

初期阶段，工作进展迅速，韩总十分高兴。但是随着往纵深推进，速度渐渐慢下来了。这位怀才不遇者开始推托说是工作忙，顾不过来，这与当初他说的整天闲着无事自相矛盾。韩总追问催

促也不起作用，而且工作速度越来越慢。按最初设定的时间进度，一个月就应该做完的一期工作，三个月过去了，还没有完成一半。

韩总决定不再理会此事，也实在没有时间，心想看你什么时间完成。然而，又过了三个月，这位先生连一个电话也没有给韩总打，前期提供的设备条件所能够完成的设计工作也没有任何进展。

于是韩总决定就此放弃这套设计系统。就这样前前后后折腾了一年多，费用花费了不少不说，还没有干成任何事情。韩总自嘲："如果我要把这项数据库系统设计完成，恐怕是世界上价格最昂贵的系统了，比市场价格贵出不知多少倍，还不一定能完成。我算是被这位怀才不遇者套住了，关键的时候卡我脖子！所以，我还是尽快止损，让他套点利算了。"同时庆幸："幸亏当初没有把此人正式调过来，要不然还要付出更多的成本。"

我们不难发现：这种人的职业生涯就像一碗面条，刚出锅时还行，清爽美味可口，可时间稍微一长，就烂成面糊，没有任何力度和味道了。

韩总何以吃亏上当？最初他认为这位怀才不遇者不能施展才华的原因，是因为国企机制。其实从上述事件中，我们发现这位怀才不遇者犯了一部分专业技术人才通常所犯的毛病，那就是光说不练，自卖自夸。

喜欢自我吹嘘的人容易自我陶醉，容易得意忘形，容易忽视别人的感受。在自陶醉时，当然也最容易忘乎所以，导致做事的过程中漏洞百出。

思路突破

行动决定一切

环境是由人来改变的。困难面前要相信自己，去实践，去行动，去战胜困难，这胜过无休止的抱怨。

老板不是你的牢骚对象

人食五谷杂粮，人有七情六欲。人生活在纷繁复杂的尘世间，不可预料的变故随时可能发生，终究难免超凡脱俗，自然而然会产生很多烦恼。我们身边总有这样一些人，他们性子特别直，喜怒哀乐一览无余；他们特别爱侃，喜欢和公司同事倾吐心声。虽然这样的交谈能够很快拉近人与人之间的距离，使同事之间很快变得友善、亲切起来，但心理学家调查研究后发现，事实上只有1%的人能够严守秘密。道理很简单，公司不仅是个工作场所，而且是个名利场，纠缠着利益纷争，每个人都是既合作又竞争的关系，它绝对不是你情感的港湾。

　　同事是和你共同做事的，知己是和你交心的；同事是和你在一口锅里争先恐后地舀饭的，知己是在你无助的时候来到你的身边，在你荣耀的时候又悄然离去的。所以，当你的生活出现个人危机如失恋、婚变之类时，最好还是不要在办公室里随便找人倾诉；当你的工作出现危机，如工作上不顺利，对老板、同事有意见有看法时，你更不应该在办公室里向人袒露胸襟。那么如何解决自己的生活或工作的问题？你不妨下班以后，拉上几个知心朋友，找个地方一醉方休，一吐为快。

　　关兵生性多愁善感，说话心直口快。最近，他感觉很烦恼，因为他自以为凭他的能力和资历，这次公费带薪度假的绝对应该是他。然而，他的顶头上司却把机会给了另外一个丫头。也难怪，谁让他自己平时不懂得接近上司、巴结上司呢？一次，他拉上最好的朋友到公司附近的饭馆大撮一顿。席间，他把心中的怨恨一古脑发泄出来，矛头指向他的上司。而这位朋友呢，除了笑眯眯地听之外，完全不发一言。

　　随着酒量的增多，关兵更是口无遮拦起来，历数顶头上司的若干"罪状"，在气头上禁不住骂了一句："老不死的！如果哪天栽到我手上，我非整得他抬不起头，方解心头之恨！"酒足饭饱之后，他再三叮嘱他的朋友，要对他酒桌上的话保密，千万不能让第三者知道。朋友满口答应。到了第二年的公费度假时，关兵想怎么也该轮到自己了吧。结果宣布出来令他大吃一惊：人选不是别人，居然是他的朋友！那朋友比他资历还浅很多，为什么会是他呢？他认为又是上司在涮他。他实在忍无可忍，找到顶头上司理论。上司无奈地摇了摇头，说了一句话："做人要厚道。"望着他的朋友躲躲闪闪的样子和暗自得意的表情，他一下子明白了事情的原委。

　　人生不如意之事十之八九。在现实生活中，各种利益纠缠不清，各种人际关系盘根错节，人们难免发发牢骚，心理平衡一下，并且有益于健康。但有一种人，天生的"牢骚派"，或者叫做"抬杠派"，生活中并不少见，性格使然，整天婆婆妈妈、唧唧哝哝，好像所有的人都和自己作对，所有的人都借了自己的美金却还了日元。撇开那些工作和生活上的无关大局的鸡毛蒜皮不说，他们这种"认真劲"很少表现在工作的建设性上，而是天生的"泄气因子"。他们对一切均采取"鸡蛋里面挑骨头"的态度，什么都行不通，处处泼冷水，常常以否定的语气评论同事，以悲观的语气评价公司前景，仿佛大祸随时就会来临。

　　"组织行为学"理论认为，人在遭受挫折与不当待遇时，往往会采取消极对抗的态度。牢骚通常由不满和自卑引起，一是希望得到别人的注意与同情，二是掩饰自己的底气不足。这是一种超出正常的"平衡"心理的破坏性心理，是职场里讨人嫌的"成事不足，败事有余"，人人都敬谢不敏。老板也很提防这样的人。大多数老板认为，"牢骚族"与"抱怨族"不仅惹是生非，而且造成组织内彼此猜疑，打击团体工作士气，从而严加防范。所以，要成为一个成熟的职场人士，必须克服自己的牢骚心理。

记住，职场里面人人都很累，没有人愿意倾听你的絮絮叨叨。

变消极拖延为积极行动

对任何一位职业人士来讲，拖延都是最具破坏性、最具危险的恶习，因为它使你丧失了主动的进取心。而更为可怕的是，拖延的恶习具有积累性，唯一摆脱这一恶习的方法就是——积极地行动。

假如你也做事拖延，那你就绝不是称职的员工。如果你存心拖延逃避，你就能找出绝佳的托辞来辩解为什么事情不可能完成或做不了，而为什么事情该做的理由却少之又少。把"事情太困难、太昂贵、太花时间"种种借口合理化，要比相信"只要我们够努力，就能完成任何事"容易得多。

如果你发现自己经常为了没做某些事而制造借口，或是想出千百个理由来为没能如期实现计划而辩解，那么现在正是该面对现实好好做人的时候了。

很多人在要工作时会产生厌烦的情绪，如果能把这种不良情绪压抑下来，心态就会愈来愈成熟。而当情况好转时，就会认真地去做，这时候就已经没有什么好怕的了，而工作完成的日子也就会愈来愈近。总之说一千道一万，你必须即刻行动才能解决拖延问题。哪怕只是一天甚至一分钟的时间，也不可白白浪费。这才是真正积极主动的工作态度。

有一种人是典型的完美主义者。放在职场上，就成了典型的完美主义员工。他们觉得没有人能做得比他们好，所以不懂得授权给别人。他们认为自己比别人都行，因此他们从不听取别人的建议，也不要求任何协助。他们会无限地延长完成工作的时间，因为他们需要多一点时间让它更完美，而忽视别人的需要。他们以为只要他们一直在做事，就表示还没有完成；只要还没有完成，他们就可以避免别人的批评。完美主义者最实质的自我表现状态是：即使我什么事都没做，也还是比别人优越。

每时每刻总有很多繁杂的事务需要处理，如果你正受到怠惰的钳制，那么不妨就从碰见的任何一件事着手。什么事并不重

要，重要的是你突破了无所事事的恶习。从另一个角度来说，如果你想回避某项杂务，那么你就应该从这项杂务入手，立即进行。否则，事情还是会不断地困扰你，使你觉得烦琐无趣而不愿意动手。

工作中，如果需要你打一个电话给客户，但由于有拖延的习惯，你没有打这个电话，你的工作可能因这个电话而延误，你的公司也可能因这个电话而蒙受损失。更糟糕的是，如果你的思想还停留在消极拖延的状态，你根本不会意识到可能由此造成的公司的损失。

任何时刻，当你感到拖延苟且的恶习正悄悄地向你靠近或此恶习已迅速缠上你，使你动弹不得之际，你都需要用"立即行动"这句话来提醒自己。

积极的人生总是会有更多的惊喜出现。积极地去工作，你会得到比你想象的更多的物质和精神上的收获。

点亮思维

人活着并不是要做给别人看的。每个人都有表现欲，但当你的表现欲过火了，那就成了自我吹嘘。自我吹嘘的下场就是朋友不信任，同事不信任，与人交往遭人嫌。

制造机会让老板看到你

也许你已经练就了一身绝顶的好功夫，但如果总是远离竞技的圈子，远观比赛的擂台，你的"武林高手"的称谓似乎永远只是虚名或是自封。该出手时就出手，抓住机会，主动出击，在决定你命运的人面前适时地抖出你的绝活，是职场永不过时的铁杆定律。

在竞争异常激烈的现代社会，主动可以占据优势。事业和人生都不是上天安排的，而是积极主动争取来的。主动行动，不但锻炼了自己，也为竞争积蓄了力量。

心怀"利器"的下属，通常善于掌握上司的心意，揣摩上司的心理，甚至还能抢先一

步，将上司想说而未说的话说了，把上司想办而未办的事办了，把上司哄得美滋滋的。自然，上司的回报也总是沉甸甸的。

有位才华横溢的总裁精力十分旺盛，做起事来精明老练。但是他的管理风格却十分独裁，在下属面前他总是表现出一副高高在上的姿态，从不给他们独当一面的机会。在他眼中，人人都只是奉命行事的小角色，就连主管也不例外。

很多主管对总裁的这种作风非常看不惯，但又不敢当面表现出来，只是聚集在一起的时候大发牢骚。然而，有一位城府很深的主管却没有这么做。他并非不了解顶头上司的缺点，但他所作出的回应不是批评，而是设法弥补这些缺失。上司趾高气扬，他就加以缓冲，减轻属下的压力。同时又想方设法配合上司的工作，把努力的重点放在他能够影响的范围内。

有一天，总裁到外地出差。恰巧在那天半夜里，他接到保安打过来的电话，说是前不久因违纪被公司开除的三个员工纠集外面一帮"地痞"到厂里来闹事，不仅打伤了保安和员工，还砸烂了写字楼玻璃门。其他几位主管因为对总裁心怀不满又不愿担责任，就干脆事不关己，高高挂起。这位有心机的主管接到通知后，觉得自己的机会来了，因此，他急忙穿上衣服，打车赶赴现场。他首先想到的就是报警，接着又请求当地村庄的治安员火速增援。为了控制局面，他拿起喇叭向对方喊话，要求他们派人来谈判，直到民警和治安队员赶来将这帮肇事者一举拿下。

正如他所料到的，出差返回的总裁了解了事情的前因后果，对主管的做法给予了积极肯定，并且在公司全体员工大会上当场宣布主管的职位晋升一级。自此之后，总裁对他极为倚重，公司里任何重大决策必经他的参与及认可。总裁并未因主管的晋职而受到威胁，反而觉得他们两人正好可以相互取长补短。

老板不会无缘无故地喜欢一个人，也不会无缘无故地讨厌一个人。如果你知道或感觉到老板对自己不满意，那么最好先从自己的工作态度和业绩上找原因。

思路突破

表现自我，争取更多的机会

在竞争激烈的21世纪，一味地做"谦谦君子"有可能成为一个人最大的缺点。竞争就是要"竞"要"争"，就是要敢于和别人去一比高下。

是千里马，还要学会叫

在竞争十分激烈的现代社会，公司需要的是做事不拖泥带水、敢作敢为的人。时间那么宝贵，领导忍受不了那种吞吞吐吐、羞羞答答的"谦逊"，没有时间听那种婆婆妈妈、"弯弯绕绕"式的"自谦之辞"。你行，就来干；不行，就走开让别人做。因此，聪明的领导者挑选下属，并不是首先看你怎样言辞周到、谦恭有礼，而是首先看你有多大真本事。为了让领导在有限的时间内充分地了解自己，你应当实事求是地自我介绍：我有什么长处，有哪些才能，想做什么，能做什么，直来直去，使别人了解你。这样做，你应聘成功的几率反而大得多。

丛灵灵到一家中外合资企业面试求职。她的自我介绍是这样的："我来自云南。在人们眼里，云南是阿诗玛的故乡，是个佳丽辈出的地方。但是他们忽略了云南也是大理石的故乡，相信大家能从我的身上看见大理石的朴实、厚重与刚强。"

经理对她的能力和工作经验都很满意，但是担心她已婚并且已有小孩会影响工作。于是就问她："丛小姐，总的来说，我对你的各方面素质都很满意。不过，你已经成家这一点，公司方面还得考虑考虑。"丛灵灵想了一下说："我认为您讲的有一定道理。如果我是您的话，可能也会这样想。公司的任务重、工作忙，谁也不愿意员工为家事耽误了工作。"随后，她话锋一转："但事情还有另外一方面，虽然我的想法也不一定对，但还是想说出来请您指正。因为对公司来说，最重要的是要求职工有责任心。但是不当家不知柴米贵，不养儿不知父母恩。在生活中都没有经过责任心训练的人，能够在工作上有强烈的责任心吗？我想，一位母亲与一位未婚女子对生活、工作和责任心的理解是不会相同的。况且，我家里还有退休老人料理家务，我决不会因家庭琐事而影响工作的，这一点我想请总经理放心。"

丛灵灵虽然具备了职业女性应当拥有的素质，且用人单位表示满意，但用人单位基于她已成家等因素的多重考虑，起初不准备聘用她。总经理的话也直言不讳地透露了公司的意图。在大势不妙的情况下，她没有退缩和流露出畏难情绪。她要把握机会，积极地把自己推销出去，于是她首先肯定了总经理对她已成家可能影响公司工作顺利开展的顾虑，又不失时机地转变话锋，从已婚女性和未婚女性二者具备不同的工作责任心和工作态度角度入手，阐述了作为母亲的已婚女性较未婚女性对工作更加负责、更具有工作责任感。一席话从心灵深处震撼了总经理，他开始赞赏丛灵灵的话。看到事情有所转机，她也趁热打铁，说明家务事和孩子有家人照管，不致因家庭琐事而影响公司的工作，打消了公司的顾虑。经过她这么有理、有利、有节地一说，总经理欣然同意她来公司上班。

由于一个人的才能和精力都要受时间的制约，一旦你错过了时机，你也就失去了获得成功的绝佳机会。因此，身处凡

事讲求高效率的今天，如果你不能在自己的黄金时代抓住机会，大胆主动向别人展示自己的聪明才智，而总是"藏而不露"，那就会贻误时机。等到有一天别人终于发现你的才华时，也许你早已错过了自己的用武之地，你的知识和特长也会随着时间的推移成为过时的东西。所以，在知识更换频率让人吃惊的今天，不管你怎样"学富五车"，也只能在短时间内保持优势。能不能在这短短的时间内获得施展的舞台，将成为决定你成败的关键。

与对手竞争在很大程度上就是机会的竞争，机会是至为宝贵的。勇于表现自己，是优秀人才不可缺少的一种品德。在这里，当"谦谦君子"是没有必要的，因为，你就是自己的"伯乐"。

让上司看见你的能干

每一个志在职场取得成功的人，都要保持积极主动的心态。努力培养自己的主动意识，并不断改进方式和方法。在工作中要勇于承担责任，甚至要先于老板，主动地完成额外的任务，提出并实施有益于公司发展的项目和业务，为企业创造财富。

一个世界级的牙膏公司销售业绩不佳。为了使目前已近饱和的牙膏销售量能够再加速提高，总裁巴布尔不惜开出重金悬赏，只要能提出足以令销售量增长的具体方案，该名业务主管便可获得高达10万美元的奖金。

开会时，所有业务主管无不绞尽脑汁，在会议桌上提出各式各样的点子，诸如加强广告、更改包装、铺设更多销售据点，甚至攻击对手等等，几乎到了无所不用的地步。而这些陆续被提出来的方案，显然不为巴布尔所采纳。所以巴布尔冷峻的目光，仍是紧紧盯着与会的业务主管，使得每个人皆觉得自己犹如热锅上的蚂蚁一般。

在会议凝重的气氛当中，一位新进到会议室为众人加咖啡的小姐，无意间听到讨论的议题，不由得放下手中的咖啡壶，在大伙儿沉思更佳方案的肃穆中，满怀信心地问道："我可以提出我的看法吗？"巴布尔点头同意。

这位女孩出主意说："我想，每个人在清晨赶着上班时匆忙挤出牙膏，长度早已固定成为习惯。所以，只要我们将牙膏管的出口加大一点，大约比原口径多40%，挤出来的牙膏重量就多了一倍。这样，原来每个月用一管牙膏的家庭，是不是可能会多用一管牙膏呢？诸位不妨算算看。"

巴布尔听后大声叫好，这个方案被实行后，公司牙膏销量果然大增。

可见，企业需要的是不必老板交待而积极主动工作的优秀员工。因为主动性是最能体现优秀员工与普通员工差异的地方。只有在工作中积极主动，时刻与公司制订的长期计划保持一致，以实际行动和良好的业绩来敦促自己，才能成为一个成功的人，才能成为一个老板所赏识的人。

要获得成功，就一定要有目标和成功的思想，积极地行动起来，并抓住关键时机，迸发出燃烧不熄的火花。

赢得老板的青睐

人人都会遇到难题，这就看你是否善于解决。受老板青睐的员工懂得不断发现问题，并善于解决问题。解决问题是你大显才能的好时机，也是你为公司发展创造价值的机遇。实际上，许多人的升迁都仰仗其在工作职责范围之外的出色表现。善解难题的雇员最让老板注目。

阿玲是公司的新进职员。自进入公司的那天开始，她就一直默默地干着分内的和分外的工作。

早上，别人还没到，阿玲就已经开始打扫起办公室。然后，在同事们的办公桌上，各放上一杯她沏好的茶。晚上，当其他人飞快地奔向电梯回家的时候，阿玲却不言不语地开始收拾一天下来凌乱的办公室，然后再坐下来加一个班，完成当天的工作或为明天的任务做准备。

这样的工作是辛苦而忙碌的，但阿玲并没有因此到处抱怨。她知道，自己作为新人，这样做有助于自己赢得良好的人缘。不过，这并不代表阿玲甘愿就此沉默下去，她一直都在寻找能够适时表现自己的绝佳机会。

这一天，公司召开一个业务会议，老板在会上提到了十个关键数据，但现场所有人都一头雾水，没有人知道这个确切的数据。

就在这时，阿玲不慌不忙地发言了。她不仅将数据阐述得准确清晰，更加进了自己的一些独到看法。结果，阿玲赢得了所有人的佩服，更赢得了老板赞许的目光。

事实上，这是阿玲辛苦了一个晚上的成果。早在上次开会的时候，她就听到老板提到了相关的问题，她因而知道这个数据对公司相当重要，而很多人又并不清楚。因此，她知道自己找到了一个绝佳的表现机会，且凭借的是自己的实力和努力。

阿玲就此成为了老板眼中的红人，成为老板心目中踏实肯干的栋梁之才。没过多久，老板提拔阿玲做了这个公司里重中之重的设计部主任。自荐为她打造了坚实的事业根基。

从阿玲成功的经历中，我们能够发现这样的道理：要成为一位成功人士，想在事业上有所建树，就一定要有目标和成功的思想，积极地行动起来，并抓住关键时机，迸发出燃烧不熄的火花，最终走向成功。

点亮思维

员工与老板的利益是对立的。这一事实无法改变，而能否掌握自己的命运，就看你影响老板的招数如何。你如果希望以影响老板来改变整个职场环境，就必须让老板知道"你真棒"。也就是说，你要让老板感觉到你超强的磁场，他才会被你所影响，从而接受你的改变。

第 *6* 章

避开失败雷区的思路

WAYS TO AVOID FAILURES

138

THINKANDMAKE
·思路点拨
AGREATDIFFERENCE >>

只有那些时时谦虚，事事谨慎，把
握好做事分寸的人，才能立于不败
之地！

先驱和先烈只差一小步

现代社会充满变数并且竞争非常激烈。跑得快不快，是决定成功与失败的关键。但在时势有所不利之时，你仍然一味地强出风头，争抢头彩，不仅不能使你脱颖而出，反而还会铓锋断刃，折戟沉沙。所以，只有那些时时谦虚，事事谨慎，把握好做事分寸的人，才能立于不败之地。

一个人的才能是通过表现才能让外人知道的。不过表现和宣扬还是不一样的，要引起别人的注意并不需要事事抢先。人应该有自知之明，凡事显摆自己也就是把自己的弱点展示给了别人。

因此，一个人要想获得事业上的成功，必须拥有良好的心态。只有这样，你才能树立正确积极的人生态度，你才能转弱为强，转贫为富，转危为安。

有一年香港政府财政拮据，便想出了一个对策：把中环海边康乐大厦所在的那块土地进行拍卖。消息传出后。很多人都纷纷赶来参加投标。不过，由于种种原因，真正的竞争实际只在英国的渣打银行和李嘉诚的长江实业有限公司之间展开。

李嘉诚内心有自己的打算。他考虑到，这块地皮虽好，但也需要个底线，否则买回来也是亏本。李嘉诚经过充分考虑，打算以28亿港元的价格竞标。

然而，出乎李嘉诚意料的是，以前几次竞标都败于他的渣打银行老总，这次为了挽回面子，豁出了老本，不顾一些人的强烈反对，第一个报出了42亿港元的价格。他想当然地认为李嘉诚为争这一地皮必定会拼命抬价。结果当然是渣打银行获胜。正当银行上下举杯欢庆时，打听消息回来的人说，李嘉诚的报价要比他们少14亿。在场的人员一个个顿时面如死灰，总裁的酒杯也吓得掉在了地上，大呼上当。

李嘉诚精打细算，忍住了黄金地段的巨大诱惑，果断

很多人失败不是因为他没有能力，
而是没有一个冷静的头脑。

<< THINK AND MAKE
思路点拨·········
A GREAT DIFFERENCE
139

地抽身而退，既避免了经济上的巨大损失，又提升了自己的威望。如果忍不住的话，把老本押上，则很可能会一败涂地。

在商场上，当你遭到对方新产品上市攻击时，如果对方较强，问题不能正面解决，可以先退一步，避敌锋芒，再寻求解决之法，最终击败你的对手。一家经营妥当并且业务量直线上升的企业，在面临无法预知的未来时，最好的办法就是以退为进，避敌锋芒，以保存自己的实力，厚积薄发，转守为攻。如果整个市场形势不景气，对未来也没有很好的预见，就要紧密结合自己企业的实际情况，注意稳扎稳打，暂且收敛激进的锐气。要记住在挑起竞争前，"留得青山在"，就"不怕没柴烧"，以退求生。

人做任何事情都不是一帆风顺的，都会遇到各种各样的阻力，都会遇到与强者的竞争，甚至会遭到强者的排挤。这时，要忍耐，退一步，往往会是你做事的转折点。不仅仅是为了保存自己的实力，而且还可以避免以硬碰硬产生的后果，为你日后的全盘考虑、取得成功又拓展了一条全新的思路。

思路突破

冲动不如"三思而后行"

很多人失败不是因为他没有能力，而是没有一个冷静的头脑，面对令自己愤怒的事，不能静下心来仔细考虑解决的方法，而是凭一时的冲动乱来，结果自食苦果。

做事不可冲动

有人曾经说过："轻率和疏忽所造成的祸患不相上下。"许多年轻人之所以失败，就是败在做事轻率这一点上。这些人对于自己所做的工作从来不会做到万无一失，尽善尽美。

综观历史上那些留名青史的杰出人士，他们的成功昭示我们：做事千万不能轻率从事，性情急躁。因为一时心血来潮，就会失去主宰。古往今来，因轻率而失败的例子比比皆是。

三国时期刘备历尽艰辛终于拥有了东西两川和荆州之地。然而由于关羽的失误，荆州被东吴夺了过去，关羽也被杀害。刘备听说之后，悲愤交加，发誓要为关羽报仇，他要起兵伐吴。刘备的这一决定是建立在冷静的心态之上吗？不是。此时，他完全被自己悲伤和愤怒的心态所控制。赵云劝刘备说："现在的国贼是曹操，并不是孙权。曹操虽然死了，但曹丕却篡汉自立为帝，为人所怨。陛下你应该讨伐曹丕，而不应该讨伐东吴。倘若一旦与东吴开战，战争就不可能立刻停止，别的计划就不能实施。望陛下明察。"赵云的这番话颇有道理，确实是审时度势之言。然而，此时的刘备已彻底向心态屈服了，他已不可能明察时势了，他已不可能审时度势了。他对赵云说："孙权杀害了我的义弟，还有其他忠良之士，这是切齿之恨。只有食其肉而灭其族，才能够消除我心中的仇恨。"诸葛亮也劝刘备要以天下为重。刘备答道："我不为义弟报仇，纵然有万里江山，又有什么意思？"刘备已完全失去了理智，完全失去了审时度势的能力。

最后他感情用事，不听任何人的劝阻，结果被陆逊火烧连营七百里，大败而归。这一战损伤了蜀国的元气，刘备也在大战后不久病死在白帝城。

轻率行动必然失去根基，急躁妄动必然失去主宰。作为一国之君，必须要有高度的修养，凡事能以国家的安危、民众的生死为重，而不是以自己的喜怒为战与不战的根据，这样才是智慧的君主。刘备的失败，也从反面说明了这个道理。

三思而后说

多数情况下没有人提醒我们说话时是否欠考虑，因而谈话中出现的失误或错误频频发生。其实，一个人要避免这种情况，只要注意听一下自己说过的话和对方的反应就可以发现我们的不足。毕竟说话之前三思是我们自己的事。

我们生活在一个高速发展的信息时代，它对人的素质提出了更高的要求，更高的标准。它不再像过去那样只需要敢作敢为的勇气。它更需要心理素质好、情绪稳定的奋斗者。

小赵是一家公司的业务主管，业务能力不错。但他是个牛脾气，常常说话不分深浅。由于他深得老板赏识，大家对他也是忍气吞声。但万万想不到，他竟然吃了豹子胆，在公司众多员工面前顶撞起老板，犯了职场大忌。

事情是这样的：小赵联系到一笔业务，对方来电话时，他在外地出差，回来后公司老板的秘书忘记告诉他这件事，直到他打电话过去才知道别人已经等不及，另外找了供货方，还说早就让文秘转告他马上联系。由于公司业务人员的主要收入是销售提成，所以秘书的疏忽被他看成是在拿他的钱。

第二天，在公司例会上，他将这个问题提出来，蓄意向女秘书发泄满腔的怒火。一时冲动之下，他竟然口吐秽言，当着领导的面和女秘书顶撞起来，并且不依不饶把她形容为一个没有人性的"冷血"动物，令全场员工噤若寒蝉。俗话说：打狗还要看主人，况且那个女秘书又是老板的红人，哪里吃他这一套，当着众员工的面和他争吵起来。老板制止了好几次，他居然火越来越大，骂起人来了。终于老板震怒了，当场要他另谋高就。

小赵口不择言让他损失巨大，不仅丢了工作，年终分红的提成也没有拿到一分。

可见，三思而后说也是我们成功的关键。真正优秀的人除了娴熟的工作技能外，还必须有成熟的心理素质，慎言慎行，切不可口无遮拦，给人一种桀骜不驯、狂妄自大的印象。

底气不足，不可强出头

法国哲学家罗西法古有句名言："如果你要得到仇人，就表现得比你周围的人优越吧；如果你要得到朋友，就要让你周围的人表现得比你优越。"

这句话很有道理。因为当我们周围的人表现得比我们优越时，他们就有了一种重要人物的感觉。但是当我们表现得比他们还优越，他们就会产生一种自卑感，造成羡慕和嫉妒。

日常工作中不难发现这样的同事，其人虽然思路敏捷，口若悬河，但一说话就令人感到狂妄。因此别人很难接受他的任何观点和建议。这种人多数都是因为太爱表现自己，总想让别人知道自己很有能力，结果却往往适得其反，不仅没有获得他人的敬佩和认可，反而失掉了在同事中的威信。

高宁刚毕业就进了一家报社，专业很对口，收入也不错。踌躇满志的她很想干出一番成绩来，不但对上司交给的任务积极主动，加班加点地工作，还揽了许多不属于自己分内的事，一心想表现自己的能力。然而，她的做法并不为同事所理解，老员工私下里说她太"高调"，爱出风头表现自己；新员工们觉得她想给自己邀功请赏，往上爬。

有一次，报社要采访一个重要人物，本来是安排一个资深老记者去采访的。但高宁暗地里递给领导一份申请书，说自己年轻，渴望受锻炼，希望领导能安排更重要的采访任务，给自己成长的机会等等。

领导接到申请书后，踌躇半天，找到高宁，问她如果这次采访任务安排给她，能顺利完成吗？高宁不假思索，拍着胸脯回答说："没问题，包您满意！"

可过了三天，采访工作没有任何动静。后来上司找到她，她才老实说："任务不如想象得那么简单！"上司没说什么，把任务又转到老记者手里，但是对高宁已经形成了不好的印象，并且开始有些反感。

由于高宁的工作延误，那篇重磅报道没有如期刊出，让社长很不悦，上司也不敢再委她以重要的工作了。

无论是在职场还是家庭生活中，要做一个"有把握，有分寸"的人，就离不开周密的考虑。凡事宜按部就班，以静制动，切不可冲动妄为，招惹是非。否则，强出风头，盲目做事，结果一定会事与愿违。

点亮思维

有些人抱怨社会不公，抱怨处世艰难，其实，与其怨天尤人，不如恭身自省。如果我们真的能掌握做事的原则，把握做事的分寸，谨言慎行，修身养性，我们就能避免很多失败。

如果我们真的能掌握做事的原则，把握做事的分寸，谨言慎行，修身养性，我们就不会面对太多的失败。

反复出现的问题是最大的问题

人非圣贤，孰能无过？有则改之，无则加勉！人的一生中不会没有错误发生。错误有大有小，无论大小，都要勇于承认，坦率地检讨，并尽可能地进行补救。只要处理得及时妥当，仍然可以立于不败之地。

在那些成功者看来，犯错是他们人生必要的经历，因为错误提供的重要信息能帮助他们应付变局。在每一次错误中，他们都能找到未来成功所需的宝贵的经验教训。

著名企业家、钢铁大王卡耐基曾说："没有完美无缺、从不犯错误的人。即使犯了错误，世界也不会因此而灭亡。我主要根据掌握到的讯息做决策，有时讯息不够完整，就会导致决策错误。这种错误可以让我积累经验，让我换一种方法解决问题。我从来不会因为犯错而苛责自己。经营企业所需的决策成千上万，不可能每个都正确无误。"

乔治是一家商贸公司的市场部经理。在他任职期间，曾犯了一个错误：他没经过仔细调查研究，就批复了一个职员为纽约某公司生产5万部高档相机的报告。等产品生产出来准备报关时，公司才知道那个职员早已被"猎头"公司挖走了。那批货一到纽约，就会无影无踪，货款自然也会打水漂。

乔治一时想不出补救对策，正当他坐在办公室里苦思冥想时，公司主管碰巧来访。乔治当即对他说："我遇到麻烦了，我犯了个大错。"他接着解释了所发生的一切。主管为他的坦诚所感动，很快设法帮助他采取了补救措施。正是由于乔治坦率地承认错误，赢得了时间，才把公司的经济损失降到了最低。

人都有一个弱点，喜欢为自己辩护，为自己开脱。做到知错能改并不容易。一般来说，自尊心和争胜心都很强的人一向认为自己各方面的能力都不错，很少有失误发生，一旦出现过错，心里一时难以接受，于是，为了维护自己的面子，常常会有意无意地以种种方式拒绝劝告，逃避批评，甚至将错误掩盖起来。岂不知，这样做只能使自己在歧路上越走越远，越陷越深。

人非圣贤，孰能无过？有则改之，无则加勉！人的一生中不会没有错误发生。错误有大有小，无论大小，都要勇于承认，坦率地检讨，并尽可能地进行补救。只要处理得及时妥当，仍然可以立于不败之地。

错误无论大小，都要勇于承认，坦
率地检讨，并尽可能地进行补救。

<< THINKANDMAKE
思 路 点 拨·········
AGREATDIFFERENCE

143

因此，一旦发现自己陷入了事业上的某种误区，就要勇敢地爬出来，最终爬出来会比跌进去显得更为重要。

思路突破

正视自我才能突破自我

人们所遇到的各种各样困境或难题，有许多是由于自身的错误造成的。就拿生活中最简单的例子来说，有些人爱丢东西，难道是小偷最爱光顾他吗？不，是他自己粗心大意、丢三落四。一次丢了没关系，两次、三次再丢就是问题了。然而，很少有人会想到从自身去找原因，他们不能客观地看待自己，不愿意承认自己的错误，以至于一再犯错误，造成无法挽回的损失。

在生活中如此，工作中亦如此。

千万要把小错放在心上

关注小错误是每一个成功者必备的素质。如果你仔细观察就会发现，成功者从来不会因为错误小就放过错误，而都是认真对待的。

由于一个人的精力和能力有限，即使再聪明，再缜密，也有考虑不周的时候，再加上情绪及生理状况的影响，于是就会不可避免地犯错——估计错误、判断错误、决策错误。

其实，人的一生中犯错是难免的，但犯了错就要勇于承认错误，从中汲取经验教训。然而，现实生活中，有很多年轻人好高骛远，不能踏踏实实地工作。工作中出现一些小问题也不愿深究，听之任之。他们的论点是：如果我所犯的错误性质十分严重，我一定会承认的；如果是芝麻大的一点小错，再那么认真地计较，难免有点小题大做，根本没有这个必要。实际上，这是在推卸

责任，是一种极不诚实、极不负责的态度。这样做不仅使错误得不到更正，还会贻害无穷，造成同一个错误再度发生，或引发全局性的大败局。

工作无小事，更无小错，1%的错误往往会带来100%的失败。在一次登月行动中，美国的飞船已经到达月球却无法着陆，最终以失败而告终。事后，科学家们在查找原因时发现，原来是因为一节价值仅30美元的电池出了问题。起飞前，工程人员在做检查工作时重点检查了"关键部位"，却把它给忽略了。结果，一节30美元的电池让几十亿美元的投资和科学家们的全部心血付诸东流。

没有什么事是不可能的。任何一个小小的错误都有可能引起严重的甚至致命的后果，造成不可挽回的损失。所以说，承认错误、勇担责任应从小错开始。假如你总是无视小错，不去关注它、改正它，那么，失败和低水平表现就会变成理所当然的事。

接受批评是一种进步

在工作中，我们经常要遇到批评与对待批评的问题。勇于接受批评，正确对待批评，不仅有利于改进工作，完善自我，顺利而健康地进步成长，而且还反映了一个人良好的素质和高尚的品格。

在追求晋升的过程中，有人充满信心，有人谨小慎微。但不管怎样，突然受到来自上级的批评或训斥，当然是一个重要的打击，要想处理得好，首先要搞清楚上级批评你什么。

有人说得好：领导批评或训斥部下，有时是发现了问题，促进纠正；有时是出于一种调整关系的需要，告诉受批评者不要太自以为是，或把事情看得太简单；有时是为了显示自己的威信和尊严，与部下保持或拉开一定的距离；有时是"杀一儆百"、"杀鸡吓猴"；不该受批评的人受批评，其实还有一层"代人受过"的意思……搞清楚了上级是为什么批评，你便会把握情况，从容应付。

受到上级批评时，最需要表现出诚恳的态度，从批评中确实接受或学到一些东西。最让上级恼火的，就是他的话被你当成了"耳旁风"。如果你对批评置若罔闻，我行我素，其效果也许比当面顶撞更糟，因为你的眼里没有领导。

周海从最基层做起，一步一步升上来，最后成为一家建筑公司的工程估价部主任，专门估算各项工程所需的价款。他的工作能力毋庸置疑，可他自身存在的问题也非常突出：过于自负，从不肯接受别人的批评。

有一次，他的一项结算被一个核算员发现估算错了5万元，幸亏发现得及时，要不然公司会白白损失一笔资金。事后，老板把他找来，指出他算错的地方，请他拿回去更正，并希望他做人谦虚一点，工作再细心一点。

没想到盲目自大的周海既不肯认错，也不愿接受批评，反而大发牢骚，说那个核算员没

有权力复核自己的估算，更没有权力越级报告。

老板问："那么你的错误是确实存在的，是不是？"

周海说："是的。可是……"

老板见他又要诡辩，本想发作一番，但念他平时工作成绩不错，就原谅了他，只是叫他以后要注意。

不久，周海又有一个估算项目被他的老板查出了错误。老板把他找来，准备和他好好谈谈这件事。可刚一开口，周海就想当然地认为是老板故意和他过不去，态度傲慢地说："不用多说了。我知道你还把上次那件事记在心上，这次特地请了专家查我的错误，借机报复。但这次我依然认为肯定没错。"

老板根本没想到周海死不认错，还随便怀疑自己，便说："现在我只好请你另谋高就了。我们不能让一个不许大家指出他的错误，不肯接受别人批评和建议的人来损害我们公司的利益。"

接受批评是一种美德。虚心、诚恳地接受批评，这既是对别人的尊重，也是对自己的爱护。因为这是一种自知自强、积极进取、勇往直前的精神风貌，是一种豁达、开明的思想境界，更是一种可贵的美德。

切记：当领导批评你时，并不是要和你探讨什么，所以此刻决不宜发生争执。

脚踏实地，把眼下的事做好

有人说过："无知与好高骛远是年轻人最容易犯的两个错误，也是导致他们常常失败的原因。"在我们周围，有些人在谋职时，总是盯着高职、高薪，总希望英雄能有用武之地，可一旦面对具体而繁复的工作，就会抱怨工作的枯燥与单调，并逐渐地轻视自己的工作。

其实，那些在事业上有所成就的人士，都是踏踏实实地从简单的工作开始，通过做好眼前事找到自我发展的平衡点和支点，并通过持久努力走出困境，逐步迈向成功的大门。

不量力而行、好高骛远者，往往把自己的理想设计得太高，根本不知道应该把理想与自己的实际能力联系起来。

经常听到有人抱怨社会不能给自己带来好处，抱怨找不到合适的工作，抱怨不能进好的单位，抱怨没有碰到好的领导，抱怨没有施展才华的机会，抱怨应该被提拔而没有被提拔，抱怨得不到科研经费，等等。但这个时候，你能不能问自己一句："做好眼前的事了吗？"

做好眼前事，首先不能有盲目攀比的心态。在我们的社会，尤其是在这个市场经济高速发展的社会，攀比的现象并不鲜见，比如薪水低的跟薪水高的比，提拔慢的跟提拔快的比，

任何大事业都是由小事组成的，没有小事的积累便不会有大事的成功。

没出国的跟出国的比，企业的跟机关的比，小城市的跟大城市的比……越比越不平衡，越比越不服气，进而把自己的目标定得高了又高，直到超出了自己的实际能力。

某君从一著名中医学院毕业后，本想继续理论研究，无奈僧多粥少，只好"屈就"到一家医院。由于医院主要缺乏的是临床医生、药剂师等人才，所以领导决定让他到门诊部实习。而他认为这简直是人才浪费。心想，即使做不了理论权威，至少还可以做做领导什么的。可惜不用说能力、关系等要素，仅仅资历一项，就让他的理想遥遥无期。后来他极不情愿地去了，但只干了几天就索然无味了，整天怨天尤人，几个月过去了也开不了一张像样的方子。

任何大事业都是由小事组成的，没有小事的积累便不会有大事的成功。只有默默无闻地积累，才能达到厚积薄发的目的。

点亮思维

能不能做好生活中每一件小事，反映的是一种能力，更是一种态度。一个人胸怀远大的理想值得称赞，但不应由此而脱离了实际，把目标和做事都过于理想化。因为在我们的事业中，更需要的是求真务实、脚踏实地、一丝不苟和坚韧不拔。

过于自信比缺乏自信还可怕

美国潜能学大师安东尼·罗宾指出：影响我们人生的绝不是环境，也不是遭遇，而是我们持什么样的信念。

在很多时候，真正有助于一个人成功的是自信，而脱离实际的自负不但不能帮助我们成就事业，反而会影响到我们的生活和人际交往，严重的还会损害我们的身心健康。

古语说："知人者智，自知者明；胜人者有力，自胜者强。"人生最可怕的事情就是不能正确看待自己。而一个人要想成功，就必须对自己有恰当的了解，有自知之明，能正确认识和评价自己，包括自己的优点、缺点，各方面的条件、能力、气质、性格、兴趣等等。

　　一个人要客观地认识自己，不能孤立地看，应该放到社会中与其他人做一下对比，如此才能知道自己的能力究竟如何。需要注意的是，在与别人进行对比时，不能拿自己的优点与别人的缺点做对比，更不能为了突出自己而把别人看得一无是处。

　　笔者的一位朋友是一家乡镇企业的厂长，几年前他打电话向我诉苦：他在董事会上提出的上果汁生产项目的建议被否决了。

　　他在电话里满腹委屈："当初是我一手带着这个企业干起来的。我面对过多少困难，做过多少艰难的决策，可是后来事实都证明：我的决策是对的。现在家乡有这么多果树，水果卖不掉就会坏掉。如果能上果汁生产项目，一来能帮乡亲们解忧，二来我敢打包票说能帮企业赚钱。唉，我就想不通，几位董事凭什么反对我？他们又不亲身参与管理，对市场的把握肯定不如我好。眼下果汁类产品走俏，不抓住这个机会就太可惜了……"

　　最终，因为董事会的否决，他所主张的果汁生产项目就是没上。

　　半年后，这位朋友又打电话给我："幸亏当初没上，如果上了的话，现在可就背包袱了。邻县上了一家，老本都搭进去了。上次给你打电话的时候，我真是过于自信了。"

　　过于自信不是好事，会让你忽视风险，盲目扎进自己并不甚了解的事情里。

　　20世纪90年代，一位厂长考虑到效益不景气，决定带领全厂职工搞传销。他爱人的父亲是个管理学教授，听到这件事就找到他："你们厂里是生产铝制品的，怎么想到要去搞传销？"

　　厂长说："效益不好，工人几个月都领不到工资，我作为厂长总得让大家有口饭吃呀！"他说得振振有辞，话也很有道理。

　　教授又问道："你认为传销能解决这个问题吗？"

　　厂长一副神往的神情："保证能！听说传销是最后一班致富快车，我们当然得抓住机会。"

　　教授沉默了半晌，给他讲了一个故事：一只口渴的鸽子，看到广告牌上画着一杯清水。它不知道这只是一幅广告牌，便高兴地振翅扑去，狠狠地撞在上面，结果翅膀撞成重伤，摔在地上动弹不得。刚好，一只狼从那里经过，把它吃了。

　　厂长听后很不以为然。这时，作为岳父的教授也没办法了。一年之后，国家发布政策，传销被取缔。厂长手里积压着一大批传销商品卖不出去，银行又来催收贷款。这时，他只能无可奈何地抱着脑袋等待最后的结局了。

　　通过阅读上面两个例子，我们应该明白：一个真正想有所作为的人，不能过于自负，要对自己有个客观正确的认识，充分地估测自己，给自己找准位置，去做自己能做和应该做的事情。

　　一个人不要把自己看得太重要、太高明、太有能耐，更不要觉得凡事无己不行，凡事有

148

THINKANDMAKE
········思路点拨

AGREATDIFFERENCE

>>

丰收的稻子总是弯腰向着大地，饱
满的谷穗总是朝下看。要想"高人
一等"，先要学会"低人一等"。

己便成，一副高高在上的姿态。因为，过于抬高自己而不客观地审视自己，过分自我膨胀，就会踏上危险的悬崖，注定会走向失败。

思路突破

划清"自信"和"自负"的界限

每个人都有自己的长处与短处，知道自己的长处，不要得意忘形；知道自己的短处，就要去改正。而一个人只有正确地认识自己，才能够给自己一个正确的定位，给自己设置正确可行的目标，让自己能够正确对待挫折和困难。

清醒地认识自己

一个人要想改变自负心态，就要懂得以平等的身份与周围的人相处。在人际交往中也应该多投入热情和真诚，抛弃强硬和干涩，这样做才有利于良好的人际关系的建立。

走上社会，谁不希望自己在最短的时间内被大家认可？又有谁不希望展示出自己最好的一面？这本是人之常情，但如果把握不好，就会被人认为是在刻意地表现自己、排斥别人，于是在不知不觉中就为自己树了敌。

张晓丽是某市人事局的一名职员。由于她工作勤奋、方法对头，取得了不错的成绩，于是人事局领导经过几番讨论研究，最终派她到本市某一区人事局做主任。

在刚到区人事局当主任的几个月中，她春风得意，对自己的机遇和才能满意得不得了，每天都使劲吹嘘自己在工作中的成绩：如何拼搏进取，如何被重视，如何受到上司的表扬等等。但同事听了之后都非常不高兴，都避之唯恐不及。这使得她百思不得其解。过了一段时间，她发现根本没一个人再理她，甚至连上面的几位局长都不愿理她，尽管她是个主任。在接下来的日子里，她觉得自己活得很空虚，也很孤独，每天坐在办公室里不住地唉声叹气。这一切都没有逃过一把手的眼睛。有一天下班后，他特地把张晓丽留了下来，与她做了一次推心置腹的谈话，一语点破了她的自负心理，这时她才意识到自己的症结到底在哪里。

从此她开始很少谈自己而多听同事说话，因为他们也有很多事情要说。把他们的成就说出来，远比听别人吹嘘更令他们兴奋。后来，每当她有时间与同事闲聊的时候，她总是先请对方把他们的欢乐炫耀出来并与其分享，而只是在对方询问她的时候，她才轻描淡写地说一下自己的成绩。

从一定程度上来讲，如何正确对待已经取得的"功"，不仅仅是一个人性格修养的问题，而且是关系到一个人能否成功的大问题。在特定的条件下，它甚至是一个人有关生死选择的重大问题。

其实，在交往中，任何人都希望能得到别人的肯定性评价，都在不自觉地维护着自己的形象和尊严。如果他的谈话对手过分地显示出高人一等的优越感，那么无形之中是对他自尊和自信的一种挑战与轻视，排斥心理乃至敌意也就不自觉地产生了。

在人际交往中，那些谦让而豁达的人们总能赢得更多的朋友。相反，那些狂妄自负，高看自己，小看别人的人总会引起别人的反感，最终在交往中使自己走向孤立无援的境地。

带着谦虚上路，更易到达成功

关于谦虚，中外传统文化里有太多的箴言，譬如"满招损，谦受益"；"虚心使人进步，骄傲使人落后"；"大海把自己放得很低，才能吸收来自四面八方的水"，等等。

谦虚的人往往能得到别人的信赖，尤其是年轻人，谦虚是不可缺少的品质。因为谦虚，别人才不会认为你会对他构成威胁，他才会结交你，与你建立良好的关系。

富兰克林从小受到父亲的溺爱，对于他骄傲自大、自以为是的行为，父亲也从来不加以训斥，所以，他一直都是非常固执而且自负的。

父亲的一位朋友实在看不过去了，有一天，他把富兰克林叫到面前，用很温和的言语规劝说："富兰克林，你想想看，你那不肯尊重他人意见、事事都自以为是的行为，结果将使你怎样呢？人家受了你几次这种难堪后，谁也不愿意再听你那一味矜夸骄傲的言论了。你的朋友们将一一远避于你，免受一肚子冤枉气。你从此将不能再从别人那里获得半点学识。何况你现在所知道的事情，老实说，还只是有限得很，根本不管用。"

富兰克林听了这话，经过一番琢磨，终于大彻大悟，深知自己过去的错误，决意痛改前非。从此，遇人遇事，他的态度非常虔诚，言行也变得谦恭。不久，他便从一个被人鄙视、拒绝交往的自负者，成为到处受人欢迎爱戴的成功人物了。

现在的大学生在应聘的时候往往会表现得过分自信，自以为是。他们对企业一无所知，或者对应聘岗位还不清楚，就贸然前去面试应征，这是对企业不尊重的表现。有时候，他们还把大学学历或者学校的牌子当做光环，当做资历，以为大学文凭有多么了不起，最终却跌了跟头。

王力是大学四年级的学生。春节过后，班里的其他同学都忙于找工作，可是他一点也不急。看着自己凝聚在表格里的辉煌四年，本就自负的他更加豪气冲天，似乎整个世界都是他的。

一次，王力去一家电子公司应聘。他衣着得体、气宇轩昂地来到应聘单位，接待小姐先让他进行理论笔试。考试内容几乎都是基本知识，他很快就完成了，并感到非常得意。那位小姐看了他的试卷之后，很礼貌地告诉他：下周三到总经理办公室面试。听了这话，他更加踌躇满志。还没到电梯口，他就得意地对一起来的同学说："来这么一家公司，我大概有点屈就了。要不是考虑离家近，这种单位我是不会考虑的。"

这时，电梯门开了，里面出来一位西装革履的中年人，听了他的话，语重心长地对他说："小兄弟，做IT可不能太自负啊。"他一点也没放在心上，心想这个人真是有点狗拿耗子——多管闲事。

面试那天，他由于前天晚上玩通宵起得晚了，去那家公司时还迟到了。当他走进总经理办公室，发现耐心等待他面试的那位，竟然就是他在电梯门口遇到的那个中年人——公司总经理！

应聘的结果自然不必多说了。现在，目睹这家企业在业界名声如日中天，王力真是后悔。他心想：要是当初不那么狂妄，把心态摆正一点，要是多注意一下自己的言行，我也许早就是这个团队的一分子了。

从王力失败的教训中，我们知道：一个人在任何时候，永远不要以为自己知道了一切。实际上，早在两千多年前，孔子就说过："学，然后知不足；教，然后知困。"做人做事的态度看似很简单，但在工作中恰是最能反映一个人的素质与修养的。如果职场新人在这个过程中表现得不好，轻则被认为个人素质不高，重则影响到自己的前途。

点亮思维

　　真正有助于一个人成功的是自信，而脱离实际的自负不但不能帮助他成就事业，反而影响他的工作、生活和人际交往，严重的还会损害人的身心健康。所以，对于那些想要获得成功的人来说，一定要及早抛弃自负心理，用一种客观、理智的态度面对工作和生活。

做事要有激情，
但激情太多容易冲昏头脑

　　激情过度就是狂热。而狂热会给一个人的未来埋下严重祸根，因为由狂热产生的极端情绪会使得人们思想过于偏执，言行举止脱离正常范围，不能清醒地看待问题，不能理智地处理事情，不能稳健地拓展事业，最终一败涂地。

　　我们经常会听到这样的话：做人要有激情，干事业更需要有激情，没有激情你是不会成功的。尤其对那些销售人员来说，拥有激情是做好销售工作非常重要的一环，更有甚者，做起销售业务来非常疯狂，完全不顾客户的心理感受。可这样做的结果却是：过度的激情使得他们的内心变得非常狂热，以致失去理智的思考，给自己的事业带来严重的不利影响。

　　有这样一个故事：有一个年轻人，他父亲临终前给他留下了一笔财富。这个年轻人没有像他父亲那样一点一点积累财富，而是把所有的钱全部投入到股市中。他只是出于一个目的：要在短短的几年内超过父亲一生积累的财富。刚开始时，他赚了不少钱，于是扬扬自得，更不像开始那样专心研究股票了。到了后来，赔了许多，他没理会；又赔了，他也没在意。直至有一天，狂热激情使他越发偏执，丧失了冷静的思维，为了那个根本不可能实现的

152

THINKANDMAKE
·········· 思路点拨
AGREATDIFFERENCE

>>

只有时刻保持谦虚谨慎的姿态，调
控好自己的激情，才能真正主宰自
己的命运，避免陷于失败的境地。

梦想，他把家里的钱都拿出来用于炒股。结果事与愿违，他所有的钱财全部赔进了，至此他才懊悔不已。因为他没有了一分钱，没有一个亲人或是朋友愿意帮助他。他痛不欲生，觉得对不起他死去的父亲。

事实上，这样的悲剧在我们的周围每天都在发生着。虽然一些人的失败是多种因素造成的，但主要诱因就是他们过度的狂热。先期的激情使他们的事业迅速壮大，但随着实力的壮大，他们开始迷信自己无所不能，自己的策略高明无比，这其实已经演变成了可怕的狂热自信、自恋、自以为是。

20世纪90年代初，国内企业界的风云人物可以说非史玉柱莫属。他在1991年与人合资成立巨人新技术公司。1992年公司迁往珠海，成立了巨人高科技集团公司。此时的注册资金已达1.19亿元。

史玉柱在一年里成为百万富翁，两年后成为千万富翁，三年后成为亿万富翁。他领导下的巨人集团创造了年增长30%的经济奇迹，资产总额很快飙升到10亿元。1994年史玉柱当选"中国十大改革风云人物"。

1995年，《福布斯》杂志把史玉柱列为中国大陆前20名富翁的第8位，他也是当时唯一一位靠高科技起家的企业家。果敢大胆的性格，使史玉柱的事业迅速壮大。同样，由于他张扬的性格、过度的激情使得他决定建造70层的巨人大厦。这一脱离实际的计划给他带来了严重的财务危机，集团资金运转不灵，恶性债务缠身，并以此为导火索，导致整个集团公司流动资金的失衡以致最后陷入困境，公司从此一蹶不振。

应该说，史玉柱是商界少有的奇才。他的激情成就了他的大业，但同时也为后来的挫折埋下了伏笔。这种激情是好还是坏呢？恐怕难以定论。但有一点是肯定的，你只有时刻保持谦虚谨慎的姿态，把握好激情的度，才能真正主宰自己的命运，避免陷于失败的境地。

思路突破

区分"激情"和"狂热"

一个人有激情地去努力工作没有错，错就错在激情演变成狂热，使自己丧失理智和冷静的思考。

要激情不要狂热

美国著名作家爱默生说："有史以来，没有任何一项伟大的事业不是因为热忱而成功的。"一个人之所以能够不断地取得成功，在于他能够激情有度，找到自己的缺点或者做得

真正优秀的职场人士必须注意划分
激情与狂热的界限，给人以一种温
和自信、不卑不亢的印象。

<< THINKANDMAKE
思路点拨・・・・・・・・・
AGREATDIFFERENCE

153

不好的地方，然后不断改正，从而取得一个又一个的成功。

因此，作为公司里的一员，你必须明白一个事实，那就是既然激情与成功有非常密切的关系，你要使工作业绩达到一个较高的程度，就应该时刻调控好自己的激情，不要让激情变成狂热。

任平是某咨询服务公司的培训部主管。客观地说，她的工作态度和工作能力没得说，甚至可以说是不可替代的，但她依然没有摆脱黯然败退职场的命运。严格地说，她的结局是她自己激情过度的牺牲品。

任平所在的公司立志在培训市场上占据一席之地，董事会一直想开发一套立足中国本土的、有独立知识产权的培训教材。任平就是在这样的背景下加盟这家公司并被任命为培训部主管的，并全力负责新教材的开发、编撰。她被委以重任后，立即一头扎进去，带领三四个人全力以赴。她是个完美主义者，甚至达到了吹毛求疵的地步。比如，需要一个数据，本来打个电话查询就可以了，但她非要派人到实地调查。

任平的这种追求完美的行为不但增加了开发成本，还延误了市场开发进度。公司有几次都在肯定她前期工作的同时委婉地批评了她的效率，但她依然我行我素。后来，在一次她没有必要的出差归来后的会议上，公司领导强调形势逼人，再次敦促她提高效率。可是她却认定自己的辛苦没有得到肯定，自尊心受到伤害，再联想到出差途中险遇车祸，长期积累的怨气如同火山爆发，于是她拍桌子，摔茶杯，口吐秽言，把公司形容为一个没有人性的"冷血"公司。

总经理办公会研究后认为，尽管任平劳苦功高，但她追求过于完美的狂热性格不符合企业的风格和理念，严重影响了公司领导层的威信，如果留任则会留下隐患，于是决定让她停职反省。公司的本意是在教育她的同时，挽回领导的面子，以后还是会给她"平反昭雪"的。公司的一个副总事后还专门和她谈了话。但她哪里受得了如此"欺辱"，坚持要离开公司，谁也拦不住。

任平放纵激情的结果让她得不偿失，因为就在她走后不久，她主持的教材就热热闹闹地上市了，培训部也开始了招生。但这一切都与她无关了。

可见，激情有度是我们成功的关键。真正优秀的职场人士除了满腔的激情外，还必须把握好激情的度，必须注意划分激情与狂热的界限，给人以一种温和自信、不卑不亢的印象。

学会控制自己的激情

激情，就是人们受到外部事件冲击而引起的一种强烈激动的情感。它来得迅速而猛烈，犹如狂风暴雨。人的暴怒、狂喜或强烈的恐惧都属于激情。激情的发生有两个特点：一是会改变人的整个态度，使人产生异乎寻常的行动；二是人不能清楚地意识到自己在做什么，也不能预见自己行为的后果，自我控制的能力降低。

事实上，当人们养成了控制激情的方法与习惯后，激情是可以被控制的。当个人决心控制自己的激情，激情就可以控制住；如果个人无意控制自己的激情，任其泛滥，激情就会造成破坏的作用。

那么，如何控制自己的激情呢？

（1）自我提醒。

一些容易爆发激情的人事前就要通过语言提醒自己不要遇事激动。即使不出声的内部语言也能起到调节作用。在情绪激动时，自己默诵或轻声警告"冷静些"、"不能发火"、"注意自己的身份和影响"等词句，抑制自己的情绪；也可以针对自己的弱点，预先写上"制怒"、"镇定"等条幅置于案头上或挂在墙上。例如，林则徐写了张"制怒"的条幅挂在墙上，就是为了自我警戒。

（2）冷却处理。

当激情产生后，不要急于去解决那些引发激情的问题，而要采取冷静的态度，将问题暂时地搁置，留待以后再行处理。比如，在余怒未消时，可以用看电影、听音乐、下棋、散步等有意义的轻松活动，使紧张情绪松弛下来。如果要克服某些长期不良情绪，可以用新的工作、新的行动去转移负面情绪的干扰。

一个高考落榜的女孩，看到同学接到录取通知书时深感失落，但她没有让自己沉浸在这种不良情绪中，而是幽默地告别好友："我要去避难了。"说着出门旅游去了。风景如画的大自然深深地吸引了她，辽阔的海洋荡去了她心中的积郁，情绪平稳了，心胸开阔了，她又以良好的心态走进生活，面对现实。

所以，对待引发激情的问题，要坚持"冷却处理"，力戒"热处理"。

（3）脱离引发激情的环境。

比如说平时我们所见的月亮，多在天空当中，其背景是浩瀚无垠的宇宙，月亮相形之下就显得很小；当月亮刚出地平线，陆地上的房屋树梢都成为一种对照物时，月亮在这些物体的衬托下就显得大得多。所以倘若你感到环境对你有一种压抑感，或者你经常为一些小事忧

一个事业上的成功者应该学会把握
自己的激情，多则减，少则补，调
到刚刚好，方是处事之道。

THINKANDMAKE
思路点拨‥‥‥‥‥
AGREATDIFFERENCE

<< 155

愁不已时，你最好换一个更为开放广阔的环境，以净化你的心灵。

（4）以超脱或幽默的态度对待引发激情的人和事。

幽默感是一种帮助个人适应的极为有益的工具。当一个人发现不调和现象时，他一方面要能很客观地了解面临的事实，同时又要做到不让它使自己陷入激动的状态。在这里，最好的办法就是以幽默的态度去对待。这样做，常常可以使一个原本比较紧张的气氛变得轻松。心理学家认为，人不是因为高兴才笑，而是因为笑才高兴；不是因为悲伤才哭，而是因为哭才悲伤。生活中要多笑勿愁，要培养幽默感，用寓意深长的语言、表情或动作，用讽刺的手法，机智、巧妙地表达自己的情绪。

比如，以心胸豁达著称的清代书画家郑板桥，曾以"难得糊涂"相标榜，要人们以超脱的态度对待个人利害之争。

清朝时两家邻居因一道墙的归属问题发生争执，欲打官司。其中一家请求在京当大官的亲属张廷玉帮忙。张廷玉没有出面干预这件事，只是给家人写了一封信，力劝家人放弃争执。信中有这样几句诗："千里求书为道墙，让他三尺又何妨？万里长城今犹在，谁见当年秦始皇。"家人听从他的话，退后三尺垒墙。邻居对此十分感动，也让出了三尺墙，成了后来广为传颂的"六尺巷"。

（5）加强有意识的自我控制。

激情发生时，意识对行为的控制受到削弱。这时，脑皮层下中枢的活动居于主导地位。因此，在激情发生时会有强烈的外部表现，如狂喜时则手舞足蹈，暴怒时暴跳如雷，恐惧时浑身颤抖等。处在激情状态之下，人的认识活动受到了限制，不能清醒地意识到自己行动的意义与后果，在激情消失之后往往会对自己的行为后悔不已。

但是，这并不等于说激情发生时是完全无意识的，可以不对自己的行为负责。实际上，激情时意识的削弱并不是没有意识。所以，在激情爆发到了顶点之前，每个人都应该有意识地设法控制自己的激情。

| 点亮思维 |

不偏不倚、恰到好处的中庸的思想由来已久。激情也是一样，贵在不多不少，恰到好处。一个事业上的成功者应该学会把握自己的激情，多则减，少则补，调到刚刚好，方是处事之道。

不要再为不可能做到的事而孜孜不倦，浪费心神；更不要为无意义的事情去"抛头颅，洒热血"。

坚持到底不是胜利

一个人要想成功，就必须把眼光放远。同时，要了解自身所处的位置以及未来的发展方向，才能坚持不懈地走下去。做得好你便能成功，做得不好你便会失败。

如果方向错了，行动起来就会四处碰壁。所以，该放弃时就放弃。当你放弃的那一刻，你就找回了自己，找回了久违的快乐。

那些成功者的经历告诉我们：当一个人生理上或心理上有缺陷时，他就要学会选择，懂得放弃，不要去扬短避长。要找出自己的优势，不能只顾着"锲而不舍"、"坚持就是胜利"，如果硬是认为"只要工夫深，铁杵磨成针"，那失败、挫折和困境也就在所难免了。

张宁是一位身高不足170厘米的小伙子。读高中的时候，他就深深地迷上了篮球，为此他立志要做一名篮球运动员。他几乎每天都泡在篮球场上，平时看的、谈的、干的几乎都与篮球有关。经过两年的苦练，他终于成了学校篮球队的主力队员。然而在报考省体育专业篮球队时却被淘汰下来，因为他个子太矮，主考人为此劝他不要再做篮球梦了。

个子矮这个无法克服的障碍，给了张宁很大的打击。在很长一段时间里，他夜不能寐，茶饭不思，为无法实现自己的梦想而产生了自卑心理。从此以后，他无法容忍别人说自己个子矮，见了比他个子高的同学就不由自主地生出一种嫉妒……

在生活中，这种盲目坚持的人确有不少，他们被成功所迷惑，无条件地坚信"只要付出努力，就会有回报"。他们在锲而不舍地追求目标之前，根本就没有考虑到自己的缺陷，最终的结果只有失败了。

事实上，一个人的失败常常发生在对自我无知的时候。因为对自己没有一个客观的评价，就不会发现自己身上的真正优势和缺陷，也就无法扬长避短，那么挫折以及由于所带来的烦恼、沮丧和绝望也就紧随而至。这样的人，不要说锲而不舍，即使是卧薪尝胆，也不可能取得成功。

中国有一句谚语："没有金刚钻，不揽瓷器活。"尽管"三百六十行，行行出状元"，但是一个人行行都得心应手是不可能的。人的能力是有限的。就体育比赛而言，你可能成为一名游泳健将，却可能无法成为足球场上的最佳射手。就写作而言，你可能写得出漂亮的新闻稿，却无法完成长篇小说的创作。当然这并不是说人的能力是静止不变的。当你还没有足够的力量去完成长篇小说创作的时候却硬要去拼，去钻这一人生的死胡同，就可能带来心理上的压力，就会遇到挫折，最终就会在自我烦恼中自暴自弃。

所以，我们说客观评价自己很重要，盲目锲而不舍不可取。

不要再为不可能做到的事而孜孜不倦，浪费心神；更不要为无意义的事情去"抛头颅，洒热血"。其实，放弃是一种睿智。换句话说，放弃并不意味着失败。像下围棋一样，小的利益虽然放弃了，得到的却是最大的利益。

思路突破

不要在绝路上坚持到底

盲目的锲而不舍就是攒足了劲却跑在错误的道路上。懂得选择放弃才不失为明智之举。因为，一个人的精力是有限的，任何人不可能在各个领域都获得成功。也许在你放弃的同时，成功的彼岸已清晰地映现在你的眼前。

一个好的研究者知道应该发挥哪些构想，而哪些构想应该丢弃。否则，就会浪费很多时间在无谓的构想上。

撞了南墙要回头

古人云："有志者，事竟成。"没错，这的确是很好的教诲。希望自己事业有成就的人，都要有恒心和毅力，朝着目标走，不要犹豫不决，必定会实现目标。但是，我们也应该看到，要实现目标，还有许多其他客观因素。很多事情要考虑到天时、地利、人和，并非只凭我们满腔的热忱就能解决。如果我们没有考虑足够的客观因素就一味地努力，到头来还是吃力不讨好。

齐鸣是学中文专业的，大学毕业后，他就抱定了一个目标：考金融专业的研究生。为了保障生活，他进了一家出版机构做编辑。他按时上班，按时下班，剩下的时间全用来复习考研。

第一年考过，分数下来，不中。齐鸣想自己是换专业考的，比别人多花一年时间也是应该的，于是摩拳擦掌，准备来年再战。次年又是不中。齐鸣想任何辉煌的成就都来自艰苦的奋斗，在最黑暗的时刻如果能再坚持一下，也许就会看到成功，于是做好了第三年再考的准备。遗憾的是，第三年他还是不中。这次，老同学来宽慰他，说："你怎么这么傻呢？学金融真的适合你吗？如果你真有这方面的头脑，早就该考上了。"一语点醒齐鸣。看看老同学，同样学中文的，已经升为一家出版机构的编辑部主任了，而自己，由于这三年来心思不在工作上，依旧是个助理编辑。

很多人告诉我们要追逐梦想，可没人告诉我们要首先醒来。追逐的过程中，有的人誓要把南墙撞破，可南墙是很难撞破的；有的人撞了南墙头破血流，适时回头，为人生打开另一番天地。

诺贝尔奖得主莱纳斯·波林说："一个好的研究者知道应该发挥哪些构想，而哪些构想应该丢弃。否则，就会浪费很多时间在无谓的构想上。"有些事情，即使是你做了很大的努力，并为之坚持不懈、苦苦劳作，但最终你会发现你走向的是一条死胡同、一面死墙。这时，就需要你能够退出来，重新研究，寻找对策。目标不能达到时，就去开发别的项目，寻找新的成功机会。

美国石油大王洛克菲勒年轻时曾在美国某个石油公司工作。那时，他所从事的只是一项普通工作——巡视并确认石油罐盖有没有自动焊接好。

他每天面对这项枯燥无味的简单工作，感到非常厌烦，想换个工作。但他学历不高，又没什么一技之长，所以根本找不到工作。没办法，他只好继续耐心工作。有一次，他发现石油罐盖每旋转一次，焊接剂就滴落39滴。他的脑子里突然有了灵感：如果能将焊接剂减少一两滴，不就节约成本了吗？

从那以后，洛克菲勒潜心钻研，研制出"37滴型"焊接机。但利用这种焊接机焊接出来的石油罐，偶尔会漏油，并不实用。面对失败，他没有放弃，仍继续研制，最终研制出了"38滴型"焊接机，焊接出来的石油罐外形非常完美。公司对他的发明十分重视，并生产出了这种机器。尽管只节省了一滴焊接剂，却给公司带来了每年5亿美元的利润！

有一句话讲得很有道理，就是"穷则变，变则通，通则久"。其意思就是不要以一成不变的眼光看待一个问题。当走到了末路之时，就要改变原有的思维，思路要拐弯，学会换位思考，寻找其他的路。

所以撞了南墙一定要回头。条条大路通罗马，一条不行，还有第二条、第三条……不要一成不变，过于死板。不回头，那是指信念与精神的执著。若你做事撞了南墙，撞得一塌糊涂，那就说明路走得不对，不回头可就无可救药了。

"撞了南墙要回头"就是要求每一个人在关键时刻，放弃无谓的固执，冷静地分析，审慎地运用智慧，做最正确的判断，选择正确的方向并及时检视选择的角度，适时调整。

该放弃时就放弃

对于那些成功人士来说，成功的机会无处不在。关键就在于他们有一双慧眼，在成功与失败之间作出了正确的选择。

人贵自知，明智之人会适时选择该放弃时就放弃。学会放弃，是一种人生哲学；敢于放弃，更是一种生存魄力。正所谓：有所弃，才有所为；有所为，才有所不为。

人生一世，紧握拳头而来，平摊双手而去，有多少东西永远也不可能属于你。为人处世，潇洒人生，无处无地，无时无刻都需要学会放弃。帮人解难，助人为乐，需要学会放弃；面对成功与喜悦，需要学会放弃；面对困难与挫折，也需要学会放弃；面对物欲与名利，更需要学会放弃。很多聪明的人明白这一道理，从不患得患失，更没有过多欲望。他们敢于放弃，所以无论干什么，都能取得成功。

琪琪在一家私营企业担任经理秘书一职已有三年之久，在这里，她深感小企业束缚了她的发展。琪琪很想一直从事行政工作，但在这个公司的工作她已经非常熟悉，每天的工作也很简单，很难有进一步发展的可能。她觉得在这里再待下去就会荒废自己的专业和特长。而她之所以能在这家留不住人才的公司待上这么久，是因为想学习小公司的管理运作模式，为自己将来创业打下基础。现在面临的是要跳出这家公司。在这家小公司表面上看她是个管理者，但到了大型企业也许只能做一般职员。她感觉自己现在去大公司的话可能一时很难适应，所以她很困惑和迷茫。但是她想了想，本着对自己将来负责的态度，狠下心去跟老总讲明了自己的真实想法，老板也同意她辞职。她觉得要想有更大的发展就不要怕从头再来。于是她调整心态，到了一家大型公司应聘前台秘书工作。

琪琪是一个非常上进的年轻人。她不安于安稳平静的工作，为了自己的发展，也是为自己的前途着想，她毅然决然地离开了原来的岗位，去更低的岗位上谋求晋升的机会。

在很多人的眼中，放弃是懦弱、无能的表现。但是，除非不得已，谁愿轻易言败？谁又愿意放弃？选择放弃之前，都要经过充分思考，作出一番心理斗争。从某种角度来说，放弃更充分体现了一个人深入思考事物的程度。当我们尝试某事物不成功时，我们看到了前面的艰难，又何必做无所谓的牺牲呢？无谋之勇并不是智者的表现。

但放弃的另一种更高的境界，是放弃我们已取得的成功。而在人生路上再一次尝试由零开始不是每一个人都能做到的。能够这样做的人，需要有很大的勇气。因为这与前面的情形不同，前者是在失败后寻找另一种出路。由自己一手筑造出来的基础，无不凝聚着自己的心血。每踏出一步，无不付出艰辛的代价。由零开始的艰苦奋斗过程只有自己明白，谁不珍惜这得来不易的成功？放弃当前的基础，意味着以前的一切努力将会付诸东流，自己将从另一个起点出发。前面的路平坦或者崎岖，谁都不知道。有可能自己会在那里跌倒，输得一败涂地，从此再也无法翻身。所以这样的放弃的确需要很大的勇气。当我们放弃目前的基础走上另一条路时，也可能会发现自己以前所走的路并不适合自己，现在所走的路才是自己应当走的，现在才是自己生命的开始。这时，我们才真正找到自己的人生奋斗目标。

点亮思维

当你有既定目标时，一定要坚持不懈，努力拼搏，最终去实现它。但也不能太强硬，不知变通。如果行不通的话，就尝试着换一种方式去努力。而如果仅仅为了寻找机遇就无所顾忌，勇往直前，一旦走错路，往往就会以失败的结果告终。

第 7 章
多得朋友、少树敌人的思路
WAYS TO GET MORE FRIENDS, FEW ENEMY

162

THINK AND MAKE
········ 思路点拨
A GREAT DIFFERENCE

>>

多一个朋友多一条路，身边的朋友
越多，自己的人生道路也就越四通
八达，获得成功的机会也就越多。

跟陌生人说话

面对陌生人，大多数人的第一反应是提防。"不要跟陌生人说话"是许多人出门在外自我奉行的条例。实际上，和陌生人交谈并非一无是处。或许，你的下一个朋友就在你身边的陌生人中。而这个朋友，可能成为你推心置腹的知己，也可能成为你生命中的贵人。但在你没有主动开口之前，他们都只是陌生人，并与你擦肩错过。

跟陌生人说话是人际交往的一部分，而人际交往是我们生活中不可或缺的环节。现代社会，人脉关系对于一个人能否成功起着至关重要的作用。跟陌生人说话是一个扩大自己交际范围的机会，也是扩大自己朋友圈的机会。多一个朋友多一条路，身边的朋友越多，自己的人生道路也就越四通八达，获得成功的机会也就越多。

不要害怕和陌生人说话，不要以为陌生人都是坏人。你想想，你的哪一个朋友不是由陌生转变为熟悉的呢？学会主动跟陌生人交谈，不要放过任何一个可以成为你朋友的人。

社会是以个人为单位组成的，人与人日常打交道都是很正常的事情。要想使自己在发展事业的道路上左右逢源，就要扩大自己的社交范围，不能仅限于和自己的亲朋好友经常沟通联系。扩大自己的交际范围最有效的途径就是学会和陌生人说话。良好的人脉关系可以加快你前进的步伐。如果有比你更成功的人能够拉你一把的话，那将大大缩短你成功的时间。怎样令那些有一定社会地位的成功人士来扶持你呢？这里面包含的东西很多，但其中最重要的一条是：努力和他们认识并保持融洽的关系。

一个没有良好的人脉关系的人，即使有知识，有能力，也不一定会有出头之日。闻名世界的成功学大师卡耐基说："专业知识在一个人成功中的作用只占15%，而其余的85%则取决于人际关系。"

人脉之所以称为"脉"，顾名思义，它应该像脉络一样四处延伸。你要知道，你的亲戚朋友总是有限的，总是少数的。扩展人脉，要从陌生人下手。跟陌生人说话，只是你扩展人脉的第一步。如果你连这第一步都无法迈出去的话，你肯定不会得到更多的朋友。

许多刚毕业的大学生踏上工作岗位后发现，自己的社交圈子越来越窄了。大学的同学已各奔东西，陌生的同事又不愿深交，于是把自己限定在了很自我、很狭窄的圈子里，不仅生活没了乐趣，就是突然遇到个什么事，连个能帮帮忙、说说话的人都没有。

三国时，刘备能够在那个烽火战乱的年代称雄一方，就在于他有良好的搭建人脉关系的能力。比如桃园三结义与关羽张飞结为兄弟；三顾茅庐请诸葛亮出山，然后东征西战，称雄一方。而刘备是怎么认识他的兄弟和他最得力的军师呢？也是从陌生开始的。而刘备在关张二人的帮助下，也最终得以在三国鼎立中占据重要的一席。三个陌生人不仅成为了好兄弟，而且还打下了一方江山，给后人留下了一个又一个经典的忠义故事。

大多数人不愿跟陌生人交流，都是自己强烈的戒备心理在作祟。其实，用积极的心态来面对社交是很重要的，生活中是需要有新朋友不断加入的。你不能总是心存恐惧不愿尝试结交新朋友。人在成长的过程中，身边的朋友也有一个新陈代谢的过程。我们需要拓宽我们的社交平台，试着主动跟陌生人接触，来结识朋友、提升魅力。

跟陌生人说话，有时候还会为自己的事业发展提供助力。

梅玫大四寒假坐火车回家，看见对面卧铺的一个女孩皮肤很好，就攀谈起来，问她用的是什么护肤品。女孩说出一个著名的国际大品牌。梅玫一惊，脱口而出："这可是很贵的耶！"女孩笑笑说，自己在这家化妆品公司当秘书，用的都是公司发的试用品，否则自己也买不起。梅玫很羡慕，就问她怎样才能拿到试用品。因为该化妆品公司的总部就在梅玫上大学的那个大城市，所以女孩要求梅玫寒假回学校后到自己的公司来，到时候让客户经理给她一些试用品。

寒假过后，梅玫迫不及待地来到那家公司。在跟客户经理的接触中，她尽可能的多问问题：一是对这家大公司充满了好奇，二是自己本身就喜欢化妆，喜欢美容用品。客户经理对梅玫印象很好，问她有没有时间做本公司的商场柜台促销小姐。梅玫满口答应了。

在以后的日子里，梅玫一有空就去帮忙做促销。她亲和力强，嘴巴会说，创下的销售额比正式的销售人员还高。

四个月后，当同学们的工作都还没有着落时，梅玫顺利地进了这家大公司，每天打扮得漂漂亮亮的去和顾客交流，并且被公司列为重点培养对象。而这一切，都源于当初在火车上的"跟陌生人说话"。

164
THINKANDMAKE
········· 思路点拨
AGREATDIFFERENCE >>

交际平台的扩展和交际能力的提高，
都是在与陌生人的交往中实现的。

思路突破

向陌生人开口，扩展交际平台

交际平台的扩展和交际能力的提高都是在与陌生人的交往中实现的。想让自己的交际面更宽阔，交际能力更强，就要多去跟陌生人接触。跟陌生人交流要学会主动出击，不然你也不吭声，对方也不吭声，相互之间就会错过。要培养自己的口才，要说得体的、大家都爱听的话，不要吝啬赞美别人。要摆脱与陌生人交往的恐惧感，不要怕遭到冷落和拒绝。

打开心结：陌生人有可能是潜在的贵人

面对陌生人，一般人的反应都是好奇和提防，尤其是提防。很多孩子从小就受到父母的告诫：不要和陌生人说话，不要吃不认识的人给的东西。的确，个别心怀鬼胎的人会利用小孩子识别能力不强来干坏事，甚至很多成年人也常遭受其害。但是，理性地来看，和陌生人交谈并非一无是处。甚至有时陌生人可能成为你生命中的"贵人"。

一天午后，阴云密布，瞬间大雨倾盆，猝不及防的行人们只好躲进就近的店铺避雨。一位老妇也蹒跚地走进一家百货商店。老妇被雨淋过的姿容略显狼狈，所有的售货员都对她心不在焉，视而不见。

这时，一个年轻人走过来对她说："夫人，有什么需要我帮忙的吗？"老妇人微微一笑说："不必了，谢谢。我就在这儿躲会儿雨，马上就走。"老妇人随即又心神不定了，不买人家的东西，却借用人家的屋檐躲雨，似乎不近情理。她想自己应该在百货店里转转，哪怕买个头发上的小饰物呢，也算给自己躲雨找个心安理得的理由。

正当她在百货商店徘徊时，那个小伙子又走过来说："夫人，您不必为难，我给您搬了一把椅子放在门口，您坐着休息就是了。"过了一段时间，雨停了，天空放晴。老妇人临走时来到年轻人面前向他道谢，并向他要了张名片，就颤巍巍地走出了商店。

三个月后，这家百货公司的老板收到一封信，信中要求将那位热情的年轻人派往苏格兰收取一份装潢整个城堡的订单，并让他承包自己家族所属的几个大公司此后一季度办公用品的采购订单。这位老板高兴极了，他大致算了一下，这一封信所带来的利益，相当于他们公司两年的利润总和。

兴奋之余，他迅速想办法与写信人联系。等他联系上写信人后才知道，这封信竟出自一位老妇人之手，而这位老妇人正是鼎鼎大名的美国亿万富翁"钢铁大王"卡耐基的母亲。

老板马上把这位叫菲利的年轻人推荐到公司董事会上。毫无疑问，当菲利坐上前往苏格兰的飞机时，他已经成为这家百货公司的合伙人了。那年，他只有22岁。

随后的几年中，菲利以他一贯的忠实和诚恳的为人品质成为"钢铁大王"卡耐基的左膀右臂，事业得到很快的发展，渐渐成为美国钢铁行业仅次于卡耐基的富可敌国的重量级人物。

菲利只用了一把椅子，就轻易地与"钢铁大王"卡耐基攀亲附缘、齐肩并举，从此走上了让人梦寐以求的成功之路。这真是"莫以善小而不为"。

无论你有没有菲利那么好的运气，你都应该相信，和陌生人交流是有益处的，不应该盲目排斥。其实，和陌生人交谈可以体现和加强一个人的自信，还可以体现个人独立性，也有助于人格发展。突破与陌生人的交流障碍，相信可以使你的事业更上一层楼！

培养主动出击的能力

培养自己主动出击的能力，做一个主动性强的人，才能使交际能力进一步提高。主动性其实也是个人素质与能力的体现。现在很多大公司在招聘人才时为考察应聘者的反应能力，将求职者对陌生人的处理方式也列入招聘条件。那些对陌生人置之不理的求职者，被认为不具有开拓精神而弃用。

在一个大型招聘会上，一家销售公司招聘一名部门主管，前来应聘的人很多。在面试这些应聘者时，公司人力资源部的经理出乎意料地问他们："如果你们在路上遇到陌生人会如何对待？"不少求职者表示，他们不会轻易理睬陌生人，因为从小父母就是这么教育他们的。更出乎意料的是，这样回答的求职者却首先被淘汰了。

这位人力资源部的经理认为，如今社会是一个开放型的社会，作为一个销售公司的部门主管，在开展工作之前必须首先学会和陌生人相处，这样才能不断汲取养分，更好地开展自己的工作。反之，那些不善于与人沟通、闭关自守、前怕狼后怕虎的人，肯定不具有开拓精神，也很难创造出突出的业绩。

相关人力资源专家也认为，该公司人力资源部经理的此种说法很有道理，应把善于和不同的人交往视作人才不可缺少的能力。不过，需要注意的是，不同的岗位应区别对待：销售、企划、宣传等工作，与陌生人沟通的机会较多；而审计、财务这些相对严谨的职位，则不必如此强求。

166

THINKANDMAKE
·········思路点拨
AGREATDIFFERENCE >>

不要用不好的心理预期否定自己，
而是要相信自己一定能做到最好，
要抱着一种敢于展示自己的心态。

别怕被拒绝

接触陌生人，不要怕被拒绝，即使真的被拒绝也是很正常的事，不必耿耿于怀。和陌生人交谈，更能锻炼口才和人际沟通艺术。熟人之间，彼此都很了解，不会特别注意说话的方式和技巧。而陌生人之间的交往从零开始，需要有意识地运用沟通技巧来建立关系。多次下来，人际沟通能力和口才就会得到提高。跟陌生人交流，又能结识新朋友，又能锻炼口才，何乐而不为呢？

想扩大交际面，就不要怕被拒绝。小李是新毕业的大学生，刚加入一家公司做销售。小李工作很努力，人也聪明，就是有一个毛病：不太善于与人交流，跟熟人说话都会脸红，紧张冒汗，不知该说什么，跟陌生人就更别提了，羞于开口，总是怕被对方拒绝。但做销售大多数时间都是与陌生人打交道。小李工作两个月后，因为不善跟陌生人交流，业绩也不好，为此他很苦恼。

公司的部门经理为解决小李的这种问题，跟小李进行了一次深入的谈心。经理告诉小李，与人交际，不能怕被拒绝，尤其是作为一个推销员，更不能怕被拒绝。著名的推销保险专家雷德曼说过一句名言："推销，从被拒绝时开始。"确实如此，一名推销员若因客户一句微不足道的反驳的话就退却，就简直太没有出息了，也注定成不了推销高手。推销手段的最高境界，就在于即使被拒绝也要强行突破，并设法跳进对方的口袋，掏出对方的钞票。一般来讲，推销高手们在推销的过程中，即使被拒之门外，也毫不退缩，反而要厚着脸皮对你的潜在客户说："给我几分钟吧先生，求您了。""我只说几句话。"等等。继而提出一些让对方容易接受的限定条件。这时，除非对方真的已经有了那种商品，或确实已经入保，要么就是确实太忙没时间，否则，若他无明确拒绝你的话，一般听了你提的这类限定条件，便会依人情面而妥协，你这"几句话"，给你这"几分钟"。一旦这道防线成功突破，恭喜你，你已经成功一半了。再加上你的巧言妙语，真的让他动了心，别说就几分钟，恐怕你说少了他都不让你走。拉到客户有时并不是很难的事，而你首先要做的是，不要怕被拒绝！

经理向小李提出了一些突破陌生交流的建议，他建议小李先从结交陌生朋友开始，锻炼自己与陌生人交往的能力，锻炼自己的口才，然后再逐步在陌生人中寻找挖掘自己的客户资源。最后他还向小李提供了几种克服焦虑和紧张的方法：首先，要多学习。参加一些专业人士组织的培训班，跟着别人去社交场合锻炼。多观察别人，多向别人学习。其次，循序渐进。先跟很熟的人交往，逐步过渡到不太熟悉的人，再过渡到陌生人。从交往时间上来说，刚开始可以从5分钟开始，然后到10分钟，不断增加。再次，要学会转移紧张情绪，不要用不好的心理预期否定自己，而是要相信自己一定能做到最好。要抱着一种敢于展示自己的心态。最后，初次沟通时要积极回答别人的问题，而且要有响应。与陌生人交谈时，为了松弛紧张的气氛，必须努力制造亲切的感觉。如果人家问你问题，不要简单回答"是"或"不是"，也要回问对方，让话题能够继续下去。要摆脱陌生人情结，面对陌生人不需要特意装模作样，不过也要表现出你的诚意。其实每个人跟陌生人交谈时内心都会不安，一定要自己先放下陌生人情结；要学会解读现场的气氛与对方的心态；要避免谈论会让人讨厌的话题；不要你一个人一直发表高见，也要学习倾听别人说话。解读现场的气氛，看准时机再发言，就算对方的反应不是很热情，也不必感到沮丧。我们本来就不可能讨每个人欢心，不过一定还有挽回的机会，你的态度要乐观起来。

小李按照经理传授的方法试着做了三个月后，整个人都变了，再也没有交际障碍了，业绩自然也上去了。

经理向小李传授的交际方法中，有一条我们最需要记住：别怕被拒绝！悲观的人会认为每一次拒绝都是一次结束；而乐观的人则认为，每一次拒绝都是一次新的开始。你的想法会决定你的成就！

点亮思维

跟陌生人交谈不仅是一次扩展自己交际平台的机会，也是一次锻炼自己的胆量与口才的机会。通过与陌生人的交谈也可以拓宽自己的知识面与视野。最要紧的是，请你相信，任何一个陌生人都有可能成为你生命中的"贵人"。

无事也登三宝殿：常做感情投资

感情不仅可以作为一种投资，而且是一种长线投资。亲朋好友、同事领导之间平时应该多走动，不要遇到麻烦请求帮忙时就热切地联系，平时没事一年半载不通一次电话。感情是要靠日常培养的，临时抱佛脚是没有用的。平时没事也不妨通通电话，没事时也不妨多上门拜访一下，遇到麻烦时才不会孤立无援。

感情投资有各种各样的方法，《贞观政要》中记载着盛唐皇帝李世民的一段话："为君之道，必须先存百姓，若损百姓举其身，犹割股以啖腹，腹饱而身毙。"中国四大名著之一

168
THINKANDMAKE
思路点拨
AGREATDIFFERENCE

>>

像资本投资一样，感情的投资也是
有回报的，甚至比资本投资的回报
更高。

的《三国演义》中也生动地叙述了刘备的一个故事：刘备被曹操打得大败，但他不听众将的劝说，冒着被曹操追上迫害的危险，扶老携幼带着全城的百姓出逃。当看到百姓落难的痛苦情景时，他甚至惭愧得掉下了眼泪。这一仗，刘备虽然败了，但却赢得了民心。无论是李世民的"先存百姓"，还是刘备掉泪，都是感情投资的一种表现。我们在生活中，不一定都会遇到像李世民、刘备那样的机会，但我们仍有自己的方法去进行感情投资。

日本麦当劳的社长藤田田在其著作中也曾这样谈道：他将他的所有投资分类，研究回报率，发现感情投资在所有投资中花费最少，回报率最高。

藤田田本人就是一个极善于感情投资的人。他每年都要支付很大的款项给医院，作为保留病床的基金。一旦他的员工或员工家属生病或发生意外时，可立刻住院接受治疗。即使员工或其家属在休息日有了急病，也能马上送入指定的医院，避免在多次转院途中因来不及施救而丧命。有人曾这样问藤田田：如果他的员工和其家属好多年都不生病，那这笔钱岂不是白花了？藤田田泰然地说："只要能让员工安心工作，对麦当劳来说就不吃亏。"

除此以外，藤田田还搞了一个非常有想象力、非常有创造性的举动——他把员工的生日定为个人的公休日。这样，每位员工就可以在自己生日当天自由安排。对麦当劳的员工来说，生日即是自己的喜日，又是休息的日子。在生日当天，该名员工可以和家人尽情欢度美好的一天，养足精神，第二天再精力充沛地投入到工作当中。

藤田田始终相信：为员工多花一点钱进行感情投资，绝对会收到超值回报。感情投资花费不多，但换来员工的积极性所产生的巨大创造力，是任何一项别的投资都无法比拟的。

思路突破

感情投资回报更高

像资本投资一样，感情的投资也是有回报的，甚至比资本投资的回报更高。感情投资的方式也是多种多样的，比如时常保持各种方式的联系，比如在别人困难时伸出援助之手等等。

对他人多一点关心

对别人的关心和爱戴是你付出感情的一种方式。没事的时候常打电话，以联络增进感情，顺便询问有什么你能帮上忙的地方。对别人付出，最好不要接受别人感谢的物品，不去赴人感谢的酒宴。如果你接受了礼物，赴人宴席，别人会认为你的帮助他已经给了回报，他欠你的人情，已经给了补偿，那你的帮助就变成只是为了一餐饭、一点礼物，你的感情投资完全成了一笔交易，甚至是一笔赔本的交易。

在感情投资上应该学会"放长线钓大鱼"，长此以往，你的感情投资便会得到回报。

怎样做到关心别人呢？

首先，朋友或下属生病时要及时探望。尤其是下属生病时，管理者亲自前去探望，这是融洽感情的绝好方法，也是激励员工的最好办法之一。

平常你可能很忙，顾不上"无事也登三宝殿"，与下属接触的机会不多。但如果你的下属病了，就一定要去探望。病中的一次探望，可以抵上平时的十次探望。相信大家都知道躺在病床上的滋味，那是一种很孤独落寞、很需要别人同情和安慰的感觉。一个在病床上躺着的人，即便看到探望自己的人数超过了同室病友，都会产生一种自豪感。如果是自己的上司亲自过来探望安慰，病人心中必定欣慰万分。

这种感情投资使人的心理和精神上得到巨大的满足，能够很容易的创造一种融洽的团队氛围，从而激发出他热爱组织、忠诚组织的信念。这将是主管领导的巨大财富，也是事业走向成功的关键。

其次，你的关怀要真诚。在一家餐厅里发生过这样的一件事：正好餐厅员工下班时间，一位服务员小姐上自行车时不小心摔倒了，她尴尬地从地上爬起来，看样子摔得不是太严重。此时，只见餐厅经理快速起身跑了过去，很真诚地看着那位小姐关切地问："怎么样？摔得重不重？要不要给你找辆车去医院看看？"小姐回答："不用。""还说不用，腿都摔破皮了，去餐厅擦点药，歇歇再走吧。"经理小心地扶她回到餐厅，然后就去找药。找到药后，又亲自替小姐擦上，还对她说如果不舒服，下午就不用来上班了，算公假。那位小姐充满感激地连声说："不用，不用。"

如果企业的管理者都能像这位经理一样表现出对员工诚挚的关怀，那么企业何愁不能发展呢。这远比发几百块钱的奖金更能赢得这位小姐对公司的忠心。

著名的家电品牌格兰仕的创始人梁庆德也是一位非常善于感情投资的老板。20世纪90年

规则是死的，但人是活的，过分拘
困于条条框框，而不知适当通融的
领导，只会引起员工的厌恶。

代初在销售市场上一帆风顺的格兰仕却遭遇了一场严重的水灾，厂区被冲成了一片汪洋。格兰仕的员工为了抢救集团财产而昼夜奋战。看着员工们努力地保护公司的财产，梁庆德坚定表示："如果真的不行了，一定要保住所有的人，一定要让所有的员工都安全！"

一位格兰仕区域销售经理这样评价自己的老板："梁庆德是一个低调谨慎、深谙用兵之道和非常讲感情的人。很多高级管理人员都是冲着老板的知遇礼爱之情奔赴而来的。"

当许多大公司将自己的高管命名为"职业经理人"时，格兰仕却把职业经理人称做"在高级管理岗位上有专长的人士"。因为无论创始人梁庆德还是现任执行总裁梁昭贤都不喜欢"职业经理人"这个词。在他们看来，职业经理人只是一种缺乏感情的纯粹的雇佣关系。在管理队伍的选才标准上，梁庆德坚持把感情当做第一个要考虑的标准。他认为同样的一群人，对企业有没有感情，完全是两种截然不同的工作态度。

梁庆德早就把这种投桃报李式的情感投资注入到格兰仕的管理中。在公司第一次改制、镇政府准备退出格兰仕时，当大家觉得风险很大，不愿再认购格兰仕的股份时，梁庆德贷款买下其他人不愿意买的股份。而当格兰仕呈现出较好的盈利能力时，梁庆德又将当时自己买的股份拿出一部分分给大家。这种风险独扛、利益共享的精神，是为什么经理人愿意为他"卖命"的原因。

为了表示对人才的尊重，在高层管理人才的引入和招聘上，几乎都是老板亲自出马考察和游说的。

格兰仕能够在竞争激烈的家电市场不断地发展壮大，跟企业的优良的管理制度和融洽的团队氛围是分不开的，而这些，正是建立在领导者感情投资基础上获得的。

得助人处且助人

能帮助别人的地方尽量去帮助，帮助别人有时就是帮助自己。有这样一个故事：一个人被带去观赏天堂和地狱，以便通过比较，能选择一个较好的归宿。他先去看了魔鬼掌管的地狱。一眼看过去非常吃惊，因为所有的人都坐在酒桌旁，桌上摆满了各种佳肴，包括肉、水果、蔬菜。

然而，当他仔细看那些人时，却发现这里没有一张笑脸，也没有伴随盛宴的音乐或狂欢的迹象。大家坐在桌子旁边一派沉闷、无精打采的样子，而且个个瘦得皮包骨头。他还发现这里每个人的左臂都捆着一把叉，右臂捆着一把刀，刀和叉都有四尺长的把手，根本不能用来吃东西。所以即使每一样食物都在他们手边，结果还是吃不到，因此一直在挨饿。

在地狱转了一圈，看到的都是这样的情景，他叹了口气转身去了天堂，景象几乎完全一样——同样的食物、刀、叉与那些四尺长的把手，唯一不同的是人们的表情，天堂里的居民都在唱歌，欢笑。这位参观者困惑了。他疑惑为什么情况相同，结果却有这么大的差别呢？

在地狱里的人都挨饿而且可怜，可是天堂的人却吃得很好而且很快乐。最后，他终于看到答案了：地狱里的每一个人都试图让自己吃到东西；在天堂的每一个人都在喂对面的人，而且也被对面的人所喂，因为互相帮忙，结果帮助了自己。

帮助别人等于帮助自己，经常帮助别人也是一种感情投资。你帮助了别人，当你遇到困难时别人才会对你伸出援手。帮助别人也是改善你与他人的关系、培养感情的最好机会。你的举手之劳就有可能换来别人的感恩戴德，这种投资千万不要错过。你帮助的人越多，你得到的也越多。

练熟感情投资的四大技巧：

1. 把对方的生日记在笔记本上。

国外某名企的老板，将自己每一个员工的生日都记在自己的笔记本上。等到员工生日那天，他会送上一份价值不是太大却精美温馨的礼物，并在上面留下温暖而真挚的祝福，然后悄悄地传递到员工手中。

记得每个员工的生日，在他们生日的那天，以你个人的名义给他们寄去一份生日礼物，哪怕仅仅是送上一束鲜花，你的员工肯定会因此感动的。因为在情感上给别人带来的震颤是金钱所无法比拟的。

2. 给人一点点额外待遇。

赢得别人好感的一个重要方法就是给人一些特殊的对待。每一个人都希望别人在感情上重视自己，每个员工都希望老板待自己与众不同一点。因此，当你给别人一些异于常人的对待、稍多一点的好处，让他感觉到特殊的话语和行为时，都会引起对方的好感。其实，这种额外待遇不在于实质的多少，只在于对方感觉你待他与众不同。这样他就会很高兴，跟同事在一起会感觉很有面子。

3. 要有点人情味。

做一个有人情味的人，你的人缘才会好；做一个有人情味的管理者，你的员工在工作时也会感到轻松自如，随便自然，可以对你倾诉心声。表现出浓厚的人情味是使管理者受员工欢迎的一道良方。

西方国家总统竞选时，竞选人往往与自己的家人一起接受采访、拍照，目的正是为了表现自己的人情味与亲和力。因为大家喜爱有人情味的人。人情味还表现在做人的灵活性上。规则是死的，但人是活的，过分拘困于条条框框，而不知适当通融的领导，只会引起员工的厌恶。

4. 吐露一点私密信息给别人。

能知道一些别人不知道的事，自己会觉得很得意。每个人都喜欢了解秘密的事，就像每一个员工都会从不同侧面探听领导的历史、爱好、兴趣，都喜欢把名人的趣事与别人分享。

因此，为了表明你对某一个人的信任，也不妨有意透露一点小秘密给他。这样他会对你更加亲切真诚。

> ### 点亮思维
>
> 俗话说，人心都是肉长的，世界上最容易收买人心的莫过于感情。感情投资是一个利人利己的过程。感情投资不必急功近利地追求回报，时间长了，自然水到渠成。无论何时都要提醒自己，感情投资是一种成本最低、利润最高的投资方式。

先对自己有要求，然后才是对别人

> 美国著名作家马克·吐温说过这样一句话："最不应该去做的事情就是企图去改变别人。"我们在生活中不是正在犯类似的错误吗？我们总是不满意别人的行为，总是希望别人按照自己的思路思考，按照自己的方式处事；总是对别人有太多的要求，却常常忽视对自己的要求。实际上，在与人交往中，我们应当首先对自己有要求，然后才是别人。

生活中，有许多时候我们总是那么容易冲别人发火，而且跟别人在一起待的时间越长、了解越多，你会发现越是容易发火。为什么会出现这样的情况呢？因为我们对别人的要求太多。我们总是妄想改变别人，妄想使别人的习惯、行为方式、讲话方式、观点或是人生态度跟自己保持一致，总是妄想不让任何人对自己失礼、冒犯。或者我们总是希望别人按照自己的想法去做事。我们在心理上对别人的要求太苛刻，甚至到了希望能够左右别人，能够改变别人，能够让别人按照我们的方式来做事情的地步，尽管我们没有直截了当地说出来。

我们有时不满意别人的行为，总是希望能够通过自己的力量来改变别人。其实这不仅是徒劳无功的，而且还会遭到别人的反感。我们常常要求别人改正自己的错误，告诉别人我们对他们的做法多么不满意，多么希望他们能够改变这些行为。当我们的想法得不到满足时，我们会不断地来重复自己的意愿，而且口吻会越来越强烈。

如果还是达不到目的，我们则可能会对他们怒目相对报以不满，比较极端的人则会大发雷霆。事实上，我们一直在想尽一切可能的办法，试图按照自己的意志改变别人，纠正别人，提醒别人，甚至是哄骗、祈求、鞭策、辱骂、恐吓、威胁，无所不用其极。且不说我们想尽了多少办法企图改变别人，单是我们这样费尽心机地企图按照自己的意志来改变别人就足够令人生厌了！

看看出租车司机张东在遇到类似的情况时是怎么做的吧。张东是北京的出租车司机。一天，在首都机场，有个客人上了他的车，惊讶地发现这辆车地板上铺满了羊毛地毯，地毯边上还点缀着鲜艳的花边；玻璃隔板上镶着漂亮的名画复制品，车窗一尘不染。客人既惊讶又愉快地对张东说："我在国内还从没搭过这样漂亮的出租车呢！"

"呵呵，您过奖了。"张东笑着说。

"你是什么时候开始装饰你的出租车的？"客人问道。

"车不是我的，都属于公司。"张东说，"其实我原来在公司做清洁工人，每辆出租车晚上回来时都要拖回一堆垃圾。地板上全是烟头，座位或者车门把手甚至有口香糖之类黏黏的东西。我当时想，如果有一辆很清洁很干净的车给乘客坐，乘客也许会多为别人着想一点。

"我拿到出租车牌照后，便马上开始清洁公司给我驾驶的出租车。我把它收拾得干净明亮，又弄了一张好看的薄地毯和一些花。每个乘客下了车，我就查看一下车子，看看有没有

174 THINKANDMAKE
思路点拨
AGREATDIFFERENCE >>

改变别人是事倍功半，改变自己是
事半功倍。宽于待人、严于律己才
是为人处世之道。

留下什么垃圾，一定要在下一个乘客上车前把车里打扫干净。

"其实，你把一切都打扫干净时，别人也不会故意破坏你创造的好环境。从开车到现在，客人从来没有一根烟蒂要我捡拾，也没有花生酱或冰淇淋蛋筒之类不容易清洁的垃圾。"

司机张东在看到出租车上的垃圾时，首先想到的不是要改变乘车的人，而是先从自己开始，先从改变车内环境开始做起。干净的环境也影响着乘车人的心情和行为，没有人会在这样优美的环境中做一个破坏者。这说明什么？你虽然不能改变他人，但你文明和绅士的行为会感染别人。如果他认可你的行为，他自然也会跟你一起改变。不用你对他提出要求，他自己会对自己有更高的要求。张东的事例也让我们看到，无论何时，我们要先对自己有要求，先要求自己凡事都做到位，才有资格去要求别人。

思路突破

要求别人，不如改变自己

改变别人是事倍功半，改变自己是事半功倍。一味地要求他人倒不如更多地反思自己，先对自己有要求，然后才是别人。宽于待人、严于律己才是为人处世之道。

放弃一味改变别人的错误观念

你问问自己，你愿意被改变吗？你愿意放弃自己的想法而去和别人保持一致吗？如果你不愿意的话，那么你应该知道，别人也是这样想的。企图改变别人很少会成功，别人很少会按照我们的意志来改变自己。而且有时候你的努力还会事与愿违，获得完全相反的结果。

不要企图改变别人了，哪怕你花再大的力气，最后的结果也只会是失败。为什么会这样呢？因为大家都是喜欢听别人夸奖不喜欢听别人指责的。你越是强调他人的缺点，越是希望他们改掉这些缺点，他们反倒会重复自己的错误做法，哪怕你的建议对他是有益的。有时我们越是期望能够尽快实现自己的目标，反而越是弄巧成拙，事与愿违。

企图改变别人这个思路本身就有问题。人常常有以下几种错误的观念：

第一种错误观念：我们总认为自己比别人更聪明，在智慧或者心理方面甚至能力上，别人总是不如我们的，也想当然地认为他人应当遵守我们的行为准则，好像全世界只有自己是正确的，别人都是错误的，因此强烈地要求别人遵照自己的行为准则来行动。这种做法、这种意识即使不会对别人造成多么大的伤害，也足以让人觉得非常的可笑。你凭什么证明你的确比别人强？你凭什么认为自己的想法的确比别人的想法更有价值呢？你凭什么觉得自己的观念、行为方式优于别人呢？如果你没有证据，那为什么企图让别人按照你的想法和思维处事呢？

第二种错误观念：总以为每个人都会乐于改变自己。事实并不是这样，对我们自己而言，我们也喜欢固守自己的习惯性行为，别人自然也不愿意改变自己的行为。况且，你认为是缺点的习惯，别人说不定还认为是优点呢；而你认为是优点的，在别人眼里也可能是缺点。

第三种错误观念：总以为只要是自己真诚的建议，别人一定会虚心接受。认为比起别人对我们的那些行为，我们对于他们的行为并不会令他们讨厌，这也是一种错误的想法。出现这样的想法只因为我们只关注自己，很少会把注意力放在别人的身上。如果别人对我们的一举一动都要时刻关注的话，那早就无法容忍我们的行为了。但是别人并没有对我们的行为指手画脚、说三道四，并没有来控制、干涉我们的行为。事实上，他们这样做并非因为我们更加优越、比别人更优秀，而是因为他们更懂得去宽容别人。

在与人相处的过程中，如果发生了什么让我们不愉快的事情，那么我们应该多从自己身上找原因，多从自己的角度找原因，而不要去一味地指责别人。如果他人的行为冒犯了我们，那么我们应该企图改变自己，而不应该寄希望于改变别人。这样才能更好地跟别人和平共处。执拗地认为别人的一切都是错误的，必须改变而且企图去改变别人，这是永远也不可能做得到的。因为问题出在你身上而不是别人那里。认识不到这一点，我们只会做太多的无用功，永远也不能解决任何问题。

改变自己更容易

刘易斯·普雷斯诺尔说："也许你会认为别人的行为像是傻瓜，但是每个人都有权利按照自己的方式来行动，即使他们的行为真的非常愚蠢。"当别人的行为让我们不满意时，要求别人不如改变自己。

很久以前，在很远的地方住着一位国王，他贵为一国之君却常常感到不快乐。其实他的生活已经足以让他满意了：他拥有漂亮的宫殿，他的臣民对他十分忠诚，他可以得到想要的一切。总之，他生活得非常舒适。尽管过着如此奢华的生活，但他还是不满足。他希望自己能够徒步走遍他的国家，去看看他的臣民；他希望能看到自己的臣民也在过着比较舒适的生活。不过他的这个愿望不太容易实现，因为他的国家到处是山，道路坎坷崎岖。他无论走到哪里，脚底板都会感到疼痛无比，所以他根本无法走遍他的国家。

国王很想实现自己的愿望，但又想不出一个好主意来。一天，他召集了国内所有聪明的谋士到宫里，让他们帮他想想办法。谋士们彼此交头接耳讨论了一下，但脸色都不好，因为谁也没有很好的意见。最后一位老谋士说："尊贵的陛下，请给我们三天的时间吧，难题肯定会解决的。""好吧。"国王同意了，而且他让所有的谋士在会议室思考，以便于完全不受干扰。

三天一晃就过去了。尽管谋士们想出了很多主意，但都是不可行的。到了第三天的晚上，他们派一个代表去回复国王：明天一早，他们一定将他们的想法告诉国王。

第四天一早，国王很早就来到了宫殿，用期待的目光看着所有的谋士。沉默片刻后，最老的谋士说道："尊敬的陛下，我们的主意就是您需要下令杀掉咱们国家所有的牛，然后剥掉它们的皮，用来为您铺路。这样山路上锋利的石头就不会扎痛您了。"国王问："这需要多长时间啊？"谋士答道："要10年。我的陛下。"

"10年！"国王惊呼道，"我怕我都活不到10年了。如果这就是你们的主意的话，那么应该把你们的皮剥掉。"国王一怒之下说出了气话，不过他并没有这样去做，因为他还算是一个通情达理的仁君。

就在这静得连呼吸都听得到的时刻，宫里的一个小太监不知不觉地爬了进来，他大胆地对国王说："陛下，如此说来还不如只杀一头牛，用它的皮包住您的脚，这样您就可以走遍我们的国家了，根本不必杀掉所有的牛。"

国王恍然大悟：有时候，改变自己比改变整个世界要容易得多。

以身作则，是赢得尊重和效仿的前提

很多人都犯这样的毛病：责人严，律己难，看社会看他人处处不顺眼。实际上最大的问题恰恰出在自己身上，往往自己的心境调整好了，身边的环境也会跟着改变。在责难别人时，应该先对自己提出更高的要求。

《元史·许衡传》里有这样一段记载：许衡做官之前，一年夏天外出，天热感觉口渴难耐，刚好道旁有棵梨树，众人争相摘梨解渴，唯独许衡不为之所动。有人问他为何不摘，他回答说："不是自己的梨，岂能乱摘！"那人劝解道："乱世之时，这梨是没有主人的。"许衡正色道："梨无主人，难道我的心也无主人吗？"终不摘梨。

任弼时同志常常把自己形容为一只骆驼，驮负着国家和民族的希望，任重道远。载着重物在茫茫沙漠里远行的骆驼，从不拈轻讨闲，偷奸要滑，而是凭借着顽强的精神一步一步地艰难跋涉。骆驼还有一个特点，它始终向着一个既定的目标前行。任弼时同志以骆驼自喻，也充分表现出他革命的坚定性和甘于负重、吃苦耐劳的精神。他从16岁起就投身革命，抱定"人生原出谋幸福，冒险奋勇男儿事"的人生信念。由于不停地忘我工作，终至积劳成疾。在他病情日益加重时，同志们都劝他休息，他坚定地答道："我们都是共产党员，肩负着革命的重任，能坚持走100步，就不该走99步。"

董必武同志也把自己形象地比喻为"布头"和"龙套"。"布头"，就是把自己看做革

人际交往是平等的、双向的过程，
想寻求被别人理解的话，先试着努
力去理解别人吧。

<< THINK AND MAKE
思路点拨 · · · · · · · · ·
A GREAT DIFFERENCE
177

命队伍中的平凡一员，不自大，党把自己补在哪儿，自己就牢牢地贴在哪儿；党需要干什么就干什么，不讨价还价，不计较得失。

想赢得别人的尊重不是在多大程度上改变别人，而是在多大程度上改变自己，或者提高对自己的要求。从上面的例子中我们可以看到老一辈革命家对自己的严格要求，凡事不去管别人能不能做到，而是自己身先士卒地首先做到，然后再不断提高对自己的要求。

对于我们每个人来说，有时候，最大的敌人就是自己。我们要战胜自己，就要严格要求自己，否则必定一事无成。

点亮思维

不要总是对别人提出要求，别人有别人的想法和立场。当你想不通、看不惯别人的行为与观点时，最好的办法就是先改变自己，先对自己有要求。

先理解别人，然后被别人理解

世界上最难做的事情之一就是理解别人。大多数人都希望被别人理解，但是并不愿或者并不能主动去理解别人。有句名言说得好：想被别人尊重就要先尊重别人。理解也是这样，想被别人理解，就要先理解别人。人际交往是平等的、双向的过程，就像付出才有收获一样。因此，想寻求被别人理解的话，先试着努力去理解别人吧。

有人说过这样一句话："由于理解的存在，水与岸拉近了距离。"生活中，无论在何时何地，父母与子女之间、同事与同事之间、同学与同学之间以及其他有关系的人们之间都需要理解。没有理解，人与人之间将会变得冷漠而无情。

生活中我们如果能学会理解别人，与人交往时多设身处地地为别人着想，自己一定会过得更加轻松。而得到理解的人也定会心存感激，甚至将这种感激转化为良好的回报奉送给我们，从而使人与人之间的关系变得和睦纯洁美好，形成一种人际关系的良性循环。

　　理解别人是一种难得的美德，是一种君子的雅量。生活中难免会碰到各种各样的人，如果你能经常抱着理解别人的心态去和人交往，就可以化解许多不必要的误会和矛盾，化干戈为玉帛，自己也有一份天宽地阔的舒畅感觉。比如，乘坐公交车时有人不小心踩了你的脚，可能踩疼了你，可能踩脏了你的鞋子，但其实都是可以理解的，别人也是因车的惯性而身不由己，谁也不会故意踩你；反过来，你也有可能在拥挤中踩到别人，那时同样也需要得到别人的理解。在市场买菜时，小商小贩不仅斤斤计较，有时甚至分量不足，给他们多一点的理解吧，他们挣钱也不容易。雨天汽车从身边驶过溅了一身泥水，再多一点理解吧，可能司机或领导正忙着呢，退一步海阔天空嘛。

　　理解别人是一种修养，是一种尊重，也是一种生存艺术。理解别人就应该设身处地，凡事站在别人的位置上。比如，在一个公司工作，身为领导，只有站在员工的位置上去理解员工，才会多一份关爱，多一份体谅。而身为员工，只有站在领导的位置上去理解领导，才会多一份责任，多一份奉献。这样一个企业才能更好地发展。同事之间只有相互理解，才会多一份坦诚，多一份宽容，才能更好地在一起交流。尽量去理解别人吧，无论他有多少缺点和弱点。因为人的缺点常常是与优点相伴而生的，在欣赏别人优点的同时，也要理解和包容别人的缺点。这样人与人之间在情感上才不会有怨恨，在行动上才不会有对立，才会使你的人际关系变得更加和谐融洽。

　　20世纪80年代的老山前线盛传着一句口号："理解万岁。"这反映出全军将士的呼声。蔡朝东以"理解万岁"为题在全国十多个城市做了近三百场次的演讲，直接听众上百万。如

无论是理解别人还是寻求他人的理解都需要一定的时间，不要指望你在五分钟之内就能完全理解一个人。

<< THINK AND MAKE
思路点拨••••••••
A GREAT DIFFERENCE 179

179
思路决定出路

此强烈的共振力，说明"理解万岁"还是我们这个社会、这个时代的呼声。

有个关于家庭生活的小故事是这样说的：妻子正在厨房炒菜，丈夫在她旁边一直唠叨不停："慢些。小心！火太大了。赶快把鱼翻过来。快铲起来，油放太多了！把豆腐整平一下！"

"哎呀！"妻子脱口而出，"我知道怎样炒菜。"

"你当然知道，太太。"丈夫平静地答道，"我只是要让你知道，我在开车时，你在旁边喋喋不休，我的感觉如何。"

妻子沉默无语。

能最大限度地理解别人的人是高素质大境界的人，是豁达大度的人，也是厚道善良的人，同时也是充满爱心的人。理解是一种润滑剂，可以消除人与人之间的磨擦；理解是人生宴席上的调味品，有了它人生才有滋味；理解是人生里程中的一座桥，让心与心相通；理解是生活之舟上的一盏灯，照亮了别人也照亮了自己。

思路突破

先设身处地地理解别人

理解别人是一种涵养，是一种智慧，也是一种思想境界。理解需要你花一些时间，站在对方的角度和立场看问题，需要你先设身处地去理解别人，然后才能谋求被别人理解。

给理解一些时间

无论是理解别人还是寻求他人的理解都需要一定的时间，不要指望你在五分钟之内就能完全了解一个人。理解建立在了解的基础上，理解一个人同样需要时间。

有这样一个哲理故事：很久很久以前，一座奇异的岛上生活着各种感觉——富有、忧伤、快乐、虚荣、知识和爱情，等等。一天，岛突然毫无缘故地对大家说："我要沉没了，请大家各自准备船舶离岛。"爱情是唯一拖后腿的，因为她愿意等到岛沉没的最后一刻。在岛即将沉入海底时，爱情决定寻求帮助。

这时，富有驾驶着一艘大船经过，爱情说："富有，你能捎带我吗？"富有回答："不行，我这里都是金银，没有地方给你。"

爱情无奈地向驾驶着一艘非常漂亮的船的虚荣求救，没想到虚荣却说："不，你是湿的，会把我的船搞脏。"忧伤正好也在此时经过，爱情说："忧伤，带上我！""不。"忧

180 THINKANDMAKE
思路点拨 >>
AGREATDIFFERENCE

要想取得互相理解，就要学会互相尊
重，包括对别人人格的尊重、对别人
能力的尊重、对别人秘密的尊重。

伤回答，"我太悲伤了，我只想一个人待着。"快乐也在此时经过了，但他太快乐了，以至于没有听见爱情的呼救声。

在爱情就要绝望的时候，突然一个声音传来："爱情，来，我带你走。"这是一位长者的声音。爱情太高兴了，甚至忘记了问长者的姓名。安全登陆后，长者已经走了，爱情才想起来还不知道长者的名字，于是问知识："谁帮助了我？""是时间。""时间，"爱情问，"为什么他会帮助我呢？"知识面带着深邃的微笑回答说："因为只有时间才真正懂得爱情有多么的伟大！"

事情刚发生时，我们很难理解对方的做法，甚至为此生气。不过，请按捺住自己，冷静下来，给自己一些时间，你就会悟透他（她）为什么会那样做。

克服首因效应，给予别人尊重

什么是首因效应呢？首因效应在心理学上就是指先入为主的偏见，也可称之为第一印象作用。首因效应指最先的印象对人的认识是有强烈影响的，会左右对此人以后的一系列特性所作出的解释。第一印象是从短暂的接触中通过对方的外表，如体态、举止、言谈、仪表等获得的认识，甚至是听别人说的。这种认识是很肤浅的，有时也是不正确的。然而这一印象却鲜明而牢固，影响以后长期的印象。认知中的首因效应是一种自然的心理倾向，但它却不利于我们全面深刻地认识别人。因此，在人际交往中，希望和他人达成相互理解，就应该注意防止产生这种认知偏见。

18世纪末期，法国许多雄心勃勃的青年都希望能考入炮兵学校，因为只要被这所学校录取，就能取得少尉军衔。那年，共有近两百名青年应考。不过，其中大多数都是巴黎有钱有势的纨绔子弟。主考官则是有名的数学家拉普拉斯。

考试开始后，门突然被推开了。大家诧异的目光集中到了门口，只见门口站着一个身材矮小的农民，穿着一双破皮鞋，手里拿着一根充当扁担的木棍。拉普拉斯惊异地问："朋友，您找谁？是不是搞错了？"来人满脸通红嗫嚅低语说："我是来参加考试的。"看到"乡巴佬"也来参加考试，全场哗然，富家子弟们哄堂大笑起来。大家都等着看一场"乡巴佬"出洋相的好戏。

最后轮到这位农民了。数学家拉普拉斯并不歧视他，照样耐心地、和蔼地提出问题。让人意想不到的是，这位农民居然对答如流。拉普拉斯又提了一些困难的问题，他也准确地做了回答。拉普拉斯非常高兴，立即拥抱他，并祝贺他成为本次考试的第一名，最后让全体考生起立，向他祝贺。这时，大家才知道这位"乡巴佬"模样的青年是南锡城一个面包铺老板的儿子，名叫德鲁奥。此后，拉普拉斯从各方面向他提供帮助。德鲁奥也没有辜负拉普拉斯的期望，他在拿破仑军队里服役，在同奥地利、俄罗斯、普鲁士的战争中屡建战功，成为著名的将领。

在这个故事里我们可以清楚地看到，拉普拉斯把德鲁奥成功地培养成一名杰出的将领，是从摆脱第一印象的消极影响开始的。如果拉普拉斯像考场上的其他人一样，只看到贫寒、委琐的外表，就认定他是一个无知无识的农民，那么他就会拒绝对他进行任何考查，或草草了事，敷衍一下，走走过场把他刷下去就完了。然而，拉普拉斯没有，他不为表面现象所迷惑，保持冷静的头脑和考官的严谨作风，才使他有可能认识到"乡巴佬"的价值，选拔出屡建战功、出类拔萃的军事将领人才。

想去主动与人交往，去了解一个人，理解一个人，就不能对其有先入为主的首因效应。一旦对人有了不好的第一印象，以后可能很难从这印象中摆脱出来。这也不利于人与人之间的交往，更别说达成相互理解的和谐状态了。

要想取得互相理解，就要学会互相尊重，包括对别人人格的尊重、对别人能力的尊重、对别人秘密的尊重。比如有的人到商店买东西，瞧不起售货员，说道："嘿！把那双鞋拿来！"这是对别人人格不够尊重。有的人在与别人辩论时，常常用表情、手势、语调……总之用他能调动的一切手段来说："你错了，怎么连这点都不明白，真是个愚蠢的家伙！"试想对方会服气吗？又怎么能说得上理解呢？这是对人能力的不尊重。有的人遇事专好刨根问底，打听别人的秘密；有的人甚至恶作剧，在大庭广众之下把人的私事抖落出来，这往往会伤害对方，是不尊重人的秘密的表现，同样难以达成相互理解的和谐的人际关系。

学会换位思考

想与他人达成相互理解，换位思考是个很重要的方法。与人交往时，要学会站在对方的立场上，为对方着想。

有个很荒唐的笑话：一个近视眼去眼科配眼镜，眼科医生先摘下自己的眼镜让病人试戴，他的理由是："我已经戴了10多年，效果很好，就给你吧。反正我家里还有一副。"在病人看到的东西都扭曲了的同时，医生还反复说："只要有信心，你一定能看得到。"病人被弄得哭笑不得。我们常说遇事要学会换位思考，"知彼解己"是交流的原则。这位医生尚未诊断就敢下手"治疗"，谁敢领教？其实，我们在与人交往时何尝不是这样，我们常犯这种不分青红皂白、妄下断语的毛病。"理解他人"与"表达自我"是人际沟通不可缺少的要素。首先要理解对方，然后争取让对方理解自己，才是进行有效人际交流的关键。要改变匆匆忙忙去建议或解决问题的倾向。欲求别人的理解，首先要理解对方。人人都希望被理解，也急于表达，却常常疏于倾听。而有效的倾听不仅可以获取广泛的准确信息，还有助于双方情感的积累。当我们的修养到了能把握自己、保持心态平和、能抵御外界干扰和博采众家之言时，我们的人际关系也就上了一个台阶。

总之，想被别人理解，先学会理解别人，才能在人际交往中获得大家的喜欢，结下良好的人缘。不去主动理解别人，只想别人理解自己的人，最终得不到大家的理解和喜欢。

> **点亮思维**
>
> 理解就像一枚种子，你只有在春天撒播出去，才有可能在秋天得到收获。你先理解别人，才会得到别人的理解。但是，永远不要奢望别人百分之百地理解你，因为这世界上最了解你的只有一个人，那就是你自己！

不忘自己的缺点，多用别人的优点

想取得进步最大的秘诀是什么？就是克服自己的缺点，学习别人的优点。善于发现别人的优点，博采众长，就能让自己更加优秀。这个世界上没有一无是处的人，也没有十全十美的人。所谓寸有所长，尺有所短，取寸所长，补尺之短，正是这个道理。

一个人最大的缺点就是不知道自己的缺点。一个人要进步，就要克服自己的缺点；要克服自己的缺点就要先知道自己有什么缺点，不然克服什么？怎么克服呢？

知道了自己的缺点，还要善于发现别人的优点、学习别人的优点。生活在大千世界里，人人各有其长处和短处。我们要学会用"两点论"看人，不能老盯着别人的缺点、放大别人的缺点，主要要看到别人的优点并学习别人的优点。

有一首诗说得好，"花香者而不鲜，鲜者而不香，鲜而香者却有刺"。也就是说，一切事物，没有十全十美的。人也是这样，每个人都有缺点和优点，缺点与优点就像一枚硬币的正反面一样不可分割。一般来讲，有明显缺点的人，就有明显的优点，而没有明显缺点的人，通常也没有明显的优点。比如瞎子的听力比一般人灵敏，而聋子的眼睛也比正常的人敏锐。所以说，很多时候缺点里孕育着优点，而优点里隐含着缺点。现实中最常见的例子：长相有点丑的女孩子，通常脾气性格特别好；而长得漂亮点的女孩子，通常脾气很大。所以缺点和优点是夹杂在一起的，推而广之，一个人太沉稳了，往往没有冲劲；太执著，就不懂得变通。只有了解了自己的缺点，发现了别人的优点，才能恰如其分地取长补短，让自己更快地进步。

柯达（中国）股份有限公司人才资源总监李红霞介绍柯达公司在人才招聘上的原则时表示：求职者除了个人价值观要与柯达六大价值观（尊重个人，正直不阿，互相信任，信誉至上，自强不息，论绩嘉奖）相符合外，还要大胆地展现自己的缺点。面对柯达的面试官，将自己的缺点披披藏藏，反倒不利于面试官对个人进行全面的分析。她建议求职者在展现个人优点的同时，大胆将自己的缺点告诉雇主。这样，才可以被安排到更适合自己的岗位上，并在今后的工作中得到机会，培养发展这方面的能力。这充分说明，一个人必须了解自己，知道自己的长处和短处，以便日后扬长避短。

思路突破

了解自己，扬长避短

了解自己的优缺点，才能发挥长处，避开短处。你首先要知道自己有什么缺点，如何去克服。其次你应该尽可能多地学习别人的优点，博采众长，让自己更出色。

知道自身最短的那块"木板"

管理学中有个木桶原理：一个木桶由许多块木板组成，如果组成木桶的这些木板长短不一，那么这个木桶的最大容量不取决于长的木板，而取决于最短的那块木板。作为一个人也是这样，你最大的容量不是取决于你的长处，反而是取决于你的短处。你要知道自己身上最短的那块"木板"。而事实上，许多人并不清除自己的缺点，甚至有时还把缺点误认为是优点。

《太平广记》中有一则故事：一位监察御史文笔不怎么样却极爱写文章，同僚时不时奉

184 ·······THINKANDMAKE
思路点拨
AGREATDIFFERENCE >>

每个人身上都有他的优点，他只要
在某一方面比我们强，就可以做我
们的老师。

承他两句，他就拿出一部分工资请客。他老婆则苦口劝他说："你对文笔并不擅长，一定是那些同事在拿你寻开心。"这位老兄觉得老婆的话很有道理，以后就再也不肯出钱请客了。同僚感觉到他的变化，背后嘀咕道："人家后面有高人，不能再玩了。"但另一位就不是这样了，诗写得很臭，别人假意称赞来嘲弄他，他竟然也当了真，杀牛置酒来招待人家。他老婆也是个明事理的人，知道他的水平，也劝他。他以为是老婆在嫉妒他，居然感叹道："才华不为妻子所容！"

故事中第一个人在妻子的帮助下认识了自己的短处，不再去犯错误；而第二个人显然不知道自己是一个什么样的人，有什么优点和缺点，最后还要抱怨别人。不知道自己的缺点的人，怎么能改进，怎么能进步呢？

罗休夫柯说："认识自身的缺点，是一个人最高智慧的表现。"而勇于承认自己的缺点并努力纠正它，更是智慧的表现。

以欣赏的眼光去看待别人

在生活中我们应该多去关注他人身上的优点，不要总是注意别人的缺点。看到优点，你才能学习优点，并且转移到自己身上。多看别人的优点也有助于人际交往的和谐。

有一个关于家庭生活的故事：一个娇生惯养的富家女哭着跑回娘家，向父母诉说新婚丈夫的种种不是。说她实在受不了自己的新婚丈夫了，一定要离婚。在双亲耐心地劝慰之后，女孩仍旧表示要离婚。

这时，充满智慧的爷爷笑着从书房中出来，同时把手里的一大张白纸和一支毛笔交给孙女儿，并问她："孙女婿欺负你，很可恶不是啊？"

女孩接过纸与笔，眼含着泪答道："是啊！他整天欺负我，爷爷一定要替孙女儿做主。"

爷爷慈祥地说："好！替你做主是自然，但你要先照我的话去做件事。现在你只要想他一个缺点，就用毛笔在白纸上点一个黑点。"

于是，女孩遵照爷爷的嘱咐，拿起笔不停地在白纸上点黑点。

她点了片刻后，爷爷拿起白纸反问她："就这些吗？还有吗？"

女孩仔细想了想，提笔又点了三点。

在她确定点完之后，爷爷平静地问她："你在这张白纸上看到了什么呢？"

女孩狠狠地答道："全是黑点啊！全都是那死没良心的缺点啊！"

爷爷仍旧平静地问道："你再看一看，除了黑点之外，还看到了什么？"

"没有啊！除了黑点之外什么都没有了。"

爷爷不断追问着，女孩极不耐烦地说："除了许多黑点之外，就是白纸的空白部分了。"

爷爷这时大笑道："好极了！黑点就是缺点，而空白部分的大白点就是优点。你总算看到了优点。想想看，孙女婿是否也有优点呢？"

女孩若有所悟，想了很久，终于勉强地点点头，开始——道出丈夫的优点，脸上的阴云慢慢散去，语气也逐渐缓和。最后她终于破涕为笑。

人性的盲点是：一个人看另一个人，往往发现他的优点比发现他的缺点还要难，更谈不上去学习别人的优点。在与人交往中也是一样，如果看到的都是别人的缺点，你不仅从别人身上学不到东西，就连一个朋友都交不上。

演练"三人行，必有我师"

"三人行，必有我师焉。择其善者而从之，其不善者而改之。"孔老夫子的这句经典名言意思是：三个人同行，其中必定有我的老师，我选择他优点的方面向他学习，看到他缺点的方面就对照自己改正自己的缺点。每个人身上都有优点，他只要在某一方面比我们强，就可以做我们的老师。

这句话也表现出孔子自己虚心好学的精神。《论语》中有这样一段记载，一次卫国公孙朝问子贡，孔子的学问是从哪里学的。子贡回答说，古代圣人讲的道，就留在人们中间，贤人认识了它的大处，不贤的人认识它的小处；他们身上都有古代圣人之道。"夫子焉不学，而亦何常师之有？"他随时随地向一切人学习，谁都可以是他的老师，所以说"何常师之有"，没有固定的老师。《论语》中不少记载，如孔子入太庙，"每事问"；宰予白天睡觉，孔子说："始我于人也，听其言而信其行；今我于人也，听其言而观其行。于予与改是。"子贡对孔子说，自己只能"闻一而知二"，颜回却可以"闻一而知十"。孔子说："弗如也。吾与汝弗如也。"都体现了这种精神。这样的精神和态度，是很值得我们学习的。

"三人行，必有我师焉，择其善者而从之，其不善者而改之"的态度和精神，也体现了与人相处的一个重要原则。随时注意学习他人的长处，随时将他人的缺点引以为戒，自然就会多看他人的长处，与人为善，待人宽而责己严。这不仅是修养、提高自己的最好途径，也是促进人际关系和谐的重要条件。

点亮思维

他山之石，可以攻玉。让自己最快进步的方法之一就是发现并学习别人的优点。博采众长，才能让自己变得更出色。当然，不要忘记自己的缺点，并时刻提醒自己要尽量克服缺点。因为，每一个缺点都有可能对你造成不可挽回的损失。

没有人可以凭一己之力在当今的商业市场占据一席之地。

与其和敌人作对，不如站在敌人身边

是成为朋友，还是成为对手？这其实是一个很愚蠢的问题。这是个谋求双赢的时代，这是一个合作多过竞争的时代，时代要求你作出一个你不一定情愿，但一定正确的决定——和你的对手做朋友！和你的对手去合作，谋求共同利益，实现双赢的结果。

与敌人作对，不如站在敌人身边。这是一种寻求合作的姿态和精神。在竞争日趋激烈的现代社会中，只有与人合作才能实现共赢。许多时候，并不是别人喜欢与我们作对，而恰恰是我们对他人轻蔑的心态在不经意间为自己树下了劲敌，并且因为这支劲敌的存在而使自己走向失败的命运。实质上，打败我们的并不是自己的对手，而恰恰就是我们自己。

前几年，北京的一个大型展览中心为了使展览更富有创意和吸引力，曾面向国内外所有咨询公司进行公开招标。许多公司都参与了当时的投标活动，其中包括一家世界知名的国际咨询公司，而此公司也是所有投标公司中最具国际影响力的一家。因为公司名气非常大，负责这个项目的经理仗着自己公司品牌的势大气粗，全然不把其他一些中小公司放在眼里。

当时北京一家小型咨询公司也参与了此次招标。这家咨询公司的老板是一个非常富有想象力和才气的年轻人。他对这个展览中心有着自己非常富有创意和新奇的构想。但是，他想，自己的公司只是一个不起眼的小公司，光凭自己的力量怎么能竞争过别人，如果与那家国际知名公司联手的话，那么肯定能把这个单子拿到手。于是，他拨通了那家公司经理的电话，把自己的想法告诉了经理。但是，那家大公司的经理没等他把话说完，就非常干脆地说："我们从不跟小咨询公司合作。"年轻老板仍抱着一线希望地说："电话里说不太清楚，咱们约个时间见面聊聊，可以吗？"大公司经理说："我很忙，没有时间。"说完就挂了电话。

大公司经理的那种骄横的态度和语气，激起了年轻老板要做一个竞争者的决心。经过了与同事的一番拼搏之后，一个几近完美的展览构想终于诞生了。经过专家们对各种方案的打分，最后年轻老板和他团队设计的方案脱颖而出，以绝对的优势中标。那个大公司的经理在听到这个出人意料的结果后惊得目瞪口呆，没想到打败自己的竟然是当初那个自己不愿合作的小公司！

试想，如果当初大公司的经理不是那么的傲慢，抽一点时间与那位年轻老板谈谈，也许他就会为年轻老板的构想而动心，而愿意合作。那么，他们将会在这次竞争中双赢。但是，

一条小河里的水总是有限的，如果条条小河汇成大江，那么它们就能托负起万吨巨轮。

THINKANDMAKE
思路点拨••••••••
AGREATDIFFERENCE

<<<

187

他不仅没有站在对手的身边，反而将本可以成为朋友的人推上了敌手的位置。

在清朝著名商人胡雪岩身上也发生过一件类似的事情。那时，在杭州曾有一家非常有名的药店叫重德堂，老板就叫叶重德。胡雪岩本是经营钱庄、粮食等生意的，他最大的客户是军队。有时，出于生意上的缘故，胡雪岩会邀请一些名医开出处方，配制辟瘟丹、诸葛行军散、红灵丹等药，免费送到军中用于治疗创伤和预防疾病。但这引起了开药店出身的叶重德很大的反感，认为胡雪岩在抢自己的生意。一次，胡雪岩的妻子病了，派人到重德堂抓药，抓回来一看，有两味药发了霉，根本不能入药。胡雪岩只好又派人去调换，派去的人也极力强调是胡雪岩的妻子用，不能马虎。谁知不提胡雪岩的名字还好，一提反而坏了事。只见叶重德双手抱肩，歪着头轻蔑地笑了笑说："回去告诉你家胡老爷，我店中就只有这样的药，嫌我的药不好，就自己开一家药店嘛。"

派去换药的伙计回来将叶重德的话回报给胡雪岩。胡雪岩听了十分生气，心想自己在杭州城也算个有头有脸的人，哪能咽得下这口恶气！他平静地对下人说："大家都是场面上的人，要相互捧场才是。我送点药给军队，也只是出于生意的需要，并没有与他争过什么市场。既然叶老板如此小瞧于我，那我就开个药铺给他看看吧！"胡雪岩的伙计们听了都鼓掌支持。

说干就干，没过多久，胡雪岩的"庆余堂"便在杭州最热闹的地方轰轰烈烈地开张了。胡雪岩为他的庆余堂制定了一个最起码的规定：只要顾客有对药不满意的地方，立即把药投到火炉里烧掉，重换新的。由于庆余堂经营的药在质量上有保证，且服务态度又非常好，没几年，庆余堂就红遍了江南，在全国各地开了数百家分店，并形成"北有同仁，南有庆余"的格局。反观重德堂，生意则是江河日下，最后无奈关张。

当年胡雪岩派人到重德堂抓药，叶老板本可抓住这个机会与胡雪岩搞好人际关系，说不定还有可能由两人共同来开发军队用药这个广阔的市场呢。这样一来，两人合作都有利可图，本该是一种双赢的结果。岂知这位自称重德的叶老板，却是个小肚鸡肠之徒，自己开着大药铺，却容不得胡雪岩送点药给别人，甚至公开羞辱胡雪岩，结果把一个本来可以成为朋友的人，变成了自己的劲敌，最后输得一败涂地。

许多时候都是这样，本来可以成为朋友共享利益的人，

188
THINK AND MAKE
····思路点拨····
A GREAT DIFFERENCE
>>
愚蠢的人把生活当成一个角斗场，聪明的人则把生活看做一个合作的舞台。

188
思路决定出路

最终成了对手甚至敌人。无论哪一方在竞争中取得了最后的胜利，都无法实现利润的最大化。要实现利润的最大化只有合作。

思路突破

跟你的敌人做朋友

想成为仇敌容易，想成为朋友很难，毕竟人际关系是最复杂的。但是快速发展的时代给我们提出了更高的要求，没有人可以凭一己之力在当今的商业市场占据一席之地。面对自己的对手，最好的选择就是站在他身边，和他做朋友，跟他合作。如果相互嫉妒、轻蔑、攻讦、拆台，那么最后只会是两败俱伤。这种情境，其实质并不是你在与对手作战，而是在自己打自己；如果能互相尊重、帮助、捧场、合作，那么彼此就会成为朋友，成为事业或生意上的最佳搭档。一条小河里的水总是有限的，如果条条小河汇成大江，那么它们就能托负起万吨巨轮，就能实现更远大的目标和理想。

多一个敌人不如多一个朋友

世界上只有冲不淡的深情，没有解不开的仇恨。总是怀着仇恨的人，不只会造成人际交往中的敌对氛围，还会加重生活的不安与忧虑，既不利人也不利己。

在一个偏远的山村里，张姓与李姓两家是三代世仇，两户人家一碰面，动不动就会上演全武行。一天傍晚，老张与老李从市集里出来，正好在返村的路上遇见了。仇人见面分外眼红，但也没有开打。不过，各自保持距离，谁也不搭理谁。两人一前一后走在通往村里的小路上，相距约有几米之远。

天色很黑了，又是个乌云蔽月的夜晚。走着走着，突然老张听见前面的老李"啊呀"一声惊叫，原来是他掉进溪沟里了。老张看见后，连忙赶了过去，心想：无论如何总是条人命，怎么能见死不救呢？

老张看了一眼，只见老李在溪沟里浮浮沉沉，双手在水面上不断挣扎着。这时，急中生智的老张连忙折下一段柳枝，迅速将枝梢递到老李的手中。

老李被救上岸后，连忙感激地直说"谢谢"，然而猛一抬头，老李大吃一惊，原来救自己的人居然是仇家老张。

老李颇为不解地问："你为什么要救我？"

老张说："为了报恩。"

老李一听，更为疑惑："报恩？恩从何来？"

老张说："因为你救了我啊！"

老李丈二和尚摸不着脑袋，不解地问："咦？我什么时候救过你啦？"

老张笑着说："就在刚才啊！你想想，今晚在这条路上，只有我们两个人一前一后行走。刚才你遇险时，如果不'啊呀'那一声，第二个坠入溪沟里的人肯定是我了。所以，我哪有知恩不报的道理呢？所以啊，真要说感谢的话，那理当先由我说啊！"

这时，月亮从乌云里露出脸来，在月光的照射下，地面上映着老张与老李的影子：当年曾互相打斗过的双手，如今紧握在了一起。

退一步海阔天空，就像老李与老张。在我们最需要帮助时，可能出现在我们身边的就是我们以前的敌人。因此，即使多一个朋友，有时也不如减少一个敌人好。如果敌人不肯向我们靠过来，我们就主动走过去，伸出和解之手。

告别商场上的角斗

愚蠢的人把生活当成一个角斗场，聪明的人则把生活看做一个合作的舞台。"双赢思维"应该成为人们运用于人际交往的原则。我们从小就参与各种比赛、考试，培养了一种你输我赢、你死我活的竞争心态。试想一下，谁又甘心在竞赛中认输呢？树立双赢思维就是要在人际交往中不断寻求互利，以达成双方都满意并致力于合作的协议计划。

广州著名药店陈李济的创始人陈体全和李昇佐就是合作上的典范。陈李二人原本素昧平生，陈体全当时还是一个小商人，李昇佐则是广州城里的一家小药店的老板。一次，陈体全在乡下收得一批货款银两，乘船回家路过广州。由于连续几天一直马不停蹄地忙事情，他非常疲惫，又在行船的时候喝了点酒，船到岸之后急于换乘其他船只回家，匆忙中竟将银两忘在了船上。那时李昇佐正好也在这艘小船上，他下船时发现了陈在匆忙间丢失的钱款，于是，他就不再走了，而是守在钱款旁边，坐在码头一直等着失主回来认领。因为他知道，这么多的钱丢了，失主一定会很着急的。等了好半天，船家说："都这么久了，你还是别等了，不如我们把钱分了算了。"李昇佐却说："如果是我自己做生意赚的钱，再多我也敢要；可这是别人的东西别人的钱，我一分都不能取。"又过了许久，天都快黑了，陈体全才惊恐万分地跑回来找钱，一看坐在码头边的李昇佐还在抱着钱等自己，真是又惊喜又感激。两人从此结为了至交。陈体全欣赏李昇佐的品质与才能，主动要拿出钱帮助李昇佐扩大营业规模。但是，李昇佐说："拾钱还你，这是我做人的原则。生意上的事是生意上的事，你若投入的话，利益自然也要共享。而且，为了避免后辈在金钱利益上闹起纠纷，咱们必须立下字据。"于是一张经典的合伙契约流传下来："本钱各半，利益均沾，同心济世，长发其祥。"著名的陈李济药店从此诞生。如今陈李济药店的药被誉为"广东圣昧"，远销东南亚各国。

生活中不是每时每刻都需要你争我夺地分出胜负。合作双赢比分出胜负更重要。陈体全和李昇佐正是依靠真诚的合作才将陈李济打造成为具有世界影响力的名店。

迎合时代，与对手携手

营销学上有句经典的话：不能打败对手就与对手合作。与对手合作是时代的需要，是时代发展的趋势。温州民营企业能够蓬勃向上发展，跟温州人善于合作的心态是分不开的。

如今，温州已建成"中国鞋都"、"中国电器之都"等32个"国"字号生产基地；拥有24个中国驰名商标、32个中国名牌产品和82个全国免检产品。不过这些只代表过去的辉煌，现在的他们也要直面世界跨国企业的竞争。温州民营企业突然发现自己处在前后夹击的困境中：向更高的领域发展，会遇到跨国公司强大的经济实力、领先的技术优势、科学的管理经验等诸多优势形成的强大阻力；原地踏步，则遭到国内具有后发优势企业的强烈追击。

20世纪90年代初，温州的许多民营企业为了规避政策上的风险，以及与国有企业竞争的需要，兴起了与外资合作的热潮。如正泰和美国公司合资、吉尔达和法国公司合资等。这股合资热潮，让我们看到了民营企业因时顺势的强大生命力。

最近一段时间，温州再次兴起了合资合作的热潮。服装龙头企业夏梦整体和意大利著名品牌杰尼亚合资；低压电器龙头企业正泰和美国通用公司合资，共同打造"通用正泰"商标，壮大了自有品牌；皮鞋龙头企业奥康与意大利GEOX合作，共享营销网络。

"我认为，合资有着非常积极的作用。"英博双鹿啤酒的董事长、温州企业家协会会长史美斌如是说。通过合资，双鹿啤酒的资产从3000万元发展到现在的4亿多。他告诉记者，不能光看外国人赚了钱，还要看到通过追加技改投入、扩张收购、征缴所得税，他们赚来的钱基本上还是留在了中国。

发生在温州的数不清的合资合作故事，对于在困境中挣扎的民企，无疑具有示范意义。温州老板的合作精神无疑也应该成为全国民企老板的楷模。通过上面的实例我们可以清楚地看到，只有通过与竞争对手的合作，温州的民营企业才能在与国企的竞争中打开生存空间。与对手合作，寻求发展，寻求共赢，互惠互利，是时代发展的趋势。适者生存，不能顺应时代的发展，就迟早会被时代淘汰。

点亮思维

有竞争就有合作，激烈的竞争呼唤真诚的合作。唯有合作才能实现双赢，才能获得更多的机会，才能笼络更多的资源，才不会两败俱伤。所以，不要再为自己树敌，与其和敌人作对，不如站在敌人身边。

第 8 章

做时间主人的思路

WAYS TO BE THE MASTER OF TIME

要事第一

　　驾驭时间第一位的原则就是：把最重要的事放在第一位！每天开始一天的工作前，大声地告诉自己三遍：要事第一！要事第一！！要事第一！！！遵循这一原则，你的工作会更有效率。

　　德国著名诗人歌德说过：重要之事绝不可受芝麻绿豆小事的牵绊。有效的时间管理是掌握重点式的管理，它把最重要的事放在第一位，以免被感觉、情绪或冲动所左右。要事第一是通过独立意志的发挥，建立以原则为重心的处事态度，进而达到有效的自我管理。

　　最重要的事情应该摆在第一位去做，是提高工作效率的关键。要事第一，就是将最重要的事情放在第一位去考虑，去做。所谓"最重要"，必须是出自你自己的想法、感觉，你认为什么对你才是最重要的。在某种意义上，人生就是选择对自己最重要的事情，然后努力去完成它，实现它。

　　如果你认为自己每天工作得很盲目、忙忙碌碌但又效率不高的话，你不妨试试这样做：把你第二天要做的事情列一个清单，按事情的重要程度排列。第二天早上，对照清单上的排序，从第一个开始做下去……

　　半个世纪前，查尔斯·史瓦在担任伯利恒钢铁公司总裁时，曾向自己的管理顾问李爱菲提过一个非比寻常的挑战："请告诉我如何在办公时间内做妥更多的事，我将支付给你任意的顾问费。"

　　李爱菲给他递了一张纸，并对他说："写下你明天必须做的每一项工作，然后先从最重要的那一项工作做起，并持续地做下去，直到完成该项工作为止。之后，再检查一遍你的办事次序，然后着手进行对你来说第二项重要的工作。如果任何一项着手进行的工作花掉你整天的时间，也不必担心。只要手中的工作是最重要的，则坚持做下去。假如按这种方法你无法完成全部的重要工作，那么即使你换了其他任何方法，同样也无法完成它们。而且如果不

借助某一件事的优先次序，你可能连哪一种工作最为重要都不清楚。将上面说的一切变成你每一个工作日里的习惯。如果这个建议对你起到作用了，你不妨把它提供给你的部属。"

几个星期后，李爱菲收到一张25000美元的支票，是查尔斯·史瓦寄来的，并附言说她确实为他补上了十分重要的一课。

伯利恒钢铁公司后来之所以能够跃升为世界最大的独立钢铁制造者，据说可能是与李爱菲的那数句箴言有关。

这个故事传达给我们这样的信息：只要你把事情按重要程度排列开来，然后从最重要的开始去做，你会发现，你干了以前相同时间里完不成的工作。你的效率更高了，你的速度更快了。更重要的是，你要把"要事第一"当成一种习惯，坚持下去。

思路突破

把要事记在工作日程的第一栏

养成列工作清单的好习惯，把最重要的事情记在工作日程表的第一栏，从上至下、每天雷打不动地去做，持之以恒，必然会有事半功倍的效果。

提炼出生命的"要事"

一个人每天要做很多事情：有大事，有小事；有紧急的，有不急的；有令人愉快的，也有令人心烦的。但是哪些事才是最重要的呢？不弄明白这个问题，你就会把大量的时间耗费在无谓的琐事上。这样不仅空耗许多时间和精力，令自己身心疲惫，而且工作效率极低。许多真正重要的事情可能就因此耽误了。

所谓的"要事"具体指哪些呢？

第一，这个要事一定要符合你的价值观。当你愿意把时间、精力、能量花费在它身上，当你愿意为一件事情付出生命时，这件事情就是最重要的事。

第二，你需要把你的选项尽量减少再减少，即把你的选择减少。生活中，我们总是太求稳，常常给自己太多的选择太多的后路。实际上给自己留后路并不是让自己成功的好方法。著名成功学大师卡耐基说过："当我演讲的时候，我经常玩一个我称为数学的游戏。玩法是我会在某一个人耳边轻声地告诉他一个数目，然后请他将这个数目小声地传给下一个人，直到整排或全场都传完了，再请最后一个人说出答案。如果是较简单的数字像3或19，那么最后回答的数目很可能还是正确的。但是如果我说的是'5184亿8632万7217.34'，那么在经过两三个人的传话之后，这个数目还能正确的可能性就非常低了。"卡耐基的话给我们这样的启

194

THINKANDMAKE
·········思路点拨
AGREATDIFFERENCE

>>

把最重要的事情记在工作日程表的第
一栏，从上至下、每天雷打不动地去
做，持之以恒，就会事半功倍。

示：尽量简化你的选择，不要给自己太多的后路，你成功的机会就会增加很多。

第三，从第一步开始，循序渐进地前进。不要希望能够一步登天，不要急功近利，不要一开始就"想拥有什么"。你首先要做的是应该先想想自己"想成为什么"，然后向着这个目标去努力，在自己身上投资。因为你自己才是你最大的资源。你要尽自己最大的力量去挖掘你自身的资源。你的态度、智慧、知识、才华、经验及技能，都是你实现目标的原料。你要将它们从自己的身上开发出来，挖掘出来。

当你依照这个程序坚持一段时间之后，你自然而然地就实践了对你来说最重要的事，随之也会获得有形的成果及回报。最终，你将拥有所有你想要的东西，甚至更多。

执行要事，抛弃琐事

在生活和工作中，我们应该坚定地按照要事第一的原则开展工作，谨防被琐事牵着鼻子走。西方管理学上有关于个人管理理论的介绍，它指出：人们在管理时间时，可以将你准备要做但还未做的事情依据急迫性与重要性分为四类。急迫性的事情就是指必须立即处理的事，比如当你的手机动听的彩铃响起时，哪怕你再忙，也得放下正在做的工作去接听电话。一般说来接电话总要优先于你的私人工作。这些就属于急迫性的事情。急迫性的事情一般都显而易见，却不一定很重要。因为你的电话可能是你的朋友没事为了聊天才给你打的，也可能是有人拨错了号码打过来的。

事情的重要性应该与你的生活目标紧密相关，因为那些所谓的重要性要事，指的就是有利于实现个人目标的事。遗憾的是，许多人往往本末倒置，对急迫却不重要的事情能够立即反应，而对最重要的事情却不能做出同样的反应。

一家大型商场的经理认为：对于大型商场来说，最重要的事情就是与承租商场的各租位各柜台的老板建立良好关系。这当然属于大商场老板和经理们的"要事"。

而事实往往与理论相反。一份对商场老板的市场调查表显示，这些大老板和总经理们只有不到5%的时间用在与各租位和柜台老板们的沟通上。这就是他们处理自己要事的时间。也就是说，一天8小时的工作时间中，他们仅用了10分钟左右的时间在做属于自己的最重要的事情。其他的时间

呢？则用在了类似开会写报告等琐事上。

同样的调查显示，当大型商场方面决定更新自己的经营思维、每个工作日抽出1/3的时间改进与各租位各柜台老板的关系时，一年后，商场的销售业绩提高了5倍。

因此，无论是什么人，不论你是大学生还是生产线上的工人，不管你是家庭主妇抑或是企业负责人，只要能确定对于自己来说哪些是要事，哪些是琐事，然后以不同的时间和态度对待要事琐事，一样都可以事半功倍。

用拒绝来使自己专注

人们常常对朋友或亲戚不能开口说"不"。哪怕影响了自己的工作，耽误了自己的要事，也不好意思说"不"。有时为应酬别人而使自己的精力不能用在当急的要事上，处处被次要事务牵绊。

黄女士曾被选为居民委员会的主席。其实她自己并不愿意承担这项工作，因为她还有许多很重要的事情要做，但她又不好意思拒绝别人的盛情邀请，只好勉为其难地接受。后来，随着工作量的不断增加，黄女士实在撑不住了，她必须找个人来接替她了。于是她就打电话给一位好友，问她是否愿意在委员会工作。她以为别人会很欢喜地接受这份工作，没想到却被对方婉拒了。黄女士郁闷地说："我当时为什么没有拒绝呢？"

这个例子不是说社区活动或社会服务不重要，而是人各有志，都要以自己的要务优先。必要时，要学会婉拒别人，在急迫与重要之间，知道取舍。

郑先生在一编辑部当主任时，曾聘用一位极有才华、效率极高的撰稿员。有一天，郑先生有件事想找人帮忙。他知道那位撰稿员做什么事情都效率很高，就决定请他帮忙。

郑先生说明来意后，撰稿员说："帮你忙绝对没问题，不过你得先了解了解我目前的工作状况。"说话间，他指着墙壁上的工作计划表，计划表上20多个计划历历在目，而且都正在进行。接着他说："您的这件事如果我去做起码也得用好多天的时间，但是，您看见我的计划表了，您觉得我能抽出这么多天的时间吗？"

郑先生无奈地摇了摇头，因为你无法要求别人放下自己手边的工作先去帮你的忙。

通过上面的实例我们可以看出，工作效率高的人都有能分辨哪些是琐事哪些是要务的能力。他们会把精力集中在自己的要事上。为了自己的要事，他们可以勇敢地说"不"。因为他们不能牺牲自己宝贵的时间浪费在别人的琐事上。而遇到同样的情况你是怎样做的呢？

点亮思维

最有效率的工作方法，就是无论何时将最重要的事放在第一位去做！每天给自己开一张工作清单，清单的上面用红色的大字提醒自己——要事永远第一！

永远做重要但不紧急的事情

最重要的事情不一定是最紧急的事情，却是需要耗费一生精力去做的事情。人一生的时光是短暂的，这些短暂的时间不能浪费在与自己的终极目标无关的事情上。集中精力，长期专一地向自己的目标努力，你才可能获得成功；三心二意、对自己的目标没有专注精神的人，将永不能获得成功。

我们的时间常常容易流失在"紧急而不重要的事情"上，而"重要而不紧急的事情"却做得太少。时间是守恒的，怎样能在有限的时间内做更多有效的事情？那就是永远做重要而不紧急的事。

一个成功学专家做过一个调查，绝大多数能够在事业上作出卓越成绩的人，在成为企业的管理大师之前，都首先是一个很优秀的自我时间管理大师。经调查统计，按一个人的平均年龄75岁计算，那么在这75年里睡觉要占21年，工作要占14年，个人卫生的清洁要用上7年，吃饭6年，旅行娱乐6年，排队等车堵塞等占去6年，学习8年，开会2年，打电话1年半，找东西1年，其他2年半。

对照上面的这组数据，我们是不是发现有太多的时间都被我们荒废了？我们甚至还没弄清时间是怎样从我们生命中溜走时，就已经老了，青春最好的时光就一去不返了。时间过了向谁去要呢？既然无法找回，就不如珍惜现在。从现在开始，像管理自己的功课、管理自己的公司一样管理时间。时间管理学上有个概念叫做时间四象限——即把手头的事情分成四个象限：重要紧急、重要不紧急、不紧急不重要和紧急不重要。

进行时间管理的第一站就是学会处理事情的优先次序，做那些处于时间第二象限上的事情。也就是说，当你手头有一系列的事情要做的时候，你要将这些事情重新排列，按事情的重要程度依次排开，然后再考虑事情的缓急程度。

时间的四象限具体是这样分的：第一象限是重要又急迫的事。比如应付客户、准时完成工作、去医院检查身体看病等等。第二象限是重要但不紧急的事。这些事情包括长期的目标、理想等等。第三象限属于不紧急也不重要的事。玩网络游戏就应该划分在第三象限，因为它既不重要也不紧急，因此我们的时间最好不要花在这个象限。第四象限是紧急但不重要的事。遇到这个象限的事情时，你最好看仔细一点，小心被忽悠了。因为这个象限表面看很

人一生的时光是短暂的，不能浪费在
与自己的终极目标无关的事情上。

<<< THINK AND MAKE
思 路 点 拨 ·········
A GREAT DIFFERENCE

197

像第一象限，往往迫切的事情让你顾不上考虑它是不是重要。如果我们不能很好地辨别的话，会浪费很多冤枉的时间在这个象限里面。最可怕的是，当你浪费了时间时，你可能还会很得意。因为你以为自己的时间花在了第一象限，事实上你是被忽悠了。

懂得了这个时间象限的划分后，你再回顾一下自己上一周的生活，上一月的生活，甚至上一年的生活。你的时间大多花费在了哪个象限呢？如果你的时间大多花费在了第三象限和第四象限，那请你赶快调整自己的方向，不要将来一头白发时再后悔。如果你的时间在第一象限花费得最多，那你也应该好好地反思一下，因为这不是你最应该投入的一个象限。

思路突破

实现理想是生命中最重要的事

你一定要知道，什么是你生命中最重要的事情。你只有知道什么是最重要的事情才有可能去做。如果你还不知道，我可以告诉你，你的理想就是你生命中最重要的事情，起码是最重要的事情之一。理想常常显得并不紧迫，但若想实现，则需要你长期去做。

忠诚于自己的人生目标

我们经常在人生的道路上迷失方向，并因徘徊和迷途消耗了生命。而高效能的人懂得设计自己的未来。他们认真地计划自己要成为什么人、想做些什么、要拥有什么，并且清晰明确地写出，以此作为决策指导。他们不怕过程中受到意外因素的阻挠，也不会因为阻挠和挫折就放弃自己的目标。无论遭遇多大的打击，他们始终坚持自己的人生目标，也最终获得了成功。

我们大家很熟悉的前美国总统林肯就是一个忠诚于自己人生目标的人。1832年，林肯失业了。这显然使他很伤心，但他下定决心要当政治家，当州议员。糟糕的是，他竞选失败了。在一年里遭受两次打击，这对他来说无疑是痛苦的。

为了能够在竞选上占据主动，林肯着手自己开办企业，试图通过此举扩大自己的影响力。可一年不到，这家企业又倒闭了。在以后的17年间，他不得不为偿还企业倒闭时所欠的债务而到处奔波，历经磨难。

在这么困难的情况下，林肯仍然没有放弃心中的希望。随后，他再一次参加竞选州议员。命运是公平的，这次，他成功了。他内心萌发了一丝希望，认为自己的生活有了转机："也许我可以成功了！"

1835年，他订婚了。但离结婚的日子还差几个月的时候，未婚妻不幸去世。这对他精神

198

THINK AND MAKE
········思路点拨
A GREAT DIFFERENCE

>>

时间是守恒的，怎样能在有限的时间内做更多有效的事情？那就是永远做重要而不紧急的事。

198

思路决定出路

上的打击实在太大了，他心力交瘁，数月卧床不起。1836年，他得了精神衰弱症。

1838年，林肯觉得身体状况不错，于是决定竞选州议会议长，可他失败了。1843年，他又参加竞选美国国会议员，但这次仍然没有成功。

林肯不断尝试着接近自己的目标，却被一次次地打回去：企业倒闭，情人去世，竞选败北。如果换成你，你该怎样应对这一切呢？你会不会放弃？放弃这些对你来说是重要的事情？放弃你渴求了半生的人生目标？

林肯没有在打击中退缩，他选择了继续挑战，继续坚守自己的人生目标与信念。1846年，他又一次参加竞选国会议员，最后终于当选了。

两年任期很快过去了，他决定要争取连任。他认为自己作为国会议员表现是出色的，相信选民会继续选举他。但结果很遗憾，他落选了。因为这次竞选他赔了一大笔钱，林肯申请当本州的土地官员。但州政府把他的申请退了回来，上面指出："做本州的土地官员要求有卓越的才能和超常的智力，你的申请未能满足这些要求。"

又是接连的两次失败。在这种情况下你会为自己的目标继续努力吗？你可能要放弃了，你可能已经开始幻想去做一家杂货店的老板了。

然而，林肯没有这样做。1854年，他竞选参议员，但失败了；两年后他竞选美国副总统提名，结果被对手击败；又过了两年，他再一次竞选参议员，还是失败了。

林肯一直没有放弃自己的追求，他一直在做自己生活的主宰。1860年，他如愿以偿当选为美国总统。

其实，当你好好审视历史上那些成大功、立大业的人物，就会发现他们都有一个共同的特点：他们从不轻易为"拒绝"所打败而退却，从不轻易更改他们的人生目标，不达成他们的理想、目标、心愿就绝不罢休。

把自己的人生目标、自己的理想当成生命中最重要的事情坚持去做吧，你也会有成功的一天。

养成做重要但不紧急事情的习惯

习惯决定命运！几乎所有的成功人士都有一个共性，那就是，将良好习惯注入到日常行为中直至形成生活规律。只要你仔细观察，就能在他们的身上发现这样一个共性。无论是哪个领域中的杰出人士都是这样，若干个好的生活习惯奠定了他们的成功之路。正是这些好习惯，让他们气定神闲，谈笑间就会把大事搞定，而不是忙得像只无头苍蝇。

成功人士其实并不比普通人聪明。但是，坚持好的日常习惯使他们变得更有教养，更有知识，更有能力。成功人士其实也不比普通人更有天赋，但是，好的日常习惯却使他们更加训练有素、技巧纯熟。成功人士也不一定比那些不成功者更有决心或更加努力，但是，好的日常习惯却放大了他们的决心和努力，并让他们更有效率、更具条理地工作和学习。好的习

高效能的人认真地计划自己要成为什么人、想做些什么、要拥有什么，并且以此作为决策指导。

惯成为他们成功的助力。

下面，让我们来看一位家庭医生的例子。琼斯是美国新泽西一家医院的大夫。琼斯大夫养成了这样的习惯：早晨起床后，坐在早餐桌旁，翻一翻有关医疗和临床研究的杂志。没过多久，这一习惯就发挥了作用，琼斯大夫慢慢变得博学，更富经验，也更专业。在局外人看来，琼斯大夫似乎显得比其他大夫的智力水平高一些，而事实却是，琼斯大夫并不比大家智商高。不过，不论聪明与否，都不会妨碍琼斯大夫比其他大夫更有能力，而这正是琼斯大夫拥有了一个好习惯的结果。

琼斯大夫能够比其他医生工作更出色，并非他比大家天赋高，而在于他在日常养成了良好的习惯。他很清楚对自己来说最重要的事情是什么，并且养成了无论何时都把重要但不一定紧急的事情当成一种习惯去做。因此他比别人更加出色。

托马斯·爱迪生是人类历史上最伟大的发明家。他一生共创造了1093项发明，包括白炽灯泡、留声机、电影等。在大家眼里，爱迪生确实堪称天才，但他本人却把成就归功于勤于思考的习惯。他说："就像锻炼肌肉一样，我们同样可以锻炼和开发我们的大脑……恰当地锻炼、恰当地使用大脑，将使我们的思维能力得到加强和提高。而思维能力的锻炼，又将进一步拓展大脑的容量，并使我们获得新的能力。"爱迪生进一步解释道："缺乏思考习惯的人，其实错过了生活中最大的快乐。不仅如此，他也会因此无法最大化地发挥和展现自己的才能。"爱迪生真正明白：正是勤于思考的好习惯，让人们把自身更多的潜能开发出来。

同琼斯大夫有异曲同工之处，爱迪生终生在做着对自己来说最重要但不一定紧急的事情，比如思考。对一个发明家来说，还有什么比思考更重要的呢？而正是这样一种好习惯，成就了爱迪生辉煌的一生。

亚里士多德有一句名言：人反复做什么事，他就是什么人。其实，好习惯并不难养成，过程虽然有些困难，但一旦养成，就会成为我们终生的财富。

点亮思维

最重要的事情并不一定是最紧急的，比如我们的梦想。这虽不是最紧迫的事，却需要我们付出一生的努力。

199

思路决定出路

200 THINK AND MAKE
········思路点拨········
A GREAT DIFFERENCE >>

几乎所有的成功人士都有一个共
性，那就是，将良好习惯注入到日
常行为中直至形成生活规律。

绝不浪费时间和没有
问题的人打交道

不要跟没有问题的人打交道。那些无味的交谈，无聊的娱乐都会耗
费你珍贵的时间。成功者珍惜一分一秒的时间。生命中的每一分钟每一
秒钟过后便不再重来，成功者不会让这一去不返的时间白白地从生命中
溜走，不会把这时间用在无法为自己的生命创造价值的闲谈和娱乐中。

大家都在羡慕那些亿万富翁们的生活。探究他们的发家史，他们许多人也是白手起家。他
们曾经也像我们一样，除了时间一无所有。但10年20年过去后，他们跟我们之间拉开了距离。
因为他们拥有了比我们更先进的理念，他们挤出了比我们更多的时间。想想吧，我们业余时间
用在了哪里？我们用在了和朋友的玩闹娱乐上。而亿万富翁的观念之一是，他们绝不会浪费时
间和没有问题要解决的人打交道。这些所谓的没有问题要解决的人就是我们平常所说的闲人。
他们通常安于现状，不思进取，没有远大的志向和抱负，思想消极等等。

古人云：近朱者赤，近墨者黑。环境对人会有很大的影响。经常与消极的人在一起交往你
的思想也会变得消极；经常与观念落后的人在一起交往，你的观念也
会跟他一样落后甚至比他更落后；经常与容易自满的人在一起
交往，你会变得更加的自满。反过来，经常与积极思考的
人在一起，你的视野会更开阔，而且你也会像他一样
去思考；经常和有远大抱负的人在一起，你也会
在不知不觉中立下自己的鸿志。其实，我们
现在身上具有的某种习惯，比如走路的方
式、对于文学艺术的爱好，不都是受我们
所处环境的影响吗？

生活中，你需要更多地去做的是：寻
访你身边的那些成功人士，寻访公司里业
绩突出的人，多和他们沟通，真诚地向他

们请教经验教训，学习他们的长处和优点，并找出他们为达到目标所采取的步骤以及他们克服不良环境影响的方法。长此以往，你会被成功人士的优点所感染，被成功者的思维和观念所影响，你也会向成功一步一步地靠进。你要成功，就不能将时间浪费在那些身边的闲人身上；你要成功，就要跟成功者站在一起。

思路突破

时间要用在刀刃上

环境改变人。不要把自己的时间浪费在与那些不思进取的闲人聊天上，他们的不思进取会影响到你。尽量跟成功者交朋友，他们对待事业的态度和观念一样会影响到你。交良师益友，有助于自己更快地进步。

计算时间的利用价值

其实，时间本身是没有价值的，是人们对时间的不同程度不同方式地利用，让同等的时间有了不同等的价值。比如，一分钟对于刘翔来说可以拿一个世界冠军，而对于一些人来说一分钟只是什么也做不成的一瞬间。这样这一分钟的价值就有了区别：刘翔的那一分钟价值千金；而有的人的那一分钟不仅一钱不值还白白地浪费了过去。就这样，时间在两种不同的心态下有了不同的价值，或者说是利用价值。

英国沃维克大学的扬·沃克教授推导出一个时间的价值公式：$V=\{W[(100-t)/100]\}/C$（其中V是每小时的价值，W是每小时的工资，t是税率，C代表当地生活开销）。通过这个公式你可以核算出自己每一项活动的时间价值。这是一个相当有趣并且实用的公式。沃克教授由此计算出英国男人平均每分钟的价值是10便士，而英国女人的时间价值为每分钟8便士。你当然也可以根据这个公式计算出自己每分钟的价值，这就是你的时间利用价值。

华人成功学权威、国际著名成功学演讲家陈安之就是一个很会利用时间、珍惜时间的人。在他已经成为一位著名的演讲家时，每天工作繁忙，要进行大量的演讲活动和拜访大量的顾客，可他还是能从容不迫地进行自己的演讲训练。他是如何从繁忙的工作中抽出时间演练演讲的呢？其实也并没有窍门。陈安之每天去第一个演讲会场的途中就已经在车上演练他的演讲稿了，这样他的第一次演讲事实上已经是第二次了。这次演讲一讲完，他又会在去下一个会场的车上演练事实上的第三次了。等到了第三个演讲现场的时候，事实上陈安之已经演讲了四次了。按照这种办法，陈安之每天都要演讲十几次，而且晚上还要对着镜子自己练三个小时！这样，他的每一分钟都得到了充分的挖掘和利用，每一分钟的价值自然要比一般人贵重了许多。

对一个伟人来说，时间就是一个国家的命运；对一个商人来说，时间就是金钱；对一个运动员来说，时间就是金牌。对你来说呢？

把无谓的人从你生命中剔除

近朱者赤，那些影响你进步的人、耽误你前途的人、不能在你发展过程中起到好作用的人，应该从你生命中一一剔除。你若想有所成就，你的时间就不能浪费在与这些人纠缠上。因为他们消极的观点和人生态度可能会影响到你的发展和进步。更因为你的时间是稀少的，而且弥足珍贵的，你不应该容许任何一个无聊的人来浪费你的时间。

1912年因发现格氏试剂而与P.萨巴蒂埃分获诺贝尔化学奖的法国科学家格利雅，曾经就是一个花花公子，平日常与一些无所事事却自命不凡的绅士们在一起，只要有舞会的地方就能找到花花公子格利雅的身影，只要有聚会的地方，花花公子格利雅必是座上客。

格利雅的命运是从一句话开始改变的。一次，自命不凡的格利雅照例和绅士们一起去参加舞会。他在舞会上寻找舞伴时，发现一位漂亮的金发女郎。于是他来到这位女郎面前，先鞠了一躬，然后习惯性地将手一挥，说了声"我请您跳舞"。但是那位金发女郎竟然纹丝不动，仍绷着脸呆坐着。格利雅以为她没有听见，再次躬身并高声说："尊敬的小姐，我请您跳舞。"忽然，女郎将身一歪，说了一句"我最讨厌您这样的花花公子"，随后便扬长而去。

"我最讨厌您这样的花花公子"这句话使格利雅呆立了足有十多分钟，然后便冲出门外，在狂风中奔跑……

金发女郎的轻视和冷漠，给了格利雅当头一棒，敲醒了他21年来醉生梦死的灵魂。此时，他真正感到自己生活浪荡、辜负青春的严重性。在悔恨交加之下，他给家人和朋友留下一个"你们不要来找我"的条子，便直奔里昂而去。

在里昂，格利雅废寝忘食，发奋苦读。心诚志坚的格利雅经过整整两年的努力，不仅补上了以前荒废了的学业，而且作为插班生考入了里昂大学化学系。1901年，在格利雅出色地完成了金属镁有机化合物制备论文后，以全票赞成获得里昂大学博士学位。

之后，格利雅将自己的目标瞄准了科学界的最高荣誉——诺贝尔奖。他夜以继日地在实验室里做研究，利用他发明的试剂——格氏试剂，合成出各种有机化合物。

真是功夫不负有心人。1912年，经世界化学家权威的精心评选，瑞典科学院决定授予格利雅诺贝尔化学奖，从而实现了格利雅多年来的夙愿。

昔日的花花公子摇身一变成了永载史册的诺贝尔大师。如果格利雅当年没有将那些影响他前进的"绅士"们甚至家人都拒绝门外、潜心研究，而是依然选择以前的游戏人生，那么

对伟人来说，时间是国家的命运；对
商人来说，时间是金钱；对运动员来
说，时间是金牌。对你来说呢？

<< THINK AND MAKE
思路点拨·········
A GREAT DIFFERENCE
203

那个花花公子格利雅将不会被历史记录下来，而那个诺贝尔化学家格利雅也不会存在。

把那些无所谓的人从你生命中剔除吧。每个人生命里都会有许多过客，但并不是每一位过客都需要你的挽留，那需要占用太多的时间和精力，而一个人的时间总是有限的。你要想有所成就，就要先点击一下生命里的"删除"按钮。

花时间同成功者在一起

一位理财师说过："你用一个月的时间跟5位有10年投资成功经验的投资大师学习，那么一个月就等于拥有了50年的经验。"

花时间和成功者在一起，向你身边的成功者学习，学习他们成功的方法，采取跟他们一样的行动。每一个成功的人士，都有一个成功的榜样，都是在学习其他成功人士的经验和方法。只要你能够了解成功的人做哪些事情、采取哪些行动，跟他们做同样的事情，你同样也可以获得成功。

20世纪最伟大的数学家之一——德国数学家大卫·希尔伯特，能在数学上取得如此大的成就，可以说与他身边的"成功者"的帮助是有密切关系的。

1880年秋天，18岁的希尔伯特进入家乡的哥尼斯堡大学。这时，另一位数学家赫尔曼·闵可夫斯基从柏林学习了三个学期后也回到了哥尼斯堡大学。希尔伯特的父亲曾告诫自己的儿子不要冒冒失失地去和"这样知名的人"交朋友，但由于对数学的热爱和共同的信念，希尔伯特和比他小两岁的闵可夫斯基很快成了好朋友。

1884年春天，年轻的数学家阿道夫·赫维茨从哥廷根来到哥尼斯堡担任副教授时，年龄还不到25岁，但在函数论方面已有出色的研究成果。希尔伯特和闵可夫斯基很快就和他们的新老师建立了密切的关系。他们这三个年轻人每天下午5点必定相会去苹果树下散步。希尔伯特后来回忆道："日复一日的散步中，我们全都埋头讨论当前数学的实际问题、相互交换我们对问题新近获得的理解、交流彼此的想法和研究计划。"在他们三人中，赫维茨有着广泛"坚实的基础知识，又经过很好的整理"，所以他是理所当然的带头人，并使其他两位心悦诚服。当时希尔伯特发现，这种学习方法比钻在昏暗的教室或图书馆里啃书本不知要好多少倍。这种例行的散步一直持续了整整八年半。以这种最悠然而有趣的学习方式，他们探索了数学的"每一个角落"，考察着数学世界的每一个王国。希尔伯特后来回忆道："那时从没有想到我们竟会把自己带到那么远！"三个人就这样"结成了终身的友谊"。

从希尔伯特成长的故事中，我们可以看出，一个成功的良师益友对自己人生的发展是多么的重要。可以想象，与良师益友间相互切磋讨论的那段时间，是希尔伯特才、学、识获得迅速成长的重要阶段。假如没有这段经历，那么希尔伯特很可能无法取得以后的成就。

世界著名的成功学大师安东尼·罗宾在演讲时号召想成功的人要跟成功者在一起，要向成功者学习，甚至要模仿成功者的方法和行动。他说："模仿是通往卓越的捷径，也就是说，如果我看见每个人作出我心羡的成就，那么只要我愿意付出时间和努力的代价，也就可以作出相同的结果来。如果你想成功，你只要能找出一种方式去模仿那一些成功者，便能如愿。能推动和摇撼世界的人，往往都是那些擅长模仿的人。"

人生大部分的学习就是从他人的成功里汲取经验。花时间和成功者在一起，向成功者学习，模仿成功者。你要像个侦探一样，不断地质疑并找出得以成功的痕迹来。相信不久以后，下一个成功者就是你自己！

点亮思维

成功的人之所以成功，在于他利用与他人相同的时间，完成了他人完不成的任务。他们通过向更成功的人学习和模仿，以更快的速度获得了成功。如果你觉得自己还有点时间的话，与其浪费在与闲人打交道上，不如多学习一点成功的经验与方法。

预防问题比解决问题重要

无论是一个人还是一个企业，遇到问题或危机时，最好的解决方法就是能够将损失降至最小；而如果事先做好预防措施，规避风险的话，则可以将损失降低为零。预防问题比解决问题更重要，未雨绸缪是解决问题最好的办法。

有这样一个民间故事：一次，魏文王问名医扁鹊："你们家兄弟三人，哪一位最善于医术？"扁鹊回答说："大兄最佳，二兄次之，我最差。"魏文王很诧异地问："既然你最差，可为什么你却最有名气？"扁鹊答道："我的大兄治病，是在病没有发生之前，别人还没有察觉到病症。所以，他的名气只有我们家里人才知道，没有传出去。我的二兄治病，是在病刚开始的时候，一般人都以为只是小病，很容易治。所以他的名气也不大。而我治病，往往是病到最严重的时候。别人看到我时而割肉切骨，时而敷药，自然以为我医术精湛。因此，比起我大

能推动和摇撼世界的人，往往都是
那些擅长模仿的人。

<< THINKANDMAKE
思路点拨·········
AGREATDIFFERENCE

205

兄二兄，我最有名。但我的医术却是三人中最差的。"魏文王恍然大悟。

从这个故事中，我们不难看出：一个真正高明的管理者，应该是那些能够采取多种措施防止问题的出现，或者将已经出现的问题解决于萌芽之中的人。如果未能及时发现存在的问题，或者问题出现了没有及时得到解决，哪怕是小小的问题，即使以后解决得很好，也要花费一定的人力、物力和财力，也会造成一定的损失。

在江河的治理开发与管理保护上，明白这一点显得尤其重要。无论是防洪防汛、水土保持、确保大堤不决口、河床不抬高，还是河水资源的调度运用与保护，确保河道不断流、污染不超标等，都直接关系到人民群众的生命财产安全，都需要未雨绸缪，防患于未然。否则一个小小的疏漏，都可能造成无法弥补的损失。

当今时代，作为一个管理者，在经营企业时，一定要做到预防第一、防止在前。首先应该做到明察秋毫、善于发现。风起于青萍之末，任何事物的出现都是有征兆的，就看你有没有善于发现的眼睛。要建立完善的预警机制，制订科学详细的预警方案；还要进行深入细致的科学研究，充分认识和把握客观事物发展的规律；还要及时地解决已初露端倪的问题。万万不可忽视刚刚出现或者处于萌芽状态的问题，更不能将小问题拖成大问题。问题解决得越早、越及时，所付出的代价越小，所收到的成效越大。

思路突破

未雨绸缪胜过亡羊补牢

凡事不要等出现错误以后再去补救，未雨绸缪胜过亡羊补牢。做事做到位的原则是：把一切问题处理在没有造成损失之前。

坚持预防第一

任何时候都要把预防放在首位。尤其是在顺境的时候，更应该注意预防问题，不要让危机发生。中国古代有这样一个故事：从前，黄河岸边有一个村庄。为了防止水患，农民们合

206 THINK AND MAKE ·······思路点拨······ >> 预防问题比解决问题更重要，未雨
AGREAT DIFFERENCE 绸缪是解决问题最好的办法。

206
思路决定出路

力筑起了巍峨的长堤。一天，有个老农偶然发现蚂蚁窝一下子猛增了许多。老农心想：这么多蚂蚁窝会不会影响长堤的安全呢？他想赶快回村去报告，路上碰见了他的儿子。老农告诉儿子自己的发现后，儿子很不以为然地说："那么坚固的长堤，区区几只小蚂蚁怕什么？"随即拉着老农一起下田了。岂知，当天晚上风雨交加，黄河水暴涨。咆哮的河水从蚂蚁窝开始渗透，继而喷射，终于冲决长堤，淹没了沿岸的村庄和大片田野。

这就是"千里之堤，溃于蚁穴"这句成语的由来。不要以为这只不过是一句防微杜渐的警世箴言而已，现实中也有这样的事例。20世纪70年代以来，广东清远溃堤13条，塌坝9座，查实其中有9条堤围和5座大坝是土白蚁危害的结果；1986年7月，广东梅州市发生建国以来特大水灾，梅江决堤62条，其中土白蚁造成的缺口55个；1981年9月，广东阳江市境内的漠阳堤段出现18个缺口，其中查实有6个是土白蚁危害所致。

土白蚁危害隐蔽，行踪诡秘，即使河堤土坝受害已经十分严重，但从外表看依然完好无损。有的蚁穴之大，竟能容纳4个彪形大汉，着实是一个"陷阱"，别说是人，就连一头牛陷进去也不能自拔，甚至还发生过吉普车全部陷入其中的事情。由于土白蚁不断在河堤土坝上分群、蚕食、筑巢，导致河堤土坝内蚁巢"星罗棋布"，已经掏空了大堤。汛期到来，水位高涨，水流渗入蚁道、蚁穴，造成管涌、渗漏，毁坏堤坝。由此看来，土白蚁确实可以造成长堤溃决的后果。必须进行科学、细致的观察和研究，才能防患于未然。任何麻痹和对细节的忽视都会带来难以想象的后果。

一个小小的疏漏有可能酿成重大的灾害。如果预先做好防护的话，即便自然灾害来临时，也不会给我们的生活造成损失了。

将危机消灭在萌芽状态

防微杜渐，对于小的错误一定要引起重视，不要任其发展，将危机消灭在萌芽状态，才不会酿成大的灾难。管理界流传着一个关于荷叶的故事，说的就是这个道理。

在一个很远的地方，有一个小村庄，村子里有一片清澈的池塘。这个池塘是村民们唯一的饮用水源，绝对不能污染。

有一天，一个人从池塘边走过，不小心让一小截藕掉进去了。从此，藕在池塘里便生了根，然后发芽，并长出了几片荷叶。

令人意外的是，荷叶每天都在成倍增长，2片，4片，8片，16片，32片……按这样的速度，30天就可以覆盖整个池塘。

可是，在此之前的28天里，谁也没有理会这池塘里的变化。

直到第29天，有村民开始注意池塘的异常情况了，但他们认为是"突然间"长满了覆盖大半个池塘的荷叶。

当他们还在讨论着如何处置时，荷叶已经以神奇的速度布满了整个池塘。先前生长的部分荷叶已经腐烂，并且别的水生生物也趁势猛长，水质遭到了严重破坏。

很多危机事件都像这荷花池一样，由无心之失开始，中途又没有引起重视，直到有一天酿成了大祸，引起关注为时已晚。

当心细节决定成败

预防就要从细节开始。所有的问题最初都不是一下子暴露的，而是从一个小的细节开始，慢慢地变坏，直到无法挽回。

前些时候，浙江某地用于出口的冻虾仁被欧洲一些商家退了货，并且要求索赔。因为欧洲当地检验部门从1000吨出口冻虾中查出了0.2克氯霉素，即氯霉素的含量占总量的50亿分之一。在国内经过检查后发现，问题出在加工环节上。原来，剥虾仁要靠手工，一些员工因为手痒难耐，就用含氯霉素的消毒水止痒，结果将氯霉素带入了冻虾仁。这起事件引起许多业内人士的关注。有人认为这是质量壁垒，50亿分之1的含量已经细微到极致了，也不一定会影响人体健康，只是欧洲国家对农产品的质量要求太苛刻了；有人认为是素质壁垒，主要原因在自身，是国内农业企业员工的素质不高造成的；还有人认为这是技术壁垒，浙江当地冻虾仁加工企业和政府有关质检部门的安全检测技术，太落后于国际市场对食品质量的要求，根本检测不出这么细微的有毒物。抛开客观因素，从我们自身的原因来说，这50亿分之1的数据，表面上看起来是一次贸易中的正常失误，其实却隐含着深刻的教训——疏忽细节上的管理。

同样的事件，在著名手机品牌爱立信身上也发生过。有着百年辉煌历史的爱立信与诺基亚、摩托罗拉并世称雄于世界移动通讯业。但自1998年开始的3年里，当世界移动电话业务呈高速增长的状态，爱立信的移动电话市场份额却奇怪地从18%迅速降至5%。即使在中国这个它从未想放弃的市场，其份额也从1/3左右迅速地滑到了2%！爱立信在中国的市场销售额一日千里地从手机销售头把交椅跌落，不但退出了销售三甲，而且还排在了新军三星、飞利浦之后。

在中国这样一个快速成长的市场上，国际上很多濒危的企业一进来就能起死回生、生龙活虎，但爱立信却在这块风水宝地上失去了它往日的辉煌。

2001年，在中国手机市场上，大家去买手机时，都在说爱立信如何如何不好。当时，

一款叫做"T28"的手机存在质量问题。这本来就是一种错误，但对这种错误的漠视，使它犯了更大的错误。"我的爱立信手机的送话器坏了，送到爱立信的维修部门，很长时间都没有解决问题。最后，他们告诉我是主板坏了，要花700块钱换主板。而我在个体维修部那里，只花25元就解决了问题。"这位消费者确切地说出了爱立信存在的问题。那时，几乎所有媒体都注意到了"T28"的问题，似乎只有爱立信没有注意到。爱立信一再地辩解自己的手机没有问题，而是一些别有用心的人在背后捣鬼。然而，市场不会去探究事情的真相，也不会给爱立信以"伸冤"的机会，而是无情地疏远了它。

其实，信奉"亡羊补牢"观念的中国消费者已经给了爱立信一次机会，只不过爱立信没能好好把握那次机会。质量和服务中的细节缺陷，使爱立信输掉了它从未想放弃的中国市场。

细节决定成败。许多生死攸关的大问题，决定点往往在一个微小的细节上。预防问题也要从细节上开始，忽视细节必定要遭到惩罚。

▌点亮思维▐

天下最难处理的不是如何解决问题，而是如何预防问题。未雨绸缪的智慧远胜于亡羊补牢的伎俩。预防是最好的灵丹妙药。

充分利用"第二时间"

所谓"第二时间"，其实就是我们正式工作以外的时间。而正式工作时间我们在这里称为"第一时间"。在竞争中取胜的秘诀，不在于你第一时间完成了什么，而在于你第二时间完成了什么。在大家的智力、精力几乎拉不开差距的时候，唯有时间能拉开差距。充分利用"第二时间"，才能完成更多的计划与目标，才能在竞争中拉大与他人的距离。

$E=MC^2$，这是爱因斯坦著名的质能公式：能量等于质量乘以速度的平方。虽然是物理学的公式，但它同样说明了成功学中关于"时间"的一个重要原理。

人与人在质量、能力（智商）上的差别是很小的，也就是说"M"基本是个"常数"。因此，人发出的能量（成功），就取决于其速度（C）。而速度从哪里来呢？在能量和质量都一样的情况下，如何比别人更快一点呢？只有依靠更多的时间，别人休息时，你在加速；别人娱乐时，你在加速；甚至别人吃饭时，你还在加速。你自然会跑到别人前面，而这些别人休息、娱乐、吃饭以及坐公交车等工作以外的时间，就是我们说的"第二时间"，充分抓住第二时间，才能让自己在竞争中领跑。

古今中外一切有大建树者，都是惜时如金的人。他们都有充分利用第二时间的好习惯，他们知道珍惜每一分钟，他们的每一分钟都是充实的。古书《淮南子》有云："圣人不贵尺之璧，而重寸之阴。"汉乐府《长歌行》有这样的诗句："百川东到海，何时复西归？少壮不努力，老大徒伤悲。"晋朝陶渊明也有惜时诗："盛年不重来，一日难再晨。及时当勉励，岁月不待人。"唐末王贞白《白鹿洞》诗中更有"一寸光阴一寸金"的妙喻。法国大文豪巴尔扎克把时间比做自己最大的资本。德国著名诗人歌德则把时间看成是自己的财产。而鲁迅先生对时间的认识更深刻。他说："时间就是生命。无端地空耗别人的时间，其实无异于谋财害命。"英国科学家法拉第中年以后，为了节省时间，严格控制自己，拒绝参加一切与科学无关的活动，甚至辞去皇家学院主席的职务。居里夫人为了不使来访者拖延拜访的时间，从来不在会客室里放坐椅。爱因斯坦76岁病倒时，有位老朋友问他想要什么东西，他说，我只希望还有若干小时的时间，让我把一些稿子整理好。达尔文也说过："我从来不认为半小时是微不足道的很小的一段时间。完成工作的方法，是爱惜每一分钟。"

我国伟大的文学家鲁迅成功的一条重要经验就是珍惜时间。鲁迅的整个一生都是在拼时间。他说："时间，就像海绵里的水，只要你挤，总是有的。"时间对任何人都是公正的。有志者、勤奋者，善于去争、去挤，它就有；闲人、懒汉，不去争、不去挤，它就没有。鲁迅正是善于挤时间、支配时间的勤奋者。他一生多病，工作条件和生活条件都不好，但他每天都要工作到深夜。第二天起床后，有时连饭也顾不得吃，又开始工作，一直到吃晚饭时才走出自己的工作室。实在困了，他就和衣躺到床上打个盹，醒后泡一碗浓茶，抽一支烟，又继续写作。

鲁迅习惯以各种形式鞭策自己珍惜时间。他在卧室的墙上挂着勉励自己珍惜时间的对联及最崇敬的人。鲁迅曾说："美国人说，时间就是金钱。但我想，时间就是生命。无端空耗别人的时间，其实是无异于谋财害命的。"鲁迅最讨厌那些"成天东家跑跑，西家坐坐，说长道短的人"。

思路突破

超越别人，要靠第二时间

所谓的"第二时间"，实际上就是平时的零散时间。时间本身对每个人都

美国人说，时间就是金钱。但我想，时间就是生命。无端空耗别人的时间，其实是无异于谋财害命的。

是平等的，但人对时间的态度，令时间的分配变得不再公平。有的人通过自己努力地"挤"获得了比别人更多的时间，也为自己超越竞争者创造了条件。

把时间看做海绵里的水

鲁迅先生说过："时间就像海绵里的水，只要去挤，总是有的。"时间总是能挤出来的，关键是你愿不愿去挤。

为后世留下诸多锦绣文章的宋代文学家欧阳修认定："余平生所做文章，多在三上：马上、枕上、厕上。"看来，零碎的时间实在可以成就大事业。三国时董遇读书的方法是"三余"："冬者岁之余；夜者日之余；阴雨者晴之余。"即利用寒冬、深夜和雨天，别人休息之时发奋读书苦学，并认为"三余广学，百战雄才"。而鲁迅先生，则"把别人用来喝咖啡的时间都用在了写作上"。

没有利用不了的时间，只有自己不利用的时间。

相信大家都看过这个实验——老师向一个瓶子里装小石子，装满后问学生："满了吗？"

"满了！"同学们异口同声地回答。

然后老师向瓶子里装沙，仍可以装进去。众学生愣了。

沙装满后，老师又问："满了吗？"

"满了！"同学们回答道。

老师又向已装满石子和沙子的瓶里灌水，同时问学生："满了吗？"

同学们都默不作声了。

我们的日子就像一个瓶子，看似排满了事情，但是你真的充分利用了所有的时间吗？也许剩下的空间不够放下一颗石子，难道也不能放下一把沙砾，甚至半杯水吗？不要让你的零碎时间蒸发掉。其实，生活中有很多零碎的时间是大可利用的，如果你能化零为整，那你的工作和生活将会更加轻松。

莫泊桑提醒我们说："世界上真不知有多少可以建功立业的人，只因为把难得的时间轻轻放过而默默无闻。"

学会聪明地利用零碎时间

利用时间应更聪明一点，才会有更高的效率。比如零碎时间应该用在零碎的工作上：坐车时，等人时，可用于学习，用于思考，用于简短地计划下一个行动等等。利用零碎时间，短期内也许没有什么明显的感觉，但长年累月，将会有惊人的成效。

零碎时间就是指不连续的时间或一个事物与另一事物衔接时的空余时间。这样的时间往往让人忽略过去。零碎时间虽短，但日复一日地积累起来，其总和是相当可观的。凡在事业上有所成就的人，几乎都是能有效地利用零碎时间的人。

北京一家广告公司的王经理，10年前还是一个摆地摊的，后来对广告感兴趣了，开始不断地找广告方面的书籍看，每天的零碎时间几乎全部用在了看书上。而在外面摆摊没人买东西时，他就开始思考。有时思考入了迷，别人问他东西的价钱问两三遍才能把他叫"醒"。不久后他参加了北京市的高等教育自学考试，居然神奇地通过了专科段除英语外所有科目的及格线。后来，他应聘到一家广告公司做销售代表。期间，他没有就此把书本放下，每天都要给自己留出看书的时间。他做了一份详细的每天工作计划，白天基本上用于开发客户、维护客户，晚上首先看两个小时的书，然后进行对一天工作的思考和总结，最后做出第二天的工作计划，然后睡觉。经过几年锲而不舍的努力，他拥有了自己固定的客户资源，并且自己开了一家小型

的广告公司，目前公司正在良好的运转中。而王先生在要求自己的职员时，也对职员说："不能合理充分利用时间的人，我们这里不欢迎。如果让我看到你在浪费工作时间，那没什么好说的，开除！"

王先生的成功在于他对时间的珍惜和合理的利用。他知道什么时候该干什么事，最大限度地利用了零碎时间，终于开创了一番自己的事业。

如果你想成就一番事业，一定要学会更聪明地利用时间。有这样一种比喻：时间像水珠。一颗颗水珠分散开来，可以蒸发，变成烟雾飘走；集中起来，可以变成溪流，变成江河。

掌握六大法宝，把时间利用得足够充分

充分利用时间是一个永恒的问题。我们总在不停地说充分利用，那么到底怎样才能充分利用时间呢？

首先，学会以较小的时间单位办事。这样有利于充分安排和利用每一点点时间。一时节约的时间和精力或许不多，但长期积累，可节约大量的时间。许多科学家、企业家、政治家

办事常以小时、分钟为单位，而一般人常以天为时间单位。美国人办事常以小时、分钟为单位来计算，而我们办事常以一天、一周为单位来计算。

其次，限时。人的心理很微妙，一旦知道时间很充足，注意力就会下降，效率也会跟着降低；一旦知道必须在什么时间里完成某事，就会自觉努力，使得效率大大提高。人的潜力是很大的，多限制时间通常不会影响身心健康，却可大大提高办事效率，何乐而不为呢？

对多数事情而言，既可在较长的时间里做完，也可在较短的时间里做完，弹性相当大。多限制时间有助于减少办事时间，从而达到充分利用时间的目的。一件事情8小时可以做完，如果只给4小时，也可以想办法完成。

第三，抢时间。如果抢时间的能力差，就很容易在关键时刻失败。因此，每个人都要掌握好抢时间的技术。

第四，把时间安排得满满的，从而促使自己努力。这是充分利用时间的最好办法。假如给自己安排的事情不多，那么，无论如何认真，时间还是没有被充分利用。把自己一生要做的事情都安排得满满的，比如一生准备干多少事情。把自己的时间安排得满满的，从而促使自己勤奋。

第五，优先办理重要的事情。所做的事情越有意义，时间的利用率就越高；反之，时间的利用率就越低。如果把大部分时间用在琐碎的事情上，那是非常不应该的。

第六，投入最多的时间发挥自己的特长。发挥特长有助于个人发展，因此，应投入较多的时间发挥特长。投入于特长的时间越多，对个人的发展越有利，一生的时间利用率也就越高。

第七，通过合作节约时间。对于一件事，可分割成几个较小的部分，自己只做其中一部分，其他部分让别人去做。这样可为自己节约很多时间。比如，将部分工作（特别是烦琐事务）分给下属去做，请咨询公司收集有关信息等。与人协作时，最好找效率不低于自己的人做伙伴；对比自己更重要的人，要配合他的时间。

有些事情自己无法亲自去做，可请他人协助。个人的力量是有限的，要充分利用时间，就要尽量利用别人的力量，让别人的时间成为自己的时间。例如，工人的工作时间都由企业家管理。一个优秀的企业家，无不把这笔时间当做自己的时间而好好利用。

能够充分利用时间的人，才能为自己争取更多的时间，才能在马拉松般的人生竞赛中跑到别人前面。

点亮思维

时间都是挤出来的。一个成功的人，一定是一个善于挤时间、能够在一天挤出比别人更多时间的人。这些挤出来的时间就是第二时间。对第二时间的运用能力决定了一个人能在成功路上走多远。

第 9 章

走在时代前沿、永不遭淘汰的思路

WAYS TO KEEP LIFELONG COMPETITIVENESS

优秀是卓越的敌人

你够优秀吗？如果你认为自己够优秀的话，那么你一定还不够卓越，因为卓越最大的敌人就是优秀！一个习惯优秀的人很难做到卓越。因为优秀，你反而有了太多的顾虑，你开始患得患失，你开始瞻前顾后，你害怕失去"优秀"的头衔，结果你或许保留住了"优秀"，却永远也没达到卓越。

卓越最大的敌人是谁？是优秀！因为你优秀了，所以你很难卓越。你一定不愿相信，卓越的敌人怎么会是优秀呢？因为一个人习惯了优秀，往往会渐渐丧失掉自己曾经的优点和特点，会越来越瞻前顾后，会害怕失去别人的赞美；诸事再三犹豫，不再有冒险精神，背上了想赢怕输的包袱，以至于再也无力成为一个卓越的人。

卓越，是因为不怕放弃优秀。大多数人都是这样，每当做好一件事时，都会有一种自豪感，会有一段飘飘然的时期。而在飘飘然中不再进取，徒然浪费了大量时间。凡事追求优秀，你可以在所从事的事业中处于上游。但是如果让这样的人去做整个事业的领头羊，做到卓尔不群，可能有些困难。只有完美才算成功，但这还不是最好的，只有最后达到卓越才能不被取代。

大家都熟知的美国总统艾森豪威尔将军，就是一个追求卓越的将军。他总是孜孜不倦地追求进步，力求把每一个细节都处理得尽善尽美，这也是他能够成为最高统帅的一个很重要的原因。他毕业于西点军校，在国内从事军训工作，后来不负众望，成为一位有名的上校。麦克阿瑟将军曾给予艾森豪威尔极高的评价，他这样说："我所推荐的好学的人如果一共有10个，那么我只要在一个人的名字下面写9遍就行了，这个人就是艾森豪威尔。"

在战场上，艾森豪威尔十分努力踏实地工作，幸运之神也一次又一次地眷顾着他。但他并没有因此满足，不断地追求更加卓越

的成绩，出色地完成了《欧洲战区总司令之指令》。也正是因为这个报告，他受到了马歇尔将军的极度欣赏，并且被越级提升，成为登陆法国的盟军最高统帅，并荣获了五星上将的军衔。

追求卓越，这其实体现的是一种对品质执著追求的信念。人的生命总是有限的，与其让生命在那些没有意义的事情上一天天地耗费，不如尽力去追求完美。

思路突破

让自己更强一点

不要满足于优秀。满足于优秀会让你丧失掉向卓越进取的决心。你要知道，无论你多么优秀，总有比你更优秀的人，而你能做的只是，让自己比自己更强一点，更出色一点。

不停地挑战自己

追求卓越，其实就是不停地挑战自己，挑战一切不可能。挑战自我，首先需要的是勇气。

弗吉尼亚大学的教育学教授卢克斯，原来是加州大学洛杉矶分校的一名教师。对于教师职业，他驾轻就熟。2001年，卢克斯即将获得在加州大学的副教授职称和一套新房子。可是他却决定放弃用10年时间经营起来的加州大学的一切荣誉和地位，告别安稳、舒适的大学生活，自费到悉尼留学，成为一名以刷盘子谋生的普通留学生。后来，他没有选择攻读教育专业，而是改学了新闻传播。拿到传播学硕士学位以后，他抱着对世界一流媒体的神往之情，去BBC应聘记者。当时面试的人特别多，只见到黑鸦鸦的人头攒动，顿时他觉得自己的心凉了半截。可是他很快就又打起了精神。越是有压力的地方，一个人的潜能就可能发挥得越大。整整一天，从早到晚，笔试、面试、再笔试、再面试……直到很多年以后，卢克斯才知道他是当时唯一一名被BBC录取的记者。

约翰是一名特种兵，他说他每天的生活就是不断地挑战自己的极限。他从进入特种兵训练营的那一天起，就要接受一次次极为严格的挑战，随时都有被淘汰的可能。内务整理、体能训练、队列训练、严格的考试等等都让学员懂得：只有积极接受挑战、不断进步，才有可能成为优秀的特种兵。特种部队在作战时的每一次挑战，都是对成员承受能力的考验。有些挑战是已知的，有些挑战则是未知的。队员们必须有良好的身体素质和心理承受力，勇敢地面对。比如在热带丛林中，特种部队的士兵不仅要预防蚊虫和毒蛇的叮咬，而且要面对虎狼等猛兽；在极地气候中，特种士兵要面对零下40℃左右的严寒。除了复杂的气候外，还要面对几百公里的长途奔袭、战友的突然死亡、食物的匮乏……对于这些挑战，能否顺利完成作战任务，就在于士兵能否积极应对自我、超越自我。不能做到的人，只有被淘汰。

现实生活中，很多人有一种安于现状的自满心态，因此不能达到卓越的层次。自满情绪是精神中的一种癌毒，必须加以遏制，否则不但会让人丧失进取心，连现状也会越来越差。当你不进步，而别人在进步时，岂不又把你甩在了身后？

把责任视做大于天

在西方，有没有责任感是衡量一个人够不够职业、够不够敬业的最大标准。我们每个人在对待工作时都或多或少地有点责任感，但让责任感成为我们脑海中一种强烈的意识，深入到工作中的每一点每一滴，并一直坚持下去却十分困难。

看看美国标准石油公司的小职员的责任感吧。美国标准石油公司曾经有位小职员叫阿基勃特。他在出差住旅馆的时候，总是在自己签名的下方，写上"每桶4美元的标准石油"字样。在书信及收据上也不例外，签了名，就一定写上那几个字。他因此被同事叫做"每桶4美元"，而他的真名倒没有人叫了。

公司董事长洛克菲勒知道这件事后说："竟有职员如此努力宣扬公司的声誉，我要见见他。"于是邀请阿基勃特共进晚餐。

后来，洛克菲勒卸任，阿基勃特成了第二任董事长。

在签名的时候署上"每桶4美元的标准石油"，老板洛克菲勒并没有交代这样的任务，但阿基勃特却主动地做了。也许在他看来，身为标准石油公司的职员，无论职务高低，都有为公司的产品做宣传的责任和义务。这种没有被要求而主动去做的精神就是责任感。这样的人到哪里能不受欢迎呢？

有责任感的人，才会主动工作，才会把工作做得尽善尽美。主动的人实际完成的工作，往往比他原来承诺的要多，质量要高。因此，主动的人、有责任感的人从不缺乏加薪和升迁的机会。而且，有责任感的人，因为常常做超额的工作，因此他付出的努力肯定比别人多，而他得到的经验也肯定比别人多。对事业主动的人更容易走向卓越，走向成功的巅峰。

苛求细节，精益求精

精益求精，顾名思义，是指在某方面已经取得了不小的成绩，但仍需不断努力，以求做得更好。

风靡全球的著名快餐连锁店麦当劳，在世界121个国家中拥有3万家店，每天吸引着世界上4500万人就餐。这个数字令人瞠目。麦当劳能够在世界范围内取得这样的成功，与公司注重细节、精益求精的工作态度工作信念是分不开的。麦当劳把"品质、服务、整洁、价值"的经营理念点点滴滴细化，贯穿到企业管理的每个最微小之处。正是这些点点滴滴的细节管理塑造了麦当劳的卓越品牌。

无论你多么优秀，总有比你更优秀
的人，而你能做的只是，让自己比
自己更强一点，更出色一点。

<< THINK AND MAKE
思路点拨・・・・・・・・
A GREAT DIFFERENCE 217

看看麦当劳是如何在汉堡包的制作上做到精益求精的：面包的直径均为入口最美的尺寸——17厘米；面包中的气泡为味道最佳的尺寸——0.5厘米；对牛肉食品的品质检查有40多项内容；肉饼必须由83％的肩肉与17％的五花肉混制而成；汉堡包从制作到出炉时间严格控制在5秒钟；一个汉堡包净重1.8盎司，其中洋葱的重量为0.25盎司；汉堡包出炉后超过10分钟、薯条炸好后超过7分钟，一律不准再卖给顾客；汉堡包饼面上若有人工手压的轻微痕迹，一律不准出售；与汉堡包一起卖出的可口可乐必须处在最可口温度——4℃；为了使绝大多数顾客付账取物时感觉方便，柜台高度为92厘米；不让顾客在柜台边焦急地等候30秒以上……

相信看了麦当劳的经营，许多人就找到了自己企业做不好的原因。不仅是一个企业，一个人也是这样，你希望自己卓尔不群，就要对自己提出更多的要求，就要不断地从细节入手，精益求精。如此才能创造卓越。

老子说："天下难事，必做于易；天下大事，必做于细。" 伟大往往源于细节的积累，秉着精益求精的精神去追求，才能创造卓越。

点亮思维

优秀是卓越的敌人，并不是说在阻止你成为一个优秀的人。恰恰相反，优秀其实应该是一个人走向卓越的必经之路。需要提醒你的是，你不应懈怠在这条路上，而是应该朝着前面的目标继续前行。

超"薄"学习

在日趋激烈的社会竞争中，稍不留心或许就要被挤出时代的快车。如何最大限度地发挥自己的潜能，在激烈的竞争中脱颖而出？成功的学习方法至关重要。其实，学习不是常人眼里的抱着大部头啃，也不必学得痛苦，关键是"会学"——把复杂的学容易，把困难的学简单。

学习是成功的重要因素。时代在不断进步，我们不想被时代淘汰，就要不断地学习，不

218
THINK AND MAKE
·········· 思路点拨
A GREAT DIFFERENCE >>

伟大往往源于细节的积累，秉着精益
求精的精神去追求，才能创造卓越。

218

思路决定出路

断地给自己充电加油，让自己的知识与观念跟得上时代的步伐，与时俱进地去更新知识。正像李大钊说的，知识是引导人生到光明与真实境界的灯烛。

CNN电视台名嘴——赖瑞金曾经邀请43位全美国最精英的人士，来一起探讨如何迎接新世纪，并请他们提一些建议。结果他发现这些精英人物提出最多次的字眼就是"改变"和"学习"。

因为这些想法，促使赖瑞金走进国会图书馆，找出一些百龄的报纸，看看一百年前的建言与今日的差别在哪儿。结果他果真查找到了同样的字眼。

伟大的哲学家、思想家马克思就是一个非常勤学的人。马克思还是个中学生时，就非常喜爱读书。在柏林大学时，读书达到了疯狂的地步，他可以整日闭门不出，在学生宿舍里废寝忘食地从早到晚地读书。

无论在巴黎、曼彻斯特、伦敦……马克思总是见图书馆就钻。伦敦的大英博物馆图书阅览室里，至今保留着一个当年马克思每天去看书的"专座"。在专座的地毯上，留有明显的两行脚印。原来，马克思在伦敦居住时，每天像上班一样，从早上9点直到晚上7点，准时到图书馆阅览室去看书，研究大量文献和珍贵资料。由于他每次去看书总是坐在固定的座位上，时间久了，图书馆的工作人员就把这个座位作为马克思的专座。如果哪一天这个位子空着，说明准是马克思病了或是发生什么意外的事了。日子久了，在他看书的座位下面的地毯上，磨擦出两条长长的足印，从而成为马克思当年在此刻苦研究学问的历史见证。

思路突破

学习一定有方法

知识永远不会够用的，只有不断地补充，不断地吸收，才能走在时代的前列。学习不单只限定在学校里头。很多人以为大学毕业了，就可以不用学习了，其实不然。大学毕业只是告别了学校，但不应告别学习。学习做人、学习做事、学习说话、学习经验、学习成功，乃至很细小的一个生活技巧。进入社会，学习才刚刚开始。

爱上学习

据联合国教科文组织的一次调查显示，在人均拥有图书和出版社的比例上，以色列超过了世界上任何一个国家，为世界之最。除教科书和再版书外，以色列年出版图书高达2000种。而14岁以上的以色列人平均每月就要读一本书。这个读书速度在全世界也是数一数二

的。还有，以色列全国公共图书馆和大学图书馆共有1000多所，平均不到4000人就有一所公共图书馆。这在其他国家简直是不可想象的。以色列办出的借书证有100余万，相当于以色列全国400多万人的1/4。

犹太人的智慧不是凭空获得的。犹太民族是一个"书的民族"。如果你到过耶路撒冷、特拉维夫或其他以色列的城市，你会发现城市中最多的公共建筑是咖啡馆和大大小小的书店。大多数以色列人往往从一张报纸、一杯咖啡开始自己充实的一天。而许多年轻人则常愿在幽静的书店待上整整一天，对他们来说这是一种最好的精神享受。以色列每年都要在耶路撒冷举办国际图书博览会。博览会期间，来自国内外的参观采购者难以计数。而在每年春季举办的"希伯来图书周"则是以色列人自己的图书节。很多犹太人早早就准备好了买书的钱，然后像期盼一次宏大的盛会一样等待图书节的到来。以色列只有5%的文盲率，450万以色列人中有1/3是学生，14岁以上的公民平均受教育程度为11.4年。差不多每4500人中就有一名教授或副教授。还有，犹太人在诺贝尔奖获得者中比例奇高。所有这一切成就，只能出现在一个勤奋好学、视阅读和学习为生命的民族。犹太人还特别重视学校的建设。在他们看来，学校就像一口保持犹太民族生命之水的活井。《塔木德》中也有这样的记载：学校在，犹太民族就在。

看完上面的数据，可见犹太人对学习的重视。这种重视不是出自某个人，而是整个民族。这样的民族能不强大吗？

我们在学习犹太人的致富时，更多的是应该学习犹太人的习惯和精神，比如犹太人对待学习的态度，这才是最关键的。

找到最高效的学习方法

想做一个"好学生"只埋头苦练还不够，一定要寻找最有效、最适合自己的学习方法。什么是最有效的学习方法呢？不同的人有不同的答案，但是其中也必有共通之处。有效的学习方法应该包括以下内容：

第一，要有效率地读书。要抛弃陈旧的观念，运用重点式阅读，抛弃"书本只要精读一

220 THINK AND MAKE 思路点拨 AGREAT DIFFERENCE >>

进入社会，学习才刚刚开始。学习
做人、做事、说话、经验、成功，
乃至很细小的一个生活技巧。

册"的观念。只要阅读自己所需信息的那几页，阅读本书的目的即已算达到了；看书先看目录，这样就很容易理解书的内容；重要的地方多读几遍；弄懂一本书的"关键字"，这有助于你迅速地理解内容；遇到难解的文章时，不妨给"然后"、"因为"等连接词加上记号及编号；书内附上书签的话，就能够有效率地读书；画线可利用四色笔标示重要的程度等等。总而言之，站在效率的立场来说，能够把握全体文章的意思才是最重要的。通过这种方式，一本厚厚的书会被你"读薄"。

第二，限制性学习，即限制学习的时间。因为连续长时间地学习很容易使自己产生厌烦情绪。这时可以把要学的东西分成若干个部分，把每一部分限定时间。这样不仅有助于提高效率，还不会产生疲劳感。如果可能的话，逐步缩短所用的时间。不久你就会发现，以前一小时学不完的内容，现在40分钟就完成了。

第三，专心、投入地学习。一心不可二用，不要在学习的同时干其他事或想其他事。

第四，不要整个晚上都看同样的内容。实践证明，这样做非但容易疲劳，而且效果也很差。

第五，不断地改进学习方法，提高学习效率。相信自己的潜力是巨大的。学习的过程，应当是用脑思考的过程。无论是用眼睛看，用口读，或者用手抄写，都是作为辅助用脑的手段，真正的关键还在于用脑子去想。如果能做到集中精力，发挥脑的潜力，一定可以大大提高学习的效率。

第六，保证充足的睡眠。晚上尽量不要熬夜，定时就寝。充足的睡眠、饱满的精神是提高效率的基本要求。

第七，注意整理，注意总结。

当然在实际学习的过程中，可能需要因个人的情况而对学习方法做一些调整。毕竟，任何方法都不是一成不变的，最主要的是要适合自己。

学习本身也是一门学问，有科学的方法，有需要遵循的规律。按照正确的方法学习，学习效率就高，学得轻松，思维也变得灵活流畅，能够很好地驾驭知识，真正成为知识的主人。

把学习进行到底

如今，在互联网时代，各门知识更新得很快，不学习就会落伍。所以，我们应该有危机意识和进步意识，不断地学习，不断地充电，让自己变得更加有深度、有厚度，永不会在竞争中落于下风。

小吴跳槽到一家著名外资企业，刚开始还以为自己的英语水平不错，平时看些文章或资料都没有太大的问题。后来正式上班才发现置身于一群洋话连篇的老外中，自己根本就像个哑巴。小吴的外语口语能力一般，也影响了他在公司的发展。因此，小吴急切地希望提高自己的口语交际能力。他火速报了一个口语培训班，自己买了口语书和磁带，利用一切可利用的时间

想学习一定有方法，不想学习一定有借口。

THINK AND MAKE
思路点拨·········
AGREAT DIFFERENCE

<< 221

221

思路决定出路

学习英语口语。一两个月后，效果慢慢出来了，但问题也随之而来。由于工作量的加大，每天回到家他已经筋疲力尽，练习的时间越来越少了，口语班也因为经常加班，还要出差，最后中途放弃了。用进废退，小吴的口语水平慢慢又回到了最初。小吴很苦恼，他的朋友得知他的情况后对他说："其实学好口语并不难，重要的在于有一个交流的环境，每天只要有高手指导，你练半小时左右就可以了。"小吴想，到哪里去找这么个环境呢？一天他偶然了解到一个通过电话的形式学习口语的培训班，自己可以选择方便的时间学习，几分钟或几小时均可，无时间限制。既有课程顾问整体指导，又有口语教练随机一对一陪练。于是小吴就交了费报了名。

参加第一次电话学习，小吴刚打了个招呼，便不知如何继续了。他自卑地对老师说自己口语不好，词汇量也不够，语法也有问题。老师说："没关系，现在最重要的是克服英语交流的恐惧感。"然后老师要求小吴和她练习问候，一个总共10多句话的小场景，中间有不懂的就用中文交流。持续十多分钟后，老师说可以了，让小吴过一会儿或者第二天再打电话。并说，只有当小吴不借助任何书面的东西，真正能和老师熟练使用"问候"交流后，才可以进入下一个话题；话题可以是口语书中的任何一课，但必须和自己的实际情况相结合，效果才会更好。看似简单的"问候"，小吴打了四五个电话才能熟练运用。两个星期练了三个主题，最重要的是英语交流的恐惧感渐渐消失了。坚持了三个月，练习了许多小话题，小吴发现自己的开口能力和语感大有长进，其间也能和老师作一些自由交流了。最重要的是，小吴有点喜欢和别人用英语交流了。接下来的几个月，主要是以自由交流为主。从日常生活到工作学习，从新闻事件到发表观点，表达能力不断得到加强。其间小吴和各种不同身份的老师交流，开阔了视野，结交了朋友，收获不仅仅是英语口语。开始还习惯性地想和熟悉的老师交流，后来也接受这种老师不固定的形式，甚至还有一种渴望同陌生人交流的想法。最后几个月，老师和小吴做了大量的模拟练习，或扮小吴的上司让小吴汇报工作，或扮小吴的同事交流工作，或扮新进员工让小吴介绍工作，或扮小吴的客户让小吴介绍产品等等。一年下来，小吴的口语水平已经能应付在外企工作了。

小吴的故事不仅说明人的进步离不开不断的学习、重复的学习，也说明学习最关键的是要找到适当的方法。这样学习起来简单轻松，效果好，学习的劲头也足。如果你正处在事业低谷期，是不是也该考虑为自己充充电加加油了？如果你正在学习中迷茫，是不是也该考虑一下学习方法的问题了？

点亮思维

想学习一定有方法，不想学习一定有借口。知识经济时代，任何藐视知识抛弃知识的人，都有可能被时代所抛弃。为了不被抛弃，你唯一的出路就是学习！

智慧比知识更重要。智慧是永恒的财富，它引导人通向成功，而且永不会贫穷。

智慧比知识更重要

知识跟智慧是两回事。知识是无限的，穷尽一生，也学不完。智慧是对知识的运用。知识积存得再多，若没有智慧，它们就无可应用，发挥不了价值。所以智慧包含了知识和聪明，它是头脑的智能，是洞察人生和实践道德的才能，是丰盛生命美好人生所需要的。

美国作家马克·吐温曾这样写道："犹太人的数目还不到人类总数的1%，本来应该像灿烂银河中的一个小星团那样不起眼，但是他们却经常成为人们的话题，受到人们的关注。"商业、政治、学术、文化……在所有领域，犹太人都取得了出类拔萃的成绩，那么他们成功的秘密何在呢？

如果你问犹太人："对你们来说，什么是最重要的？"犹太人一定会回答说："智慧。"智慧来自犹太人的宗教传统，智慧的观念深深扎根在犹太人的心中，所以才会在犹太人的心中占有举足轻重的地位。而且也造就了犹太人的成功。犹太家庭里的孩子在成长过程中，负责启蒙教育的母亲们几乎都要求他们回答一个问题："假如有一天你的房子被烧了，你的财产就要被人抢光，那么你将带着什么东西逃命？"

孩子们少不更事，天真无知，自然会想到钱这个好东西，因为没有钱哪能有吃的穿的玩的？也有孩子说要带着钻石或者其他珍宝出逃，有了它，还愁缺啥？

可这些显然不是母亲们所要的答案。她们会进一步问："有一种没有形状、没有颜色、没有气味的宝贝，你知道是什么吗？"

要是孩子们回答不出来，母亲就会说："孩子，你要带走的不是钱，也不是钻石，而是智慧。因为智慧是任何人都抢不走的。"

有这样一个故事：二战时期，在奥斯维辛集中营里，一个犹太人教育他的儿子说："现在我们身无分文，我们唯一的财富就是智慧。当别人说一加一等于二的时候，你应该想到大于二。"

纳粹在奥斯维辛毒死了几十万人，这父子俩却成为漏网之鱼。

1946年，他们来到美国休斯敦，做起了铜器生意。一天，父亲问儿子一磅铜价格是多少，儿子答35美分。父亲说："对，整个得克萨斯州都知道每磅铜的价格是35美分。但作为犹太人的儿子，你应该说3.5美元。你应该试着把一磅铜做成门把手看看。"

智慧包含了知识和聪明，它是头脑的
智能，是洞察人生和实践道德的才能，
是丰盛生命、美好人生所需要的。

<< THINK AND MAKE
思路点拨·········
A GREAT DIFFERENCE

223

20年后，这位父亲死了，只剩下儿子一人独立经营铜器店。他做过铜鼓，做过瑞士钟表上的簧片，也做过奥运会的奖牌。

他曾经把一磅铜卖到3500美元，那时他已是麦考尔公司的董事长。然而真正使他扬名的，是纽约的一堆在别人眼里不值分文的垃圾。

1974年，美国政府为了清理给自由女神像翻新扔下的废料，向社会广泛招标。但好几个月过去了，没人应标。当时还在法国旅行的他听说后，立即前去纽约，在看过自由女神下堆积如山的铜块、螺丝和木料后，没有提任何条件，当即签了字。

当时，纽约许多运输公司在背后嘲笑他的这一"愚蠢"举动。因为在纽约州，垃圾处理有严格规定，一个不小心就会受到环保组织的起诉。

就在一些人等着看这个犹太人闹笑话时，他已经着手组织工人对废料进行分类。他让人把废铜熔化，铸成小自由女神；把水泥块和木头加工成底座；把废铅、废铝做成纽约广场的钥匙。最后，他甚至把从自由女神身上扫下的灰包装起来，出售给花店。

不到3个月的时间，他让这堆废料变成了350万美元现金，每磅铜的价格整整翻了1万倍。

智慧的灵光让一个穷孩子摇身一变成为知名公司的董事长。在聪颖、精明的犹太人眼里，任何东西都是有价的，都能失而复得。只有智慧才是人生无价的财富。

思路突破

智慧是永恒的财富

犹太人说："智慧比知识更重要。智慧是永恒的财富，它引导人通向成功，而且永不会贫穷。"实际上，知识同智慧既有联系，又有区别。知识的积累可以令大脑思维更加活跃，智慧的增长能够更好地吸收知识。

摆正知识和智慧的关系

知识使人知道了许多事，使人更聪明。人们能获得丰富的知识固然很好，但智慧更为重要，智慧表现在人如何正确地运用所掌握的知识。犹太民族非常看重学问，但是与智慧相比，学问也略低一筹。如果掌握了许多知识而不使用，就像在一个空房间里堆积着许多书本一样是没有多少价值的。犹太贤哲曾经这样教导犹太人："读过很多书的人，如果他不会用书上的知识，仍可能是只驮着很多书本的骡子。"这种人即使有许多知识，也派不上用场。而且，知识必须为善，用知识做坏事，知识反而是有害的。犹太人认为，知识是为磨练智慧而存在的。假如只是收集很多知识而不消化，就等于徒然堆积许多书本而不用，同样是一种浪费。犹太人也蔑视一般性的学习，他们认为一般性的学习只是一味模仿，而不是任何创新。

所以人仅仅有知识还是远远不够的。人有了知识，还应该明白如何正确地将所掌握的知识在实践中应用，知识积存得再多，若没有智慧地加以应用，这些知识就失掉了价值。所以智慧包含了知识和聪明，它是头脑的智能，是洞察人生和实践道德的才能，是丰盛生命美好人生所需要的。成功的人生在于不断地把拥有的知识有智慧地应用到实际生活中。

在犹太人看来，一个人有智慧，不仅仅是个知识分子，而在于这人明事理，有忍耐、勤劳、可靠、自律、谦逊等德性。所以，比起知识来，犹太人更重视智慧，他们不是单纯看重知道什么，而更重视在知道的基础上建立什么。这样，犹太人从相同的知识中，也能发挥不同的智慧。这就成了许多犹太人成功的秘诀之一。

知识如树叶，它的命运总是从新生到枯黄，再让位给来年春天新的叶芽；而智慧则宛如树干基部的一圈圈年轮。

我们不会因为有知识而获得财富，而是我们必须将所获得的知识，经过思考与运用化成智能，才能创造出利润。

用智慧轻松把难题摆平

拥有智慧，你的生活会更加有趣，更加幸福。

美国一位退休老人在芝加哥的一所学校附近买了一栋简朴的住宅，打算在那儿安度晚年。

最初的几个星期，他居住的地方很安静，他也过得很舒适，并且深深佩服自己的眼光。

但好景不长，不久就有三个调皮的小男孩天天在附近踢这里的垃圾桶。附近的居民深受其害，为制止他们的恶作剧，采用了各种各样的办法：好言相劝过，也吓唬过他们，但效果不佳。三个小男孩该怎么踢还怎么踢。邻居们最终无计可施，也只好摇头轻叹，听之任之。

这位老人实在受不了他们制造的噪音，就想办法让他们离开。

于是，他出去跟他们谈判："你们几个一定玩得很开心，我小的时候也常常做这样的事情。你们可以帮我一个忙吗？如果你们每天来踢这些垃圾桶，我每天给你们一元钱。"

这三个小男孩听了心里非常高兴，心想这样以后买零食再也不用求爸爸妈妈给钱了，于是连忙点头表示同意。之后的几天，他们使劲地踢着附近所有的垃圾桶。

过了几天，这位老人愁容满面地找到了他们，说："最近我的生意不好，收入也减少了。从现在起，我只能给你们每人五毛钱了。"

这三个小男孩听到老人这么快就降低了给自己的报酬，心里有些不满，但一想还是有钱用也就接受了，每天下午，他们继续踢垃圾桶，可是，却明显没有以前那么卖力了，踢得浮皮潦草。

几天后，老人又来找他们。"瞧！"他说，"我的公司马上就垮台了，所以每天只能给你们两毛五分了，行吗？"

"只有两毛五分！"三个小男孩齐声喊道，"你以为我们会为了区区两毛五分钱浪费时间，在这里踢垃圾桶？不行，我们不干了！"

从此以后，老人过上了安静的日子。

这个幽默诙谐的小故事里，老人以逆向思维摆平了几个爱做恶作剧的小男孩，这也是智慧的一种体现。其实，生活中处处都需要一点智慧。没有智慧的生活将是一潭死水。

用智慧进行商业经营

犹太人是天生的商人。犹太人的聪明才智在经商方面体现得淋漓尽致。美国有一家比奇特尔国际建筑工程公司，1982年美国《财富》杂志曾载长文介绍过它，称它是世界上最大的建筑公司。当时该公司年收入达114亿美元。

比奇特尔国际建筑工程公司拥有长期工作人员近5万名，另有临时工7万多名，年收入超百亿美元。就连美国政府中一些要员也曾为该公司服务过。如美国前国务卿舒尔茨曾在该公司担任过总裁，美国前国防部长温伯格也在这公司任过副总裁，美国商务部顾问斯蒂芬也曾是这家公司的总裁。由此它的地位可见一斑。

比奇特尔公司虽是世界级的建筑工程大企业，名闻遐迩，但它却是一家私人拥有的企业，是一位名叫沃伦·比奇特尔的德国犹太移民在1898年创立的。比奇特尔刚创立该公司时，是从事一些建筑维修业务的。由于没有什么资本，公司设在一间只有10多平方米的小房里，员工仅10多个。60多年的苦心经营后，比奇特尔公司有了一定的发展，能从维修业务扩展到建筑较大的工程楼宇，成为一个中小型建筑企业。

1960年，沃伦·比奇特尔的孙子斯蒂芬·比奇特尔出任这家公司的总裁后，公司开始了迅速的发展。当时他才35岁，是一个有知识、有才华、有魄力的青年，上任不久，即对本公司的经营方针和管理办法进行全面改革。经过几年时间，公司面貌发生了根本的变化：由一个中小企业跃升为美国的大企业。1973年，斯蒂芬·比奇特尔顺理成章地接任了该公司的董事长职位。在他的管理下，公司很快发展成为跨国公司乃至世界顶尖级建筑工程大企业，让世界建筑行业人士刮目相看，惊叹不止。

斯蒂芬·比奇特尔促使比奇特尔公司迅速发迹，主要运用了三个妙招：

首先，励精图治，开拓进取。斯蒂芬主管该公司后，他明显地看到，当今的市场，是充满残酷竞争的。在竞争的激流中，经营者不进则退、慢进则会落伍，最终亦会遭淘汰。他不能像他的祖父或父亲那样，在经营中稳字过头、创劲不足，只图保住家业、不想冒险开拓更广泛的业务。所以他设法扩大业务，以便增加公司的影响力和积累，形成强大竞争力。他的策略是先从本市本地区着眼，然后向全国推进。比奇特尔公司设在旧金山，斯蒂芬把本公司的主要力量安排去招揽工程和宣传本企业的经营宗旨及服务范围。不到一个月，效果十分明显，接到许多新工程。接着，斯蒂芬集中力量抓工程进度和质量，做到保质、保时。公司的信誉迅速升扬，业务很快扩展到整个加州，继而扩大到全国各地。

其次，多种经营，立足发展。建筑工程是个非常巨大的市场，包括范围很广。不论是何种社会制度的国家和地区，无论是什么时期，建筑工程是不可缺少的，特别是经济发展时期，建筑工程市场愈加兴旺。斯蒂芬决心要改变比奇特尔公司长期以来停留在房屋修建工程上这种自我约束的局面。他招聘各方面的专业人才，特别是聘请那些诸如舒尔茨、温伯格等有地位或有影响力的人员到公司任职，这样可以较方便地获得和更好地完成各类建筑工程。在斯蒂芬这种策略指引下，比奇特尔公司逐渐成为承建公路、港口、大型水坝、炼油厂、化工厂、输油管、地下铁路、矿场、飞机场乃至核电厂等重大建筑工程的综合企业。它曾承建了美国胡佛水坝、阿拉斯加输油管、旧金山及华盛顿的地下铁路、旧金山海湾大桥等。同时，美国半数的核电厂也是由它承建的。这些重大项目均能顺利建成，使比奇特尔公司的业务额迅速增大，公司的威望与日俱增。

再次，发展业务，立足全球。斯蒂芬·比奇特尔拓展业务的思维方法，与其长辈形成鲜明反差。他一直保持着"既得陇复望蜀"的思想，不断进取。他在国内扎下根和扩展业务后，迅速把业务拓展到国外去。首先，他把重心瞄准阿拉伯世界，因为阿拉伯国家从20世纪70年代开始大量开发石油，那里有许多重大工程需要建设。他亲自率领专家和有关人员到那里，进行一个个项目的洽谈，取得圆满的成功。

斯蒂芬·比奇特尔在阿拉伯地区市场取得了绝对优势后，又向太平洋地区及全球目标发展。20世纪80年代开始，他先在印度尼西亚、马来西亚等新兴工业发展国家承建工程，继而向台湾地区发展。现在，比奇特尔公司的营业额中，国内工程占50%左右，中东地区占15%，太平洋地区约占15%，世界其他地区占20%。

近年来，斯蒂芬为了进一步扩大公司的业务，多元化经营战略战术变得宽广灵活，该公司除了承建工程外，自办了比奇特尔电力公司、比奇特尔石油公司、比奇特尔采矿和矿产公司等。这些自办公司每年营业额已达30多亿美元。

如今，斯蒂芬·比奇特尔已快进入古稀之年，他所主管的公司已成为扬名世界的建筑工程跨国大企业，他仍是该公司的董事长，他的财富数以亿计。

比奇特尔公司从艰难创业到快速发展的历程充分体现着其领导人比奇特尔的智慧。犹太人用自己的智慧和努力将一个十余人的小作坊打造成一个十万余人的跨国公司，其中动了多少次脑筋又伤了多少次脑筋，岂是常人所能料到？

点亮思维

智慧是一个人身上最大的资源。在成功人士眼里，智慧比知识更重要。你脑袋里偶尔冒出一次智慧的灵光，都有可能改变自己的一生。让我们多去开动自己的脑筋吧，因为智慧和灵光都不是等出来的，而是思考出来的。

放眼长远，"推迟满足"

风物长宜放眼量！做事情做计划要着眼长远，放长线才能钓大鱼。小富即安、容易满足的人，可能会过得轻松快乐，但永远成不了事业上的强者！想让自己更强一点，就把目光放得更远一点。

1960年，美国斯坦福大学的心理学家瓦特·米伽尔做了一个有关"推迟满足"的试验，试验对象是斯坦福大学附属幼儿园的孩子。试验开始时，研究人员将这群调皮的孩子们带进房间中，给他们充分自由，任他们在里面任意折腾。接着研究人员就找借口离开房间一会儿。不过离开是有条件的，特别是当你面对一群平均年龄只有5岁的孩子时。首先研究人员把孩子最喜欢吃的糖果和一个按铃交到孩子们手里，然后要耐心地等他们安静下来，告诉他们，如果哪个宝贝能耐心地等他回到房间，就可以得到许多颗他们最喜欢吃的糖果。当然，如果有人不想等他回去，就直接按铃，工作人员听到铃声便马上带着一颗糖果回到房间，然后，告诉按铃的小孩，因为你表现得不够耐心，所以对不起，你只能得到一颗糖了。这就是全部的游戏规则。但对孩子们来说，能遵守这些已经很不容易了。当孩子们完全明白自己拥有的选择权利以后，研究人员就离开房间，暂时把空间和时间全部交给这群调皮的小宝贝了。这时，对孩子们来说有两个选择：他如果想得到更多的糖果，就必须等待20分钟；当然他如果愿意的话，也可以马上按铃并得到一粒糖。

在这项实验中，有的孩子表现非常出色，他们足足耐心地等待了20分钟。尽管他们用了不少无赖的方法，比如睡觉、自言自语、不顾别人感受地唱歌、搬弄自己的手脚等等。但不管怎样，他们的所作所为都在规则允许的范围内，他们理应得到很多的糖果。你可以想象得出，这20分钟对孩子们来说有多么的漫长。而大多数孩子表现得就不尽如人意了，他们表现出了异常冲动的一面：研究人员才走几秒钟便按铃，甚至直接去抢夺研究人员手中的糖果。

米伽尔认为从这个糖果试验中可以看出孩子的性格特质，甚至可以由此略窥孩子未来的人生走向。因为糖果试验是个足以磨练孩子灵魂的难题，是一个象征冲动与自制、本我与自我、欲望与克制力、追求满足与延迟满足的永恒难题。

米伽尔本人也是一位很有耐心的人，他的试验一直追踪这些孩子到中学毕业。十几年时间过去了，原来幼稚的孩童现在长成了青春焕发的少年。心理学家的预言被证实：当年面对糖果诱惑时反应不同的孩子的发展情况也大为不同。4岁时就能抵抗诱惑的孩子此时显得社会适应能力较佳，比较自信，人际关系和学习成绩比较好，能积极迎接挑战，面对困难也不轻言放弃，在压力下不会崩溃、退却、紧张或乱了方寸。他们的父母或教师对他们的评价当然也就比较高。

而冲动型的孩子也表现出一些共同的特征，当然，这些特征是呈负面效应的。如让人觉得难以与人接触，顽固而优柔寡断，容易因为挫折而丧失斗志，认为自己是坏孩子或无用，遇到压力容易退缩或惊慌失措，容易怀疑别人、嫉妒或羡慕别人，由于冲动、脾气急躁而常与人争斗或做错事。

一位作家说："其实人与人之间的差距就那么一点点。但人的命运往往都是那一点点的差距决定的。"这所谓的"一点点"，在很大程度上，其实就是一种自我克制的能力。人身

推迟满足不是毫无理由的牺牲，而
是暂时忍耐一下当时的欲望，等待
一个更大的成果。

>> << THINKANDMAKE
思路点拨·········
AGREATDIFFERENCE 229

上最大的力量就是控制自己的力量。推迟满足不是毫无理由的牺牲，而是暂时忍耐一下当时的欲望，等待一个更大的成果。

思路突破

放眼长远，拒绝"小富即安"

推迟满足，意味着你不能贪图暂时的安逸，你得重新设置人生快乐与痛苦的次序。曾经有人说过这样一句话：立大志得中志，立中志得小志，立小志不得志。放眼长远的人才有得"志"的机会。一个人，尤其是青年人，如果想有更大的发展，就应该"推迟满足"，不要安于现状，小富即安。

增强你的时间透视力

能够在事业上获得成功的人，绝大多数都拥有一套长远思维模式，他们会有一个长远的打算，长远的目标。他们不会为一时的得失干扰自己的行动。他们还会不断地调整日常的思想和行为，以配合长期的目标。他们具有比常人更强的"时间透视力"。

什么是"时间透视力"呢？它是指当你计划每天的事情和活动的时候，你所能考虑的时间长短。时间透视长的人能够使自己做的每一件事情都成为长远目标的一部分，这种能力为他日后的成功奠定了基础。反之，看看失败的人，他们多数都属于典型的时间短视。他们目光短浅，只图眼前的利益，放不下短期的得失注定收获不了长远的胜利。

著名的哈佛大学就曾对个人成功因素做了一个调查。调查中，他们发现很多富家子弟并做不到成功，而很多出身贫寒的人反而通过自己的努力获得了成功。反复研究后他们认为：影响人成功的最重要的一个因素就是"时间透视力"。

日本住友银行总理事小仓曾讲过一段故事：

"有一年发生特大地震，铜丝价格收益暴涨，这给了许多以铜丝为原料的行业赚钱的机会。他们纷纷借机抬高产品价格。我有位制伞的朋友也过来和我商量这个问题，我当时劝他：千万不要做趁火打劫的事！尽量用以前的价格。甚至还亲自去为他和客户接头，帮他推销。当时我们的做法遭到了很多制伞同行的指责和唾骂。但我坚持，为了维护公司信誉必须这样做。

"地震的影响终于过去了，商场渐渐恢复正常。许多制伞同业都纷纷因货物滞销而受损失，甚至被迫倒闭，只有我朋友的生意还像原来一样的旺盛。

"原因很简单，在大家哄抬物价时，我们没有盲目随从。我们给了顾客相当的信任，并

230

THINK AND MAKE
·········· 思路点拨
A GREAT DIFFERENCE

>>

时间透视长的人能够使自己做的每
一件事情都成为长远目标的一部
分，为他日后的成功奠定基础。

借助这一信任，安然度过了危机，而且生意甚至比以前还要好。由此可见，贪图眼前利益的人，往往要付出更大的代价，遭受更大的损失！"

给未来的成功一点耐心

成功需要耐心。有时做事情就像钓鱼一样，除了技术、运气还需要你耐心地等待。钓鱼时看着同伴一次次把鱼竿提上来、一次次把还咬着鱼钩的鱼放进自己的水桶里，而自己的鱼漂却连动也不动，心里难免着急。许多人会按捺不住，要么提上来看看是不是鱼饵没插好，要么换换地方，结果仍然钓不到。其实，如果你没有乱动的话，可能早已经钓上来了。或许就在你提竿的时候已经有鱼过来吃鱼饵了，而你却没有耐心再多等几分钟甚至几秒钟。鱼就这样与你擦身而过。在我们事业的道路上，有很多的时候又何尝不似这垂钓的情形呢？

谁都渴望着自己的事业获得成功，谁都在向往着成功。看到身边的同学、好友一个接一个在事业上有所建树的时候，我们又怎能不抓耳挠腮直着急？其实，很多时候，自己也曾经全身心地投入过，也曾经拼搏过，但往往在成功即将来临的时候，却又失去了最后的耐心，实际上成功这时离我们只有一步之遥。仅仅是一步之遥，只要耐心地坚持一下，我们就可以得到，然而我们因为不愿再多等而放弃了。一朝醒悟回头再看时，后悔莫及。

曾经有这样一个故事：有两个渔民，一个叫阿来，一个叫阿土，都梦想着自己有朝一日成为大富翁。一天晚上，阿来做了一个奇异的梦，梦见对岸岛上的一座寺庙种有四十九棵山茶花，其中开红花的一株下埋有一坛黄金。阿来醒来高兴极了，满心欢喜地在一个秋天来到对岸小岛上的寺庙里，一直等到来年春天山茶花盛放的季节。令人失望的是，他没有找到开红花的那一株，只好垂头丧气地驾船回到了村庄。

阿土知道这件事后也在秋天去了那座岛，找到那座寺庙住了下来。他坚持等到了第二年春天，山茶花凌空怒放，寺里一片灿烂。奇迹就在此时真的发生了：果然有一棵山茶花盛开出美丽绝伦的红花。阿土真的在树下挖出了一坛黄金——后来，阿土成了村庄里最富有的人。

这个故事带给我们很大的启发：许多人只习惯于守候第一个春天，面对第一个季节的空芜，他们则没有耐心去等待第二个春天，结果也将成功弃在了门外。所以，当第一个季节没能收获累累硕果，当梦中的那朵绝艳的山茶花还在你的心灵深处摇曳时，请拿出你的勇气、耐心和执著，梦想才可能变为现实。

为了未来的成功，再多等等。

点亮思维

目光有多远，路才有多远。不要小富即安，不要不思进取，不要急于满足现状，因为这些对你来说都太容易。为何不挑战自己一次呢？

当你有价值时，价值便会被认可

时代只会埋没平庸的人，不会埋没真正有实力的人。真金不怕火炼，越炼越耀眼！不要担心你的价值不会被发现，不要担心你会被埋没在人海中。只要你还在追求进步，只要你真正有价值，你的价值总会有被发现被认可的一天。如果你是一个有价值的人，你现在要做的就是，耐心点，再耐心点。

　　每一个人都相信自己是有价值的，但并不是每一个人的价值都被别人所发现和认可。或者说，并不是每个人都实现了自己的价值。实现自己的价值关键在于首先了解自己的优势和劣势，清晰自己的定位，对自己的核心竞争力有准确的认识，对自己的核心病症能够充分解剖，并据此制定目标。目标就是通过阶段性自我职业分析，找到自己的软肋和竞争潜力，然后采取措施提升竞争力。这些是实现个人价值最大化的前提，否则所有的技巧将成为空中楼阁，我们的所有努力也会化为泡影。

　　每个人都希望自己的个人价值不断得到实现，希望自己成为一个有价值的人。史蒂芬·霍金小时候的学习能力似乎并不强。他很晚才学会阅读，上学后在班级里的成绩从来没有进过前10名，而且因为作业总是"很不整洁"，老师们觉得他已经"无可救药"了，同学们也把他当成了嘲弄的对象。没有一个人能看得起小霍金。在霍金12岁时，他班上有两个男孩子用一袋糖果打赌，说他永远不能成才，同学们还带有讽刺意味地给他起了个外号叫"爱因斯坦"。

　　但是，随着年龄渐长，小霍金对万事万物如何运行开始感兴趣。他经常把东西拆散以追根究底，但在把它们恢复组装回去时，他却束手无策。不过，他的父母并没有因此而责罚他，他的父亲甚至给他担任起数学和物理学"教练"。在十三四岁时，霍金发现自己对物理学方面的研究非常有兴趣。虽然中学物理学太容易太浅显，显得特别枯燥，但他认为这是最基础的科学，有望解决人们从何处来和为何在这里的问题。

　　这时候，病魔出现了。到牛津的第三年，霍金注意到自己变得更笨拙了，有一两回，他没有任何原因地跌倒。一次，他不知何故从楼梯上突然跌下来，当即昏迷，差一点死去。他被确诊患上了"卢伽雷氏症"，即运动神经细胞萎缩症。

　　大夫对他说，他的身体会越来越不听使唤，只有心脏、肺和大脑还能运转，到最后，心和肺也会失效。霍金被"宣判"只剩两年的生命。那是在1963年。起初，这种病恶化得相当

232
THINK AND MAKE
········· 思路点拨
A GREAT DIFFERENCE
>>

时代只会埋没平庸的人，不会埋没
真正有实力的人。

迅速。这对霍金的打击是可想而知的，他几乎放弃了一切学习和研究，因为他认为自己不可能活到完成硕士论文的那一天。霍金的病情渐渐加重。1970年，在学术上声誉日隆的霍金已无法自己走动，他开始使用轮椅。直到今天，他再也没离开它。

永远坐进轮椅的霍金，极其顽强地工作和生活着。20世纪70年代，他和彭罗斯证明了著名的奇性定理，并在1988年共同获得沃尔夫物理奖。他还证明了黑洞的面积不会随时间减少。1973年，他发现黑洞辐射的温度和其质量成反比，即黑洞会因为辐射而变小，但温度却会升高，最终会发生爆炸而消失。

20世纪80年代，他开始研究量子宇宙论。后来由于得了肺炎而接受穿气管手术，使他从此再不能说话。他全身瘫痪，要靠电动轮椅代替双脚。不但说话和写字要靠计算机和语言合成器帮忙，连阅读也要别人替他把每页纸摊平在桌上，让他驱动着轮椅逐页去看。他就是在这样的情况下，极其艰难地写出了著名的《时间简史》。

从被人轻视到被病魔夺走自由，一次次的打击都没有让霍金埋没在人海中，反而激发了他向上的斗志，最终在艰难的人生对抗中，实现了自己的人生价值。他的价值得到了全世界的认可。

思路突破

实现自己的人生价值

一个没有价值的东西是不会得到别人的尊重和认可的。如果霍金没有在物理学上的造诣，大家只会把他当做一个残疾人，一个可怜的病人。除了同情，没有谁想再多知道他什么，因为他只是一个没有任何价值的人，谁会在意一个没有价值的人呢？谁会在一个没有价值的人身上浪费时间呢？想得到别人的认可，想得到别人的赞赏，先实现自己的人生价值吧。

提高你的核心竞争力

在职场中，每一个老板和经理都希望能以最好的性价比招聘到最好的员工；而作为应聘者，则希望找到既能满足自己的职业生涯愿望，又能得到最好报酬的工作。可是现如今，我们在职场上的需求远小于供给。要想在职场上找到生存空间，必须提高自己的核心竞争力。

面对严峻的形势，你准备好了吗？你用什么来和别人竞争，凭什么让别人会选择你？唯一的最有效的理由就是你足够优秀：你有别人可以利用的地方，别人觉得用你可以给企业带来新的价值，而且比其他人可以带来的多，且代价更少。当然，企业的文化和具体的人才还有一个匹配度的问题，也许你特别优秀，但不适合那家公司。但是，毫无疑问，优秀的人比平庸的人竞争力强，选择机会多。从概率论的角度来说，他获得成功的机会肯定比较大。我们不能因为有些优秀的人暂时没有获得令人瞩目的成果，就说人不要太优秀，平庸就可以了；不能因为有不少成功的企业家没有读过大学，就说上大学不重要；不能因为你的领导比你的各方面条件都低，就说早知如此就不读书了，早点工作，现在都是什么什么领导了——可是如果你不读书的话，也许你连工作的机会都没有，因为时代在变，不能用你的现在和别人的过去来比。我们只有不断地学习、不断地提高，才能不断地适应不断变化的世界。

在最新的管理学著作中，有一个名词——"核心竞争力"，我们要知道什么是个人的核心竞争力。所谓核心竞争力，就是你具体的能够超越别人的能力，这种能力能被他人所利用，而且能带来最好性价比的价值。简单点说，你的能力别人没有办法模仿，离开你不行，这当然是在一定范围内的意义；还有更重要的是，你的这种能力，能给你的雇主或是委托人带来利益。只有提高自己的核心竞争力，才能在拥挤的人才市场中占得先机，才能更快地实现个人价值。

当善于发挥价值的有心人

一位哲人说过："这世界不是有权人的世界，也不是有钱人的世界，而是有心人的世界。"一个又一个成功人士的经历告诉我们：只要用心去观察、努力去创造，任何人都有可能成为与众不同的人。

从一个贫困的小保姆到一个拥有百万资产的大老板，23岁的吴敏仅仅用了3年的时间便实现了别人连想也不敢想的奇迹。然而有谁会想到，这成功居然来自于一次意外事故。

3年前，吴敏还是一个保姆。一次，女主人让她陪着去参加一个楼盘的开盘活动。

售楼小姐带大家去参观样板房，当时，由于人多拥挤，不知是谁撞翻了客厅墙角处的花盆架，正砸在电视机上，一下子把屏幕砸碎了。看房的人们都推说不是自己的责任，售楼小姐急得直哭。

回来的路上，路过一家玩具店时，吴敏的脑子里突然灵光一闪。她想，能不能像玩具车模那样用一种塑料的仿真家电来代替实物呢？这样开发商不但能降低成本，而且挪动起来方便，不怕摔不怕碰。

晚上，吴敏和主人谈了自己的想法。出乎她的意料，主人非常赞同她的主意，而且表示愿意出钱为她的这一创意投资。

234

思路决定出路

　　当吴敏卑怯地说自己只是个小保姆，做这样的事会不会让人嘲笑时，主人则平静地说了一句让吴敏一生都难忘的话：这世界没有谁生来平庸。

　　在得到主人的全力支持后，吴敏开始着手设计家电模型，联系生产厂家，拿着自己产品的照片到各个楼盘去推销，并热情地带领房地产公司的负责人来参观自己设计的家电模型。

　　由于一套家电模型的成本不及实物成本的十分之一，而且比实物更美观耐用，她的产品备受客户青睐，首批生产的几十套产品很快销售一空。

　　后来，大到沙发、衣柜、书橱、电脑桌，小到厨具、餐具、仅供摆设的小玩意儿，吴敏的模型公司里几乎应有尽有。有一段时间，产品甚至出现了供不应求的局面。于是在不到一年的时间里，她的公司便迅速积聚起上百万元的资产。吴敏也从一个为他人做保姆的农村小姑娘，一跃而成了一名远近闻名的公司老总。

　　做一个成功的、有价值的人，说难也难，说简单也简单。吴敏的成功就在于她是一个有心人，是一个用心去观察去思考的人。最终她的付出得到了回报，她也实现了自己的人生价值。

　　其实想实现自己的人生价值，并不像想象中的那么难，有时只需要你努力一点、坚韧一点、大胆一点，用心一点，努力提高自己的"核心竞争力"，用心发现并抓住实现自己价值的机会，在竞争中提升自己的实力和价值，总有一天，你的价值会呈现在人们眼前！

点亮思维

　　如果你是一个有上进心的人，那么铭记在心一句话：做一个有价值的人！这应该是你对自己最基本的要求。当你有价值时，你的价值一定会得到社会和他人的认可！当你真正有价值时，其实，你已不必再让他人认可。

第 *10* 章

拥有金钱、善待金钱的思路

WAYS TO HAVE MONEY AND ENJOY IT

同样的金钱，对不同目标有不同价值

> 有钱是好事，但是知道如何使用才最好。同样的一元钱针对不同的目标，价值是不一样的。对于千万富翁们来说，每一元钱只要用在恰当的地方，都是可以无限升值的。所以，他们珍惜他们付出的每一元钱。穷人反而常常视一元钱可有可无。

钱与人们的生活息息相关，也是大家日常谈论最多的话题之一。可是，真正对钱有清楚认识的人却不多。

同样的金钱对不同目标有不同价值。那些大富翁之所以挣到了更多的钱，就在于他们最大限度地发挥了自己手上的金钱的价值。比如富翁和穷人的区别在于：富翁的最大劳动在如何花钱，钱花对了，就肯定能赚钱。知道如何花钱也是富翁们最大的长处，花最少的钱办最多的事，这就是富翁对待金钱的态度。比如请客吃饭，同是几千元一桌，一般人花了钱，图个高兴，未必有其他意义。而富翁请人吃饭，则意味着3万或30万的生意。几千换几十万，这就让花出去的钱最大限度地发挥了自己的价值。否则，宁可不花。

世界上最富有的人比尔·盖茨就是这样做的。他的每一元钱都用在了最恰当、最需要的地方。他一点也不因为富有而矫揉造作，还是保持着年轻时的本色。他永远是金钱的主人。人们经常可以在机场遇见富有的盖茨，仍然是休闲裤、开领衬衫和运动鞋，甚至都不是名牌。

关于盖茨在花钱上如何保守有不少趣事。一次，他和一个朋友同车前往某个饭店开会。由于饭店地处西雅图下区，他们去迟了，找不到车位。这时，朋友建议将车停在

饭店的贵宾车位。

盖茨则认真地说："噢，不，这要花12美元，这不是一个好价钱。"

朋友道："我来付。"

"那可不是好主意。"盖茨答道，"他们超值收费。"

这其实不是吝啬，相反，这正是盖茨的优点，也是所有大富翁们的优点。连朋友自己提到这件事时都说，这并不是吝啬，要知道，盖茨在请客户吃饭之类的事情上相当大方，他只是厌恶物值不符。

物值不符时，手里的钱就发挥不了最大的作用。富翁们花每一元钱都带有可以挣到更多的目的性，而穷人有时两元当一元花了出去还浑然不觉。同样的金钱，在富翁的手里不断地得到增值，而在穷人手中，则是越花越少，这也是穷人为什么穷的原因之一。

很多千万富翁在创业初期，基本上没有资本优势，甚至资金还可能非常短缺。但他们后来之所以成功，就是因为他们懂得把钱花在刀刃上。

思路突破

把每一元钱的价值发挥到极限

富翁们在使用金钱上的最大艺术就是把每一元钱的价值发挥到了极限，让货币的价值最大化。所以，常常是相等数额的钱，富翁用它使自己的资产翻了好几倍，穷人则随意地将它花了出去，没有实现资本的增值，倒是使自己变得更穷。

对钱有积极清醒的认识

对待金钱，应该有积极清醒的认识。对金钱的认识程度决定着你驾驭金钱的程度，决定着你是金钱的主人还是金钱的奴隶。

积极地对待金钱，包括每一元钱每一角钱甚至每一分钱。再微小的钱也有它的价值，应该充分去利用它的价值，挖掘它的价值。许多人手里有一万元，却常说自己手里的资本不足，无法自己创业。要知道，巴菲特当年也是用一万美元打开了自己的致富之路，挣到了自己的第一个2.7亿。对巴菲特来说，即使是微不足道的一万元显然也是很宝贵的，而且利用得好，一万可以变成2.7亿。而大多数人，面对一万元却发愁了，认为这太少了，实际上他根本不懂也没有去开发这一万元的价值，所以他永远也成不了巴菲特这样的人。

还有人自以为有钱就大手大脚地花，实际上，这也是一种对金钱没有清醒认识、不能积极对待金钱的行为。没有一个亿万富翁会无故浪费金钱，换句话说，只有那些有点小钱又不知道该怎么花的人才会浪费金钱。比尔·盖茨没有自己的私人司机，公务旅行不坐飞机头等舱却坐经济舱，衣着不穿名牌，不愿为泊车多花几美元……斤斤计较着自己的每一分钱。你会觉得他是守财奴吗？那你看看微软员工的收入有多高，再看看比尔为公益和慈善事业一次次捐出多少善款就知道他是不是守财奴了。真正的大富翁就是这样，他们知道自己的钱应该用在哪里，应该怎样发挥价值。当钱发挥出自己的价值时，钱本身才是有价值的，钱如果没有发挥出价值的话，那它的实际效用可能还不如一张A4纸。

因此，若要使自己生活得幸福，就要树立正确的金钱观。积极理智地对待金钱，将钱花在该花的地方，充分发挥它的价值，才能实现资本的滚雪球效应。

学会省钱，更要学会挣钱

开源节流固然重要，但投资理财更重要，学会挣钱的方法最重要。中国的传统思维是"大富由天，小富由俭"，好像致富的不二法门就是开源节流，中国的储蓄率也因此一直居世界的前几名。然而，那些成为千万富翁的人们却持有这样的观念：省钱重要，挣钱更重要；有点钱就存进银行，是投资理财的最差选择。

如果一位上班族到年老时，发现自己的财富大多是自己一生刻苦耐劳、省吃俭用赚来省来的，那么几乎可以肯定，他一定不会很有钱。对多数人而言，要改善财务状况的首要任务，不是加强开源节流，而是加强投资理财的能力。投资理财在累积财富的过程中占有举足轻重的地位。对于善于理财者而言，一生的财富主要是靠"以钱赚钱"累积起来的，而不是省来的。

股神巴菲特在对待省钱和投资上有着与别人不同的独特思维。他虽然拥有亿万资产，但仍然住在几十年前买的小房子里，经常自己去商场购物，并每次都把商场给的优惠券收好，以便下次购物时使用。有人问他："你这么有钱，为什么还使用优惠券呢？这样做不过每天能节省一两美元，一生才能够节省多少？"

巴菲特答道："省不了多少？你错了，这省下的可不少呢，足足有上亿美元呢。"

"一天省个一两块，能够省下一亿美元？"那人当然不信，任谁都不敢相信。

巴菲特则继续分析道："虽然每天省一两美元，从表面上看起来没有多少，但是如果我一直这样坚持，一生中我大约能省下5万美元。而你没有这样做。那么，假如我们其他收入一样多的话，我至少比你多出5万美元。更重要的是，我会将这5万美元用于我的投资——购买股票。根据过去几年来我平均投资股票获得的18%的收益率，这些钱每过4年就会翻一番。4年后我就会有10万美元，40年后将达到5120万美元，44年后就超过了1亿美元，60年后就超过16亿。如果你每天省下一两块钱，到时候你就拥有16亿，你会怎么做？"

巴菲特跟别人的不同之处就在于：他省钱是为了投资，省下的钱也用在了投资上。对照巴菲特，你可以翻开你的银行账户，看看你辛辛苦苦省下的钱花到了哪里，是否与富翁们在对待金钱的思维上保持了一致。

明白节俭跟吝啬是两回事

千万富翁们懂得，要挣更多的钱，就必须分得清勤俭节约与吝啬的区别。日本松下电器的老板松下幸之助的个人午餐是普通盒饭，但他一定不会同意他的经理们在便宜的小饭馆里与客户洽谈生意。

提到节俭这个词，人们的思绪可能已经飘回到20世纪六七十年代的中国了。似乎，这是一个属于那个特定时代的词语，在21世纪再提出已经不合时宜了。

节俭不等于吝啬，节俭指的是有节制、有原则地使用金钱，而不是不懂得享受生活，更不能说节俭就意味着清苦的生活。经济条件不发达时，我们可以依靠节俭来维持生活；经济条件发达时，节俭的好习惯可以激励我们继续向更好的生活前进，并建立一种健康而科学的生活方式。不能说现在的时代已经不是节俭的时代了，节俭与时代无关。无论在什么样的时代背景下，节俭都不会也不应成为历史。节俭应该作为一种个人修养的优秀品质，为每一个人所拥有。

节俭不但没有时间的限制，更不受身份、地位的约束。无论是达官贵人还是无名小卒，每个人都可以节俭。不久前，国家主席胡锦涛访问美国的时候应邀与盖茨共进晚餐。客人贵为国家元首，主人是世界首富，在一般人眼里，这场晚宴必定是华丽而奢侈的。但事实却不是这样。盖茨好像很吝啬，在晚宴上只叫了三道菜来招待我们的主席。不过，这一顿饭，他们却吃得很愉快，恰到好处而避免了浪费。盖茨的这次特别的招待方式给全世界人民尤其是中国人补了重要的一课。

中国人招待客人的方式就是以奢侈为面子。餐桌上的菜少了，面子上过不去，主客都尴尬。到最后扔掉的总比吃掉的多。这种行为，看上去只是在浪费食物，其实质是一种很落后的观念在作怪。所幸，现在人们已经开

始注意这点了。

　　节俭不分地域和国家，更不分贵贱。任何时代任何人都应该将节俭作为一种个人品质保持下去。

点亮思维

　　建立正确的金钱观，不要小看任何一元钱。微不足道的一元钱也有发挥它价值的时候，关键在于你将它用在了哪里。

一个10元不等于两个5元

　　1+1并不是任何时候都等于2，就像一个10元并不能任何时候都等于两个5元。实际生活中的许多问题，不能用简单的加减乘除来概括。尤其在对待金钱上，由于心理账户的影响，一个10元与两个5元是不能轻易画等号的。

　　个人和家庭在进行评估、追述经济活动时有一系列认知上的反应。通俗点来说，就是人的头脑里有一种心理账户，人们把实际上客观等价的支出或者收益在心理上划分到不同的账户中。一般人都有心理账户的误区，大家在心里对同样数额的金钱并不能平等地对待。这就是心理账户对我们消费的影响。面对同样数额同样价值的金钱，我们在消费时不是将他们放在同一位置上考虑，而是视它们来自何方、去往何处，以及面值的大小而采取不同的消费态度。比如，一个10元跟两个5元在数值上是对等的，但在我们实际的消费中却是不一样的。你有张100元的纸币，当你不将它破开时，可能会在兜里装很长时间都花不出去，而一旦被换成了零钱，那它就会在不知不觉中，被花在了连你自己也不知道的地方。而当你后悔时，它已经在别人的口袋里了！这就是心理账户存在和影响的结果！

　　心理账户不仅对年轻人有很大的影响，对老人也有很大的影响。比如作为子女，每当年终时，你想给父母一大笔钱表示孝心，希望他们买营养品、去旅行等等，但他们会因为心理账户影响，把这些钱存起来，舍不得花。这个时候你不妨将这笔钱分若干次以小额的

自己口袋里的金钱就跟自己的孩子
一样，不能厚此薄彼，不要将不同
用途或不同来源的钱区别对待。

<< THINKANDMAKE
思路点拨·········
AGREATDIFFERENCE

241

形式给他们，这样大钱就变成了，或者说是被归为了零花钱的心理账户里，他们会将这些小钱真正地利用在生活当中，你的孝心也真正地实现了！

小丽的父母都是退休的老干部。因为时间紧，小丽没空去给老人买衣服，因此每年过春节回家都给老人钱，让老人自己去买几件好衣服穿，但老人每次都趁小丽走后把她给的钱存进银行。小丽再回家时，看到老人身上还是那两件衣服，就有点生气地问老人为什么不买衣服。老人每次都说不用买那么好的衣服，有衣服穿就行了，那么多钱还不如先放银行存着呢。小丽为此烦恼不已，觉得自己想尽点孝心都做不到。小丽的朋友知道了这件事情，为帮助小丽解除烦恼，故意问小丽："一个10元等于两个5元吗？"小丽说："当然是相等的。"朋友则说："不，一个10元跟两个5元在面值上是相等的，但在实际生活中却是不等的，人都会受心理账户的影响。"听朋友将心理账户对人的影响详细地解释后，小丽恍然大悟。此后，每次过年她不再给二老更多的钱，只给他们够买一件衣服的钱。二老感觉钱不多，也就不再存银行了，终于买了新衣服。小丽看在眼里，喜在心里。

另外，心理账户对人还有一个比较大的影响是：许多人通常不重视自己赢来的钱，比如通过股票、基金等收益得来的钱，这些钱花起来特快，一点都不心疼，好像在花别人的钱一样。而对自己正式工作时挣来的一分一厘的血汗钱都斤斤计较，因为许多人觉得只有自己工作挣的钱才叫做"血汗钱"，花出去的时候才会心疼。这些就是心理账户给我们带来的另一个影响。因此，对待金钱一定要多几分理性。自己口袋里的金钱就跟自己的孩子一样，不能厚此薄彼。在消费时一定要避免人为地设置心理账户，不要将不同用途或不同来源的钱区别对待。

思路突破

看清心理账户的影响

以前，人们可能并不知道心理账户这个概念，但肯定在花钱时受到过心理账户的影响。当然，有时是好的影响，有时是坏的影响。心理账户引导你"小钱大花"时，便是好的影响；而当它引导你"大钱小花"时，便是坏的影响。

避免人为地设置心理账户

鉴于心理账户对人的投资和消费的影响，应避免人为地设置心理账户。下面再看一个心理账户对消费影响的例子。

小吴前几天刚花两千多元买了一个最新上市的MP4，谁知买来没几天就在公交车上被人扒去了。小吴既愤怒又无奈。他非常喜欢那个MP4，要不要再买一个呢？最后权衡了一下有点心疼钱，还是算了。

而实际上，如果那天被扒走的不是新买的两千多元的MP4，而是同样价值的手机的话，那么小吴会不会选择再花两千多元买一个新手机呢？答案是肯定的。那时难道小吴就不心疼钱了吗？为什么同样是两千多元钱，买不一样的东西感觉就不一样了呢？这就是心理账户在影响人的消费行为了。

单从价钱上讲，买手机和买MP4其实是没有区别的。小吴面临的都是损失了价值两千多元的物品，只不过在两种情况下小吴损失的形式不同：在第一种情况下，小吴是因为被扒走了一个MP4而损失了两千多元；而在第二种情况下，小吴是因为弄丢了手机而损失了两千多元。同样是损失了价值两千多元的东西，为什么小吴的选择决定会截然相反呢？那正是心理账户所带来的误区。

看了小吴的故事，相信你一定笑了。其实你不用笑，轮到你你可能也会做出和小吴一样的选择。因为心理账户的现象在大家心里是普遍存在的。心理账户的存在不仅影响着我们的理财投资决策，也影响着我们日常生活中的消费决策。因此在生活中，我们应该尽量避免人为地设置心理账户，客观理性地对待自己的金钱。

防止"小钱大花"和"大钱小花"

"小钱大花"就是有时手里的钱越小，花得越快越多，而手里的钱越大，反而不那么容易花出去了。

某西方经济学家曾对个人消费问题进行过一次深入的研究。他以二战后犹太人的消费问题为例进行了研究。二战后，为了表示对犹太人的歉意赔偿，西德政府赔付给以色列一笔抚恤金。当然，抚恤金是无法抹平战争的创伤的，但是对于战后元气大伤的以色列人来说，能得到抚恤金也是一件意外的惊喜了。抚恤金的分配方式不同，按照规则，每个家庭或者个人得到的赔款数额并不相同。有人获得的赔款比较多，甚至超出了他们年收入的2/3；有人获得的赔款则比较少，只相当于年收入的3/50。经济学家调查发现了一个很奇怪的结果，在所有接受赔款的家庭中，消费率高的不是接受赔款多的家庭，而是那些接受赔款少的家庭。奇怪的是那些获得赔款少的家庭，他们在得到赔款后的平均消费率居然高达2.00，这意味着什么？这相当于他们平均每收到1元的抚恤金，不仅将它们全部用在了消费上，而且还要在自己的存款中掏出1元填进去。而得到赔款多的家庭则将自己所得赔款的大多数都存进了银行或者买了股票。看了这个调查相信你已经明白了什么叫做"大钱小花，小钱大花"。这同样是心理账户在作怪。

这个故事告诉我们：应该理性地花钱，不要受到心理账户的影响。该花的钱一定要花，不该花的钱一定不能花。正确对待和合理利用自己的金钱才能让自己的财富增值。

当心心理账户对投资理财的影响

邓某是个刚入市的股民。他听一位分析师说一支股票很不错，将来有50%的上涨空间，于是毫不犹豫地买了20000股，买入价是15元/股。谁知两天后股市大跌，他买的股票已经跌到了9元/股。邓某呆呆地坐在电脑前，不知道要不要抛掉。按照股票交易原则，跌幅超过7%以上就应该割肉处理了，但牛市还有一个不割肉的原则。

邓某也不知道该怎么办了，由于对后市大盘的情况不明了，他决定先做止损，把股票套现。第二天，大盘稳了，邓某又上网看时，发现又有分析师在推荐邓某卖掉的这支股票了。邓某这时想，该不该重新买回来呢？和大多数人一样，邓某的选择是"不买回来"。然而在"不买回来"的同时，邓某又选择了另一位分析师推荐的另一支9元的股票。

其实，在不知道内幕信息即无法预知哪支会涨哪支不会涨的情况下，邓某买的两支股票是完全等价的。如果邓某不确定自己买的第二支能不能涨的话，那还不如买回原先的那支，因为你毕竟对以前的这支有了一定的了解。况且牛市里买跌不买涨，买跌的股票涨上来的希望更大。但邓某在心理上已经觉得买这支股票是赔的，而其实买另外一支的话，用的钱是一样的，而且也不能保证稳赚。那么照这样看，邓某等于做了一次自相矛盾的选择，在面对同样的钱同样的投资机会时，他选择了投资另外一支自己不熟悉的股票。最后结果是，原先跌下去的那支股票真的在后市中表现亮丽，一次一次地创出了新高，而后买的这支却半死不活。邓某后悔得要死。其实，类似邓某这种自相矛盾的行为在股市中屡见不鲜。这就是因心理账户的影响而导致人不能理性思考的表现之一。

机会成本是一种无形资产，有时，这种无形资产要比有形资产更加贵重。

心理账户的存在影响着人们以不同的态度对待不同的支出和收益，从而做出不同的决策和行为。在上面的问题中，买自己亏损过的9元一支的股票跟买自己没有亏损过的9元一支的股票在账面上其实是对等的，然而被放在不同的心理账户中，它们之间却存在了"差距"。因为人们总会觉得第一支是赔着钱的，需要上涨70%左右才持平。实际上，在您账户的总成本上，其实是一样的。因此，投资理财时一定要冷静地思考，冷静地判断，不要被心理账户忽悠了！

点亮思维

一个10元不等于两个5元，乍一听，会觉得很可笑，但只要结合生活中的实际去想想，便会哑然。因为存在心理账户的原因，同样的面值实际效用并不一定相同。生活中能够不受心理账户的影响，才能更好地理财。

机会成本也是成本

机会成本，可以理解为选择最优方案，放弃次优方案。在实践某个决策时，我们应该把机会成本考虑为总成本中的一部分。机会成本是一种无形资产，有时，这种无形资产要比有形资产更加贵重。

与选择有密切关系的一个经济学概念就是机会成本。机会成本可以宽泛地理解为：选择某一最优方案放弃其他各种可行方案的可能收益之平均值。这里的最优，并非实际发生的最优，而是选择者（决策者）的心理预期。比如说，100万元钱投资于房地产可获得利润200万，投资于股票市场可获得利润150万。如果把这100万元钱投资于房地产，那么可以从股票市场得到150万就是其机会成本；如果把这100万元投资于股票，那么可以从房地产投资中获得的200万就是其机会成本。一般来说，最优的资源配置意味着该笔资源投向某一用途所担负的机会成本最小。

北京一家文化传播公司的老总陈剑在投资项目上就碰到过一次机会成本的选择。投资

人生的机会成本有时会很高，机会
成本越高，选择越困难。

<< THINK AND MAKE
思路点拨·········
A GREAT DIFFERENCE
245

图书项目可以获取100万元，而投资音像制品项目可以获取200万元。陈总选择了投资音像制品项目，而放弃了在图书项目上有可能获取的100万元，而这100万元也就成为陈总的机会成本。高收益总是跟高风险挂钩的，半年后，陈总在音像项目上失败了，而公司同时也丢掉了做图书项目的获利。

其实机会成本就是一个在风险与获利、选择与放弃之间做出选择而产生的东西。人生的机会成本有时会很高，机会成本越高，选择越困难。因为在骨子里面我们从来不愿轻易放弃可能得到的东西。

小胡在毕业的时候，有两种可选择的就业方案：一是可以进一所高校当老师，另一个是进一家企业做行政助理。这是一个典型的经济学的"选择"，因为小胡是不可能既去高校教书又去企业工作的。如果小胡去高校教书，可以逐渐实现自己做一名学者的梦想，而且小胡相信高校的较高层次文化氛围和较简单的人际关系，对他个人的发展可能更适合。这些对小胡具有相当大的效用。而如果小胡选择企业，那么他就得不到这些效用。反过来，如果小胡真去那家企业的话，当然也有其他的效用，因为那家企业给他开出数目可观的薪水，并且许诺解决住房。他放弃企业，就等于放弃了这些可能得到的效用。最终，小胡选择了更适合自己的高校，做了一名教师，并且日后在科研上作出了很大的成绩。小胡的机会成本就没有像前面提到的陈总一样损失掉。

当然，如果没有选择的"机会"，也就不会有机会成本。没有选择的"机会"，就意味着没有选择的自由，意味着"不得不"。比如血统是无以为选的，所以人们不得不接受这一现实——一个人可以不断改变国籍、居所、生活习惯，甚至他可以融于另一民族。但他的骨子里流淌着的仍是他祖父辈的血脉。简单的解释并不能感受到其真正的含义。原因是：机会成本的耗费是有形的，但给人的感觉是无形的。似乎机会成本的耗费是天经地义的，有没有机会都要花费。我们关心机会成本就好像我们到某旅游胜地去玩，不能只关心门票，还要关心食、住、行一样。

思路突破

不要忽视机会成本

有人拿融资租赁和贷款比较谁的融资成本高，如果不把机会成本加进去的话，可能就会得出一个不正确的结论。比如人们通常感觉融资租赁的融资成本比银行贷款高。出现这种认识错误主要在于没有把机会成本考虑进去。在投资理财的过程中，不可忽视机会成本。

你直接付出的只是总成本的一部分

生活中，许多人算不清自己的机会成本，常常捡了芝麻丢了西瓜。比如有时买一件东西，本意是为了省钱，结果却花了更多的钱。

小刘准备请人把自己新买的热水器安装起来，他找到安装工一问居然要30块钱的安装费。小刘想这东西也就十几分钟的事，哪能要那么多钱啊，还不如自己来搞一下，省下这30块钱买点肉吃呢。

于是小刘撸起袖子摆开架势，跃跃欲试地当自己的家庭安装工了。"不就装一个热水器吗，又不是什么惊天动地的大事，自己就搞定了！"

到底是自己安装省钱呢还是请人安装省钱？我们还是先来计算一下安装成本，用事实说话。小刘自己安装热水器的话可以省下来几十块钱的安装费，但是他要花费大量的时间和精力。因为小刘首先要去找工具，找不到还要去买，买来了还要看使用说明书，用的时候还要小心安全问题（因为没有安装经验）……天啊，一个安装工一二十分钟即可做完的事情，小刘要为此付出一个小时？一个上午？还是一天？

本来小刘周日的时间可以用在陪家人逛街、陪孩子去游乐园玩，也可以用在开发维护自己的客户上，而他却将自己宝贵的时间用在了"学习"安装技巧上；如果用在前面任何一项上，想必都比那几十块钱更值钱。

其次，小刘自己能装好吗？能保证质量吗？安装过程中一旦哪个细节没弄对都有可能损害整个热水器，万一出现这样的情况怎么办呢？小刘的损失可就不是那几十块钱的问题了，不仅要用更多的钱去买新的热水器，还要再挨上老婆的骂，何苦呢？省了小钱花了大钱，赔了夫人又折兵。

人们常常会做出这样的事情，想节省成本，最后却搞得不但没节省成本反而增加了成本。所以，想省钱时一定要注意机会成本。否则的话，结果只会是捡了芝麻而丢了西瓜。

反复比较、思量，做出最优选择

什么是最大的成本？无知！一位经济学教授问他的学生："学经济学的人，最起码应该具备的能力是什么？"一个学生回答说："要会成本核算。"教授点点头："好，现在看看大家具备不具备这种能力。"

教授又问："有一个服装商人，他廉价购进了一批质地还不错的白色衬衣，要运往非洲去销售。你们认为，他在非洲能赚钱吗？他的成本应该如何核算？"学生们你一句我一句地议论起来，有的说要算运输费，有的说要算上税费……教授摆摆手，示意大家安静下来，并正色道："我想问一句，你们什么时候看见过曼德拉穿白色衬衣？"学生们个个面

面相觑，原来非洲地区气候炎热，太阳光照射强，平时穿白色衬衣的话，皮肤就有被灼伤的危险。教授叹了口气说："无知才是最大的成本。"

教授所讲的那种成本，其实也是一种机会成本。生活中的一切问题都可以从"成本"的角度去看。这就要求公司的高层管理者在做出某个决策时，不仅要将资源配置、产品开发等有形的价值成本算进总成本的一部分，也要考虑机会成本。机会成本对高管决策者提出了更高的要求。因为机会成本的存在，在进行公司资源配置的时候已经不能仅满足于将资源投向有一定效益能够获得一定利润的领域，而是要投入到最有效益利润最高的领域。如果高层决策者没有考虑机会成本，没有将公司的资源投入到最有效益的领域，就会造成资源的极大浪费。

付出才有收获，付出多少才能收获多少。宋代有个叫做林逋的人曾经做过这样的比喻："无德以表俗，无功以及物。"这句话中提到德和功都是"收获"的条件，跟金钱、物质、劳动一样，"德"和"功"也要作为总成本的一部分。在企业做投资的时候，人们往往忽视机会成本的存在，总是单纯地以为投资的成本仅仅是投入的资金、劳动力等等有形的成本，其实不然。投资中的无形成本有时甚至比金钱、劳动力更重要。机会成本就是投资中的无形成本。忽视机会成本就是无知，而无知亦是成本。

不要做一个无知的投资者。

点亮思维

机会成本确确实实存在，却又被人经常忽略。机会成本提醒你的不仅是你应该注意自己的成本在增加，更应该注意的是，每一次机会你都要非常非常地珍惜。如果你轻易浪费掉一个机会的话，你损失的潜在的机会成本将是惊人的。

248

THINK AND MAKE
思路点拨
A GREAT DIFFERENCE

>>

提前控制风险，规避损失，即等于
赚到收益。

规避损失就等于赚到收益

许多人在进行个人理财或投资的过程中，只考虑如何获得收益，但不注意控制风险，没有做规避风险、避免损失的措施和应对危机的计划，一旦有意外的情况发生，就会陷入被动。其实，规避风险与损失就等于赚到收益。提前控制风险，规避损失，即等于赚到收益。

我们进行投资，不管是家庭理财，还是创业投资，目的都是为了获得收益。但是在有些情况下获得的收益可能低于自己的预期，甚至连成本也没有收回来。这是因为我们没能在投资的过程中避开市场上存在的风险。比如在进行股票投资时，由于价格下跌，卖出股票时的价格低于买入时的价格，造成了投资的损失。这就是风险。又比如，在进行债券投资时，债券发行者不能按时还本付息，甚至不能拿回本金，给投资者造成损失。这也是投资的风险。

在进行个人理财或投资的过程中，一定要注意严格地控制风险，规避损失就等于赚到收益。就像足球比赛一样，先立足于防守，再图谋进攻。先防守就是先使自己处于不败之地。做投资也是这样，先想到可能遇到的风险和遭受的损失，并进一步去规避风险和损失，然后才是谋求利润。许多大公司就是这样做的。

近年来，国内某著名基金管理公司就将风险控制放在了公司经营的第一位。该公司的老总在谈到风险控制时说，风险控制在如今的市场竞争中日益显示出其重要意义，并几乎成为基金管理公司的第一要务。基金管理公司的

风险控制是对公司管理和基金运作中的风险进行识别、评估、测量、管理和持续监控的过程。对各种风险进行管理和控制的目的是保护投资者利益，提高基金管理公司风险控制能力和经营管理水平，以取信于市场，取信于社会。

基金管理公司之所以如此强调风险控制的重要性，是基于两方面的原因：一是因为监管层为规范市场秩序加强了监管力度；二是因为基金管理公司在经营管理的过程中逐渐认识到，风险控制对提高竞争力有着重要的作用，是巩固和重塑诚信市场形象的必然途径。基金管理公司应该在获取收益和控制风险之间找到平衡点，如果没有严格有效的内部控制体系和风险管理措施，最终将不能保住已获得的市场份额和企业无形价值的积累——企业信誉。因此，基金管理公司必须将风险控制当做一项战略决策来对待，通过全面、严密、科学的制度设计和体系构造，确保在控制风险的基础上为投资者创造收益，实现公司的经营战略目标。

一个公司的经营投资是这样做的，一个人的理财投资也应该这样做。将控制风险、规避损失放在第一位去考虑，能够有效地控制风险。规避损失即等于赚到收益。

思路突破

不懂防守，怎能进攻

对于理财投资来说，规避风险和损失就是防守，赚取利润就是进攻。要想学进攻，先学会防守。尤其是最初参与理财投资的人，规避掉损失就等于赚到收益。

掌握必要的理财知识

做任何投资，没有专业的知识做基础，你是不会赢得利润的。想做投资，先去掌握最基本的投资方面的知识和你要投资的那个项目的知识。

有这样一则笑话：一位第一次坐飞机去大城市出差的小村长，在飞机上口渴了很久，却找不到水喝。这时候他看到前排坐了一只鹦鹉，颐指气使地指挥空姐给它端茶倒水。鹦鹉的态度十分骄横跋扈，空姐却窝着火敢怒不敢言。村长心想，一只鹦鹉都可以如此，咱也别拿村长不当干部呀，于是村长也像鹦鹉一样开始对空姐颐指气使起来。终于，温文尔雅的空中小姐被逼成了泼妇，打开舱门把鹦鹉和村长一起扔了出去。村长正在无奈坠落的时候，鹦鹉飞到了村长耳边，问道："会飞吗？"村长摇摇头。鹦鹉怒斥："不会飞还牛什么牛！"

这虽然是个笑话，却传达给我们这样一个信息，用土话说就是"没有金刚钻就别揽瓷器活"。你没有知识和实力做基础，就趁早别做投资。否则市场就会像那个被逼成泼妇的空姐一样，将没有翅膀的你扔出窗外。

当心鸡蛋被放在同一个篮子里

投资中一个重要的原则就是：别把鸡蛋放在同一个篮子里。分散投资就是分散风险。如果你分别投资了股票和房地产，那么二者中有一个行情急转直下，对你造成的损失都不会那么大；而如果你只投资了两者中的一个，那么一旦你所投资的股票市场或者房地产市场出现风险，都有可能让你血本无归。

徐女士是北京某大学的讲师，收入比较稳定，福利较好。徐女士听身边的老师说近几年股票市场行情好，投资股市能赚大钱，便去证券公司开了户，准备将自己的存款全部拿出来买股票。

开户后，徐女士到处向人打听哪支股票好、哪支可以买等等。她的一个朋友为她提供了一个小道消息，说一家上市公司有利好传闻，近期股价会出现井喷行情。徐女士信了，并买入了一些。开始两天，这支股票涨势非常喜人，徐女士大喜。为了不踏空这一波行情，她将自己全部的存款放在了这一支股票上。谁知三天后，这家公司又传来了利空，据说公司的账务存在虚报，已被立案侦查，公司也被停牌。复牌后这支股票开盘即跌停，连续几天无人接盘，不仅徐女士前两天的获利全吐了回去，本钱也损失了一少半，被深度套牢。看着股价一个劲地下跌，徐女士心痛不已。

从这个故事中可以看到，徐女士热衷于理财，对生活充满了憧憬，但在具体操作中，她忘记了理财最重要的一句话："不要把鸡蛋放在一个篮子里。"不管是谁，在投资理财的过程中，不要轻信他人，不要盲目跟随市场。分散投资风险，才有可能获得利润。

做出详细、稳健的理财计划

做事情要有计划，投资理财也是这样。理财理财，有理才有财。计划到位，才是理财。随着人们生活水平的提高和财务知识的增长，不少人开始着手家庭理财，使财富稳定地保值和增值。但在实际操作中，许多人却常常不注意制订理财计划，结果影响了理财收益。

一位银行的专业理财师为您提供了一份家庭理财规划方案。

首先做一个详细的理财规划：

1．将40%的资金用做保本。

这40%保本资金可投放在银行存款或国债上。特别是对于风险承受能力相对较弱的家庭，更需要有稳定的储蓄来预防可能出现的财务风险，以保证整个家庭经济状况的稳定性。

你要首先清楚，这些钱的作用不是增加收入，而是保本。如人民币理财产品和货币市场基金。投资这些理财产品本金较安全，虽然给出的收益率都是预期收益率，没有绝对的保证，但实际上收益率波动范围并不大。

2．将30%的资金用做有回报的成长投资。

可投资于风险相对小、报酬较稳健的理财产品，如开放式基金、银行理财产品等等，年收益率可在4%～6%左右。不过，在投资前要做一些功课，您要分析投资对象历年的走势及分红状况，这样才能选出比较好的股票和基金；同时可以做适当的投资组合来分散风险。自己的信息和时间是有限的，最好通过银行专业的理财师来帮您规划。

3．将20%的资金用做进取资金。

进取资金是指投资风险高，但也能获得高收益的产品，如成长型股票、股票型基金等。投资这些产品有可能给您带来一个较高的收益，当然，风险也相对较高。投资这些高风险高收益的理财产品，必须有相当多的知识与经验。对于不擅长投资的工薪族来说，最好先以成长计划为主，在得到一些投资心得后再去追求更高的收益率。建议您听取专业人士意见，选拔好自己的银行理财师，做好投资咨询和参考。有条件的家庭，也可增加一部分养老保险。但是，保险种类很多，一定要根据家庭成员的年龄、职业、身体状况进行选择购买。

4．将10%的资金用于保险保障。

一般家庭没必要在保险上投入过多，要买也就是买最必要的。家中夫妻两人首先要考虑买的是医疗健康险，因为即使夫妻双方都买了社保，在面对高昂医疗费用时社保也不能完全应对，另外还可以买大病险或者意外险。对小孩来说，通常在学校都购买了学平险和互助基金，一般能满足需要，要买的话可以选择教育基金等。

其次注意理财业务中的几个误区：

1.目光短浅，只关注短期收益，缺乏长远规划。

很多人把个人理财看成了即期收益的方式，仅追求短期的利益，从而忽视对自己家庭的收支平衡性、资产配置以及投资产品的考虑，更不能统筹规划未来生活和财务状况的变化以及风险承受能力。

2.不能理性地认识风险和收益的关系，盲目追求"低风险、高收益"。

风险与收益的关系不是由个人的主观想法来决定的，而是由市场来决定的。市场规律是"高风险高收益、低风险低收益"，谁也不能试图以空想对抗规律。所以，作为投资者应该清醒认识风险与收益的关系，对理财机构承诺高收益、低风险的理财产品一定要持小心谨慎的态度。

3.不懂分散风险。

许多没有投资经验的人，不会分散投资风险，往往把所有的鸡蛋放到一个篮子里。结果一旦这个篮子掉下去，所有鸡蛋都砸了。许多人把大笔资金全部进行了高风险理财产品的投资，比如股票、房地产，然而市场一旦出现重大利空时，自己就陷入了被动。因此，恰当的理财方式应该是：把资金按照自身实际情况分配到活期存款、债券、房地产及股票中。这才是个人理财最好的选择。

计划你的交易，交易你的计划。你进行的一切投资交易都应该在严密的计划中进行，如此才能获得比较高的收益。

点亮思维

有人会认为，规避风险所用的时间可能影响自己赚更多的钱。其实，这就像建楼房一样，地基没有打好，盖的楼越高越容易倒掉。规避掉风险就等于规避掉了损失，就等于打好了地基，就等于做好了防守。在这样牢固的基础上才有可能获得更高的收益。

失掉未得的收益也是损失

做过股票的人都知道一个词——落袋为安。本来已经赚到的收益，却没有及时装到自己口袋里，结果又赔了回去，这也是一种损失。不懂落袋为安的人，是赚不到钱的。未得收益的损失最容易麻痹人，就像一针不疼不痒的毒药，但它往往最致命。

股市中遇到这样的情况最多，股价涨到高位后，获得收益，但只是账面上的，一旦剧跌就化为乌有。这样，你就失去了未来得及装到口袋里的收益，这未尝不是一种损失。而股市里的高手一般在股价涨到高位时便会高抛套现，落袋为安，低位再接回来。高抛低吸使自己的利润最大化。

你在生活中是否遇到过这样的情况呢？到手的收益没能捂住，让煮熟的鸭子又飞了。许多人并不把这看做是一种损失。其实你算算就清楚了，本来你有很大希望挣到这一万块钱，

但是因为种种原因，你丢掉了，这时你若还想获得一万块的收益，就只有再去设法赚一万。但如果你保留了先前的那一万的话，在同样的时间里你的收益是不是就是两万呢？

小王和老陈是两个股民，他们一起在2007年1月中旬以每股21.60元的价钱买入浦发银行若干股。2007年1月底，浦发银行的股价最高涨至每股28.30元。此时两人各有每股将近7元的收益，可谓是收益颇丰。这时，老陈选择了将手中的股票抛出套现，而小王继续看好这支股票随后的走势，没有和老陈一起抛出。结果此后的几天里，浦发银行的股票出现了快速下跌，最低跌至20.59元。由于小王没有及时抛出，不仅原来的收益化为虚有，自己的本钱也赔了，被微套进去。而股场经验丰富的老陈则在此时迅速买进，没过几天浦发银行的股价又涨到25块多，这样一来一往中，老陈在这支股票身上共赚取了每股近12元的收益，而小王则只有每股不到5元的收益。如果小王也能像老陈一样的高抛低吸，把收益及时捂到兜里，就不会"损失"那么多即将到手的利益了。

很多投资股市的人都有过跟小王一样的遭遇，获得利润容易保住利润难。当整个市场疯狂时，多数人都忘记了风险的存在。很多人到最后都没能保住利润，只是给国家创造了税收，给证券机构创造了交易的利润。许多人会为了赚取最后1%的利润，不惜冒更大的风险，一旦市场出现大幅杀跌，自己原有的利润也大幅回吐，最终遗憾地失掉未得利润。

思路突破

保住收益比获得收益更重要

获得利润难，保住利润更难。不管做哪方面的投资都是一样，除非你一挣点钱就赶紧存银行，但这显然不能让你走向富翁的行列。在投资理财的过程中，最重要的一点就是：想办法保住自己的利润。保住收益甚至比获得收益更重要。

对亏损做好心理准备

当你决定做一项投资时，就要考虑到：你的投资不一定能成功，可能会让你亏损。因此做投资前就要做好亏钱的准备，一旦亏钱后就要安排好后面的基本生活。不要因为亏钱影响整个家庭生活。

一位证券市场的分析师讲述了这样一个小故事：老陈是有5年股票投资经验的投资者，在参加上海的一个关于股指期货的交流会上，讲师问他："您做好参与股指期货交易第一天就亏损掉您存在期货公司80%资金的心理准备了吗？"

"什么？你不是在开玩笑吧？一天亏掉80%的资金？！股指期货有这么大风险吗？"老陈吃惊地问。

"当然了，甚至不仅限于亏掉80%的保证金，《股指期货交易风险说明书》开头就写明：进行股指期货交易风险相当大，可能发生巨额损失，损失的总额可能超过您存放在期货经纪公司的全部初始保证金以及追加保证金。因此，您必须认真考虑自己的经济能力是否适合进行股指期货交易。"老师认真地提醒老陈。

"真的会有这么大风险吗？就算不能每次都看对行情，但10次有5次看对了，也不至于亏太多啊。"老陈一边挠着头一边问。

"这是现金流风险，指的是当投资者无法及时筹措资金满足建立和维持股指期货头寸的保证金要求的风险。如果资金管理不好，即使有80%以上的看对概率，最终也将导致亏损。"老师解释道。

"无法及时筹措资金？我准备投入100万资金还不够吗？"老陈有点不服气地说。

"您投入100万元资金，但如果不了解股指期货保证金杠杆放大效应，在交易中不注意资金管理，遇到亏损又不注意止损，恐怕100万是不够的。"老师解释，"投资者进行股指期货交易除了将面临现金流风险外，还将面临代理风险、操作风险、市场风险、流动性风险及法律风险共六大类风险。其中任何一种风险都有可能给投资者带来巨大的经济损失。"老师介绍称，"针对以上六种风险，都有相应的风险防范措施。"

"原来股指期货风险及其防范这么重要啊，那我听完您的课再回去！"老陈赶紧回到了原来的座位。

任何投资都存在风险。投资前一定要预想到可能存在的风险，在心理上做好亏损的准备，在实际操作中尽量规避风险，以免"偷鸡不成蚀把米"。

当心贪婪让你输个精光

市场上的钱是赚不完的，永远不要指望自己每天都能赚到钱。做人不要太贪婪，多一分贪婪多一分危险，少一分贪婪才能多一分收益。下面这个寓言故事应该对我们有所启发：

遥远的深海里，一条小鲨鱼长大了，开始和妈妈一起学习觅食。几个星期后，聪明的小鲨鱼就学会了如何捕捉食物。鲨鱼妈妈对它说："孩子，你长大了，应该离开我去独自生活。"鲨鱼是海底的王者，没有谁敢来惹它。所以虽然妈妈不在小鲨鱼的身边，但对自己的小宝贝还是很放心。它相信，儿子凭借着优秀的捕食本领，一定能生活得很好。

几个月后，鲨鱼妈妈在一个小海沟里见到了小鲨鱼。它几乎没认出儿子来，因为小鲨鱼看上去比原来瘦了很多，一副营养不良很疲惫的样子。这是为什么呢？小鲨鱼所在的海沟食物来源很丰富，它就是被鱼群吸引到这里的，小鲨鱼在这里应该变得强壮起来呀！鲨鱼妈妈想。它正要过去问小鲨鱼，却看见一群大马哈鱼游了过来，而小鲨鱼也来了精神，准备去捕获自己的晚餐。

鲨鱼妈妈则袖手一旁，看着小鲨鱼隐蔽起来，等着马哈鱼到自己能够攻击到的范围。一条马哈鱼先游过来，已经游到了小鲨鱼的嘴边，也丝毫没有感觉到危险。鲨鱼妈妈想，这下儿子一张嘴就可以美餐一顿，可是它想不到的是，儿子连动也没有动。

两条、三条、四条，越来越多的马哈鱼游近了，可是小鲨鱼还是连动都没有动。盯着远处剩下不多的马哈鱼，这个时候小鲨鱼急躁起来，凶狠地扑了过去。可是距离太远，马哈鱼们轻松摆脱了追击。

鲨鱼妈妈很诧异地问小鲨鱼："为什么马哈鱼在你嘴边的时候你不吃掉它们？"小鲨鱼说："妈妈，你难道没有看到，我也许能得到更多。"鲨鱼妈妈摇摇头说："不是这样的，欲望是无法满足的，但机会却不是总有。贪婪不会让你得到更多，甚至连原来能得到的也会失去。"

其实人又何尝不是这样，有了一百万的收益，还想要两百万，有了两百万还想要更多，最终会像故事里的鲨鱼一样，连原来有的也失去了。失去的原因不是你没努力，而是你的心放得太大，来不及收网。

两鸟在林不如一鸟在手，落袋才为安

该放手时就放手，适时的落袋为安比适时的投资更重要。做股票投资的人对"落袋为安"这四个字一定感受颇深。

在股市中摸爬滚打了8年多的王先生在讲述自己的投资理财故事时说了一句很有意思的话：人到四十，理财不惑。大盘再怎样疯长，只要收益达到预期就适时收手，保住利润比什么都重要。

王先生这么说了，也这么做了。他手里的两支股票在2006年下半年给他带来了超过100%的收益率，但王先生在感受到大盘震荡加剧的风险后，果断地抛掉80%左右的股票及基金。

256

THINKANDMAKE
思路点拨
AGREATDIFFERENCE
>>

未得收益的损失最容易麻痹人，就
像一针不疼不痒的毒药，但它往往
最致命。

之后一天里股市恐慌性暴跌，王先生成功地保住了自己的收益。其身边的朋友都夸王先生有远虑。对此，王先生看得很淡，他说："即使那天大涨也没什么可遗憾的，理财投资只要盈利达到预期就是成功的。"王先生的想法或许也能给正在为股市行情疯狂的股民提个醒：保住既有的利润比什么都重要，适时地落袋为安才能保住胜利果实。

点亮思维

不能把就要赚到手的钱捂住，也是一种损失。本来就要装进你腰包的钱，由于你的失误，又被别人取走了，这是最愚蠢的一种损失。设法保住属于自己的利润才是最重要的。

保险也存在风险

不要轻信推销员的话。他们的甜言蜜语有一多半都是为了推销他们的保险产品，并非真心实意。你要相信，只要是理财产品，都是存在风险的，无论推销员给你下了多么动心的担保，保险也是一样的！

保险也是存在风险的，尤其是投资型保险产品。投资型保险产品主要分为：分红险、万能险和投资连结险。分红险承诺客户享有固定的保险收益；万能险承诺保底收益；投连险不承诺保底收益。它们的风险排序依次递增，但风险越大回报越高。除此之外的普通险也存在风险，最近许多保险公司都因信用问题被起诉至法庭，看来买保险也不像想象中的那么安全。

前段时间在武汉就发生过这样一件事：家住武昌的张先生2006年1月10日为儿子买了份人寿保险，有效期一年。2006年11月7日，儿子在放学路上被车撞伤，经鉴定为"10级伤残"。之后，张先生找保险公司索赔。公司工作人员说，小孩伤残没有达到保险规定的7级以上，不予赔付。经过交涉后，保险公司仍旧坚持自己的态度，张先生只好向消协进行投诉。武昌的消协受理投诉后，看到保险条款中并没有明确规定7级以上才赔，只注明按伤残程度赔，赔付标准按"赔付比例表"，可"比例表"中没有7级以下的赔付标准。经多次调解，保险公司终于同意赔付周先生720元伤残费。从这件小事中可以看出，想获得保险公司的赔付并非想象中的那么简单。

股民都知道一句话："股市有风险，入市需谨慎。"将这话套用在保险上面也一样适用。保险公司也有破产的危险，一旦保险公司破产，最直接的受害者将是广大投保的消费者。《保险保障基金管理办法》出台后，人们将自己的目光转移到了保险公司破产后消费者利益受到的保障上，而没有对保险公司破产后的风险给予多大的关注。假如消费者以为有保障基金垫底就可以安心无忧，那就大错特错了。不管从哪方面看，消费者都会遭遇损失，第一是利益损失。就财险保单来说，假如你是保单持有人的话，如果因为保险公司的破产导致你的损失在5万元以内的部分，保障基金将全额救济；而超过5万元的部分，救济金额为超过部分金额的90%；如果保单持有人不是你个人而是某个机构的话，救济金额为超过部分金额的80%。当寿险公司被撤销或被宣告破产时，人寿保险合同将依法转让给另一家寿险公司。同样，如果你或其他某个人是保单持有人的话，救济金额以保单利益的90%为限；而若保单持有人为机构，以保单利益的80%为限。个体消费者持有的是寿险保单，如果投保的保险公司破产，利益肯定受损。除了最直接的经济利益受损外，还有其他额外成本，比如时间。因为保险不同于商场里柜台上摆放的商品，即使生产厂家倒闭对商场也没有什么影响，但保险不一样。保险就是承诺，保险的作用主要体现在后续服务上。保险条款、承保的理赔程序要复杂得多，如果有保单转移的情况发生，保险公司间要进行交接，投保人则要将自己大量的时间精力耗费在确认损失范围、损失额度和领取金额等等，这些都是麻烦事。

所以，在投保之前，一定要清醒地认识到，保险也存在一定的风险，保险公司是有可能破产的，保险利益也可能因此受损。当然，有人会认为内地保险公司大多为国有金融企业，有国家在背后撑腰，而且我国保险市场也没有出现过保险公司破产的先例。但以前没有不意味着以后没有。要知道随着内地保险市场全面放开，保险公司的数量在与日俱增，迟早有一天，保险公司相互之间的厮杀会愈演愈烈，保险市场也会遵循优胜劣汰的自然法则。

| 思路突破 |

保险不一定"保险"

保险其实也是理财投资的一种，凡是投资就有风险。许多人只知道投资股票基金有风险，却不知道投资保险也有风险，只是风险相对较小而已。

257

思路决定出路

投资前一定要预想到可能存在的风险，在心理上做好亏损的准备，以免"偷鸡不成蚀把米"。

你考虑不到的保险风险

由于多数人一开始对保险不了解，可能会对保险的风险考虑得不周到，而在遇到风险时又因为没有做准备而措手不及。在投保之前，首先你要明白的是，保险是存在风险的。通过下面的案例，你应该对保险的风险有一些了解：

小颖是合肥市的一名在校学生。遭遇交通事故后，她从肇事司机处获得了85%的赔偿。不过，这成了保险公司拒绝全额理赔的理由。

此前小颖的父亲为她买过一份学生、幼儿平安险（主险）及附加意外伤害医疗保险。2005年6月4日，小颖被一辆汽车撞倒，后花去医疗费等1.9万余元。事故经交警认定，汽车司机负主要责任。小颖从肇事司机处获得85%的赔偿，即1.6万余元。

父亲张先生根据小颖曾签过的保险合同向保险公司提出理赔。保险公司只同意就小颖自负部分即15%的费用进行补偿性理赔，理由是85%已由肇事司机赔偿了。

不过，张先生在保险合同里并没找到这样理赔的依据。于是，他将保险公司告到法院。法院认为，由于小颖的理赔合同是非定额保险，对于损害的理赔适用补偿原则，所以判保险公司向小颖补偿15%的医疗费。

张先生向合肥市检察院提出申诉。检察院认为，《保险法》规定人身保险不适用补偿原则，因此法院判决没有法律依据。2006年1月22日，该案发回重审。最终，双方达成了由保险公司进行全额赔付的调解协议。

其实保险的最大风险在于它承诺了保障措施，却不去兑现。这次张先生虽然打赢了官司，但是也耗费了很多的时间，而且也影响了心情，整个事情搞得很麻烦。相信这也是大家所不愿经历的。所以，在投保之前一定要对保险存在的风险有个清醒的认识，以便风险真的降临时，能够从容地应对。

慎买投资型险种

生活中，我们对医疗险、人寿险、大病险等险种已经了解其多，但对于投资险的了解却并不详尽。随着经济的发展，投资者也与日俱增。在你投资前，为了保障自己的利益，是否应该对投资险有个充分的了解？近来，投资型险种已成为保险市场的主流产品，这为投资者增加了新的投资渠道。但一些投资者无可避免地带着极大的盲从心理，在还未搞清怎么一回事时就投保，这是冒险的。

今年3月份，南京的迟女士来到南京某知名保险公司的营业厅，要求对其购买的某投资连结保险产品的亏损情况给个解释。据了解，2004年3月，迟女士投保了当时热销的某保险公司投连险产品。但是，这3年来，收益惨淡，和业务员当初宣称的"至少8%的年回报率"相差甚远。

迟女士认为自己是被虚假宣传诱骗了，她决定退保并且要求全额退款。"当初业务员的宣传是明明白白的诱惑，现在的损失能让我来承担吗？"她说。该保险公司的一客户服务人员一方面承认业务员忽视风险提示属于不规范操作，另一方面他又指出宣传资料上的收益只是"假定"的预期收益，还向迟女士强调应着眼于长期收益，并建议迟女士将发展账户和基金账户上的资金转到保证收益账户，以待"东山再起"。

"退保时才知道投连险的手续费这么高，宣传时可没人跟我提过这个。"迟女士郁闷地说道。而该保险公司工作人员也如实说，迟女士全额退款的要求肯定是无法满足的。因为按照保险合同规定，某主合同部分的费用，包括5.26%的买卖差价、每月0.1%的资产管理费、投资账户转换费（投保人可以在上述三个投资账户中进行选择。首次转换免费，第二次按投资单位的1%收取，上限不超过100元）以及退保费等。但是，这部分在宣传时被保险公司淡化的费用，在退保时却被一再强调。

迟女士说，促使其退保的直接原因，还是投资账户低迷的收益率。而迟女士保留的宣传材料白纸黑字明写着：如果交付6060元的保险费，再追加5万元保险费进行投资，按每年8%的收益率计算，10年以后，仅投资部分就可以净赚56220元。当时保险公司的业务员还介绍称：该公司的发展投资账户运作8个月实际收益率远高于8%，已达到19.46%。8%的年平均收益率还只是保守估计。"现在想想都是不可能的事。"迟女士说，"虽然当时心存疑虑，但冲着保险公司的信誉，想想最起码比国债收益高，最终还是签了。"

260 THINK AND MAKE
思路点拨
A GREAT DIFFERENCE >>

在投保之前一定要对保险存在的风险有个清醒的认识，以便风险真的降临时，能够从容地应对。

260

思路决定出路

根据该保险公司规定，第一年缴纳的保费，全部计入保障部分。为了获得更多的回报，迟女士提出，在缴纳6060元第一年保费的同时，再单独拿出12000元投入投资账户。由于基金账户当时行情正好，这12000元在扣除一定的费用后，剩余的11190元于2004年5月全部进入基金账户。但是，两年后，当迟女士决定抽回这部分投资时，还是被其真实的收益吓了一跳。2006年5月，迟女士决定抽回追加的那部分投资。根据此时的账户信息，两年基金账户累计实现投资收益为189元，但是，扣除5.26%买卖差价、5%手续费后，追加投资部分实际取出10810元。和12000元的初始投资比较，损失1190元，实际的收益率为−9.9%。面对这一负收益率，迟女士有怨无处报。

在空等"高额回报"3年后，失望的迟女士最终只能选择了放弃。

通过迟女士的案例，我们不仅可以清醒地认识到所谓的投资性保险其实也存在很大的风险，能够保本已属不易，更别说兼顾利益。当然，投资时的心态很重要。将投资险的收益放在一个中长时间段来考察，短期暴富不可能也不现实。

不要抱有骗保的幻想

保险当然不是一无是处，如果保险没有优点，保险公司恐怕一个也活不下去。保险的好处有这几点：可提供保障、可作为财产保值之用、可作为工作能力受损的赔偿、可补偿疾病所造成的经济损失，还可作为子女教育基金。正是由于保险存在着这些优点，许多人产生了邪念，期望通过骗保获得利益。国内一家保险公司就曾遇到过这样的情况。

"喂，是人保公司吗？我叫张×，我开的广州本田车在河北省某县界内行驶时突然起火。车号是粤A6M×××，在你们公司上的全险。你们马上来人处理事故。""您放心，该赔的肯定会赔。不过您能把车拖回来吗？如果不行，我们委托人保某县公司代为出险车进行事故勘查。"

上面是张某和保险公司的一段对白。2004年7月27日晚，浙江省永嘉县的张某，为了骗取自己福来尔小轿车52000元的保险金，将车开到永嘉县上塘镇三节村附近公路上，推下山谷，使该车报废，后打电话报警谎称自己发生交通事故。

张某在向保险公司要求理赔过程中被识破而未得逞。今年1月16日，张某向公安机关投案自首。

检察机关认为，张某故意制造交通事故，欲骗取保险金，数额巨大。其行为已触犯了《中华人民共和国刑法》第一百九十八条第一款第四项的规定，应当以保险诈骗罪追究刑事责任。由于张某意志以外的原因而未得逞，系犯罪未遂，可以比照既遂犯减轻处罚。

再狡猾的狐狸也斗不过好猎手。君子爱财，取之有道，挣钱要通过合法的途径。想通过骗保挣钱，实际上是一种诈骗行为。虽然有人成功过，但绝大多数最终都未能逃脱法律的制裁。如今，公安部门、保险协会和各家保险公司都为杜绝保险诈骗做了积极的努力。妄想通过骗保获取收益的人，最后只能走上犯罪的道路。

点亮思维

　　同所有的理财投资工具一样，保险也是具有风险的。理财产品就像是把双刃剑，用得好可以为自己开创新的收益增长点，用不好也能让自己受到损失和伤害。

打折购物，并不"省"钱

　　你被耍了！当你以两折、三折的价钱买到一件衣服时，你还真以为自己占了便宜。说实话，商家是不会把利润白白让给你的。商家打折的最终目的并不是为你省钱，而是要从你口袋里掏出更多的钱！何况，财富通常不是省下来的。

　　你要相信，包括打折在内的一切促销手段都是商家为获取更多的利润而采取的，并不是为了给你省钱而采取的。如果你指望通过打折购物来省钱的话，结果可能会令你失望的。事实上，打折不是用来让消费者"省"钱的，打折是用来掏消费者口袋的钱、为店铺主人创造财富的。打折购物只是聪明的商家的策略而已。比这更重要的是，财富不是省下来的。财富要通过智慧换取，而不能妄想"省"出来。当然，勤俭节约是一种美德，但是这不能令你致富。

　　有个笑话是这样说的：

　　一个在深夜里丢掉汽车钥匙的人，在一盏明亮的路灯下疯狂地走来走去找他的钥匙。

　　开始时几个路人停下来帮他找。不久，他的朋友也来帮他找。十几个人在路灯下寻寻觅觅，他们搜遍了那盏路灯下的每一寸地方，但还是没有找到。

　　"你敢肯定你的钥匙是掉在这盏灯下吗？"他的一个朋友问。

　　"不。"那人回答说，"我是在后面的那条黑暗的小路上掉的。但是这里的灯光明亮多了，所以我决定在这里找。"

大多数人在创造财富时就是这样，他们喜欢在他们看得比较清楚的地方创造财富。就是说，在与过去一样熟悉的地方，在他们的打工环境和购物打折中。通过打折购物坚持"省"钱的人，就好像一个在深夜丢失汽车钥匙的人一样，你注定赚不到大钱，就像你注定找不到车钥匙一样。因为你找错地方了！

当然，打折购物不能"省"钱，并不是说你应该在可以花更少的钱来购买同一件折价商品的时候，却支付原来的零售价格，那是很愚蠢的。对消费者来说，折扣当然是件好事。所有的人，包括亿万富翁，都喜欢减价。但不要骗你自己说，打折时购物是在"省"钱。当你消费一件产品的时候，你是在减少你的银行存款，而不是增加存款；你是在花钱，而不是"省"钱。

你应该明白，再便宜的购买也不能为你创造收入。想通过这种方式来建立更多资产的人，就像那个在路灯下寻找钥匙的人，只是因为灯光比较明亮，而不是因为那是最好的地方。他们将注意力和行为建立在错误的假设上；他们专注于"支出"，而不是收入。

思路突破

慎待"打折购物"

每逢节假日，商家们都会绞尽脑汁开展各种各样的促销活动。其中最为常见的招数便是购物打折和返还购物券或现金。打折购物中实际上埋藏着商家的重重陷阱，作为消费者应该清楚地了解打折返券的本质，谨慎对待购物打折返券或送现金，做一个理性的消费者。

识破打折购物的陷阱

返券、打折其实是商家利用顾客贪图小利的消费心理和信息不对称与顾客进行的一种消费游戏。"返券消费、打折消费"是经营者采用的一种营销方式，实际上是为了刺激消费者的购买欲望，自己从中牟利，其中不乏欺诈。返券及打折购物的陷阱主要有以下几种：

第一，返券使消费者被动地接受重复购物。商家采用满一定数额获得返券的优惠，经常是限了单品再限单价，他们会在价格的设定上煞费苦心。比如你要购买一件满100元送100元代金券的衣服，而衣服的价格却设定为99元，仅差1元却不能得到100元的购物券。你要想得到购物券，必须再买其他的东西。

第二，购物返券提高了消费数量和次数。如买100元送100元，买200元送260元，这就使得原本已经花了90元或190元的消费者有可能为了更多的优惠而再次购物。商家就是这样买了送，送了买，以循环滚动的方法诱导消费者多购买。

第三，使用返券不找零。假如你有张100元的返券，当你面对一个110元的商品和一个90元的商品时，你会怎么选择呢？大多数人通常会选择后者。因为这100元的返券好像是"白来的"，即使损失10元也无所谓。因此，商家利用消费者的这种心理，将90元的商品利润设得较高，再加上不给顾客找回的10元，自然在无声无息中赚取了更多的利润。

第四，不透明商品与不透明价钱。商场打折时，许多商品往往低值高价，不是消费者所需要的商品。此外"返券"的限制还有很多，诸如限型号、限品牌、限数量、限活动、限时间、限价格、不开足额发票等等。

第五，商家操纵价格升降。有些黑心的商家利用打折将部分商品的价格先调高再降低，如一件风衣在打折前实际销售价仅为299元，打折期间商场却贴出原价499元、现价399元的价格标签。

第六，打折商品或使用返券购买的商品，商家不负质量责任。许多消费者购买了打折商品后，在使用的过程中发现质量问题或性能故障要求商场退货、换货时，商场却以"打折商品概不退换"的借口逃避自身责任不予退换。

第七，奖赠商品标志不全。打折促销时，一些商家采用有奖销售、买一赠一等方式吸引消费者购买商品。但奖赠的商品往往标志不全。因为是免费的，一些消费者往往不会在意。消协建议：获得奖品或赠品时应该留意商品标志，发现质量问题可向有关部门申诉或投诉。

严格来说，商家以上一系列的打折措施其实是违法行为。其行为一是侵害了消费者的知情权，因为虚假标价、虚假折扣等现象没有把商品的真实价格告知消费者；二是侵害了消费者的公平交易权。市场经济信奉和通行的原则是等价交换和公平交易，而虚假价格严重损害了消费者的合法权益。为此，消费者应该认清购物返券和商品打折的本质，冷静面对促销活动。在眼花缭乱的促销宣传中要擦亮眼睛、留神陷阱、挡住诱惑，切忌冲动购物，以免上当受骗。

263

思路决定出路

264

THINKANDMAKE
思路点拨
AGREATDIFFERENCE

>>

有很多东西看似比较贵，花费了你
不少钱。实际上，这些贵的东西是
在为你省钱。

折扣再低，不需要都是浪费

日常家庭购物中，千万不要被低廉的折扣价格蒙蔽了自己的眼睛，并因此买了自己不需要的东西，结果买回来在柜子里一放数十年。

许多人去商场买东西就是这样，本来准备去买一个电磁炉，结果到了商场后，被商场琳琅满目的商品加低折扣的价钱诱惑，看看这个，看看那个，什么东西都想往购物筐里放。放来放去，购物筐换成了购物车，一辆购物车换成了两辆购物车。殊不知，商场的老板正在看着你偷笑呢！

邻居张大妈就是一个这样的人：每次出去买东西，必定是去时空着手，来时两大包。有一次她去商场买炒锅，到了家用厨具柜台前，张大妈让售货小姐给她拿几个炒锅对比一下。售货小姐很热情地将好几个炒锅摆在柜台上供张大妈挑选。张大妈掂掂这个，动动那个，觉得哪个都不错，价钱也挺公道。而且售货小姐说了，如果一次性买两个的话，还可以再在原来的价格上优惠一折。张大妈很动心，但她还是忍住了。想自己买两个锅回去就是不被儿女们指责，也会被邻居们笑话的。于是，她就从售货小姐摆出来的锅里挑拣出了一个。张大妈准备端着锅去交钱时，售货小姐又说了，如果再加10元的话，还可以加选一套塑料盆。这种塑料盆是专为洗菜设计的，洗菜时用特方便。然后还免费送两个漏勺，家里吃火锅时可以派上用场。张大妈这次没有抵住诱惑，她看了看那一套所谓的专为洗菜设计的塑料盆，感觉

指望通过买便宜货、打折购物来省钱
并不是最好的选择。省钱的习惯值得
肯定，但不要进入省钱的误区。

<< 思路点拨·········

THINKANDMAKE
AGREATDIFFERENCE
265

确实不错，而且原价是25元一套，现在只要加10块钱就可以带走了。反正就10块钱，又不是什么大事，干吗不买呢？买了！就这样，来买炒锅的张大妈，又买了塑料盆和漏勺。回家以后，张大妈用新塑料盆感觉还没自己原来洗菜方便，于是塑料盆就丢在了一边，而漏勺至今还没派上用场。

其实，我们好多人都是这样，本想去商场买自己需要的东西，结果需要的不一定买上，不需要的反而带回了家。就因为价钱低了，就因为你占了商家的"便宜"了，就因为售货小姐的两三句"甜言蜜语"，你就头脑一热，买回了自己不需要的东西，几周后把它们扔在了家里连自己也不知道的地方，浪费着它们的价值，也浪费着你的金钱。下次，你还要犯这样的错误吗？

省钱需要用上新思维

这是一个快节奏的时代，时代快速变迁要求你的观念也相应地更新换代。挣钱要有新思维，省钱也要有新思维。

有人说："买东西的时候用优惠券；不买昂贵奢侈的东西；坏了的东西修好照样用……我一直都是这样做的啊，那我还能省下一些别的什么呢？"他们觉得自己一直很节约，已经没有什么地方可以再省钱了。真的是这样吗？

看看著名的金融大亨索罗斯是怎样说的：有很多东西看似比较贵，花费了你不少钱。实际上，这些贵的东西是在为你省钱。听了这个论调你是不是以为索罗斯是个傻瓜？其实如果你知道更多富翁的思维的话，你会感觉他们都不是傻瓜，而实际上最傻的是你。

有人曾对福布斯排行榜上的前500强的富翁进行了一个问卷调查。调查问卷中有这样一个问题：你会给你的皮鞋换底吗？大多数富翁选择了在"会"的那一栏打对勾。这其中就包括索罗斯。

索罗斯是这样向大家阐述他的精辟见解的："如果是你，1000美元的鞋和50美元的鞋，你会选择哪个呢？你会说，噢，我当然买便宜的，于是你心满意足地从柜架上拿走了50美元的那双。不过我想说的是，你的选择是错误的，1000美元的鞋子才是更便宜的那双。"

这不是开玩笑吧？当然不是，大富翁哪里有时间开玩笑。对于这个独到的看法，索罗斯是这样解释的："我曾经花了1000美元买过一双意大利皮鞋。到今年为止，穿了正好10年了。期间，我换过两次底了。感谢上帝，它的质量仍然相当好，每次看上去都像新的一样。这让我很欣慰。我是这样想的，我这双皮鞋可比我儿子50美元买的运动鞋要便宜多了。你可以算算它们各自的成本就明白我不是在说胡话了。我买这双皮鞋花了1000美元，10年中换过两次底，每次50美元。10年中，我大约穿了它2000天。好的，现在拿出计算器来算一算吧。我在这双鞋上投入的成本共计1100美元，将这1100美元分摊在2000天中的话，平均每天所需

266 THINKANDMAKE
·········· 思 路 点 拨
AGREATDIFFERENCE >>

时代快速变迁要求你的观念也相应
地更新换代。挣钱要有新思维，省
钱也要有新思维。

要的成本为55美分。也就是说，我每穿它一天，花费是55美分。好了，不要放下计算器，咱们再来算算我那调皮的儿子在鞋子上的花费是多少吧。他买的鞋子平均在50美元左右，但他每年穿破（或者因款式过时而淘汰）大概7双'耐克'或'阿迪达斯'。他每双鞋子最多能穿50天左右。这已经很了不起了。照这样看，他每天在穿鞋上花费的钱在1.25美元左右。结果出来了，正如你看到的那样，哪双鞋更便宜点呢？"

金融大鳄的分析确实有道理，我们买东西时不能只看一些东西的购买价格，更要关心这个东西买回家后的使用率、保管维修费、折旧率等。这些都是你成本的一部分。因此，下次再买一些所谓最新款的时装之类的东西，要先想一想索罗斯的分析，然后再决定你是否还要购买那些你穿过一回就放在衣柜里收藏的东西。

指望通过买便宜货、打折购物来省钱其实并不是最好的选择。当然，省钱的习惯是值得肯定的，但不要进入省钱的误区。

■ 点亮思维 ┃

贪小便宜吃大亏最能形容打折购物的实质。不要试图去占商家的小便宜，你可以换位思考一下，如果你是那个开商场的老板，你会把你的商品无条件地低价让利给消费者吗？那你还赚谁的钱啊？所以，理性对待打折购物，不需要的东西坚决不买，别让自己的口袋不知不觉中被商家掏空。

第 11 章

让自己更幸福的思路

WAYS TO MAKE YOURSELF MORE HAPPINESS

选择不是越多越好

选择并非越多越好，我们听过小熊掰玉米的故事。因为选择太多，总想找到最大的，结果不仅找不到最大的，连手中本来比较大的一个也丢掉了。人在面对一个选择时，往往能冷静地分析，并做出正确的判断，面对的选择多了，反而容易陷入小熊掰玉米的陷阱。

在生活中，无论做什么，人们常常希望选择多一点。比如买衣服要去商场多的地方，买电器要去电器集中的地方等等。但是选择多就一定好吗？最近由美国哥伦比亚大学、斯坦福大学共同进行的研究表明：选项愈多反而可能造成负面结果。

西方科学家们为证明选择到底多了有益还是少了有益做了以下一系列实验：第一个实验分两组测试者，首先让第一组被测试者在5款质量相当但样式不同的衣服中选择自己最想买的那一款，然后让第二组被测试者在30款质量相当但样式不同的衣服中进行选择。实验结果是，第二组中有大多数人在选择完毕后，以最快的速度进行了自我否定。他们后悔了自己的选择，对自己的眼光深表遗憾。第二个实验是在美国某著名大学附近进行的。那天是该大学的美食节。实验人员正好利用这个机会，在美食节的广场上设置了两个摊位供来往的游人和学生选择，并发给他们一张调查表。一个摊位上仅有4种口味的食品，而另一个摊位上的食品则多达20多种口味。实验人员通过观察发现，口味比较多的那个摊位吸引的人也较多：200多位往来的游人和学生中，一多半会停下试吃；而口味少的那个摊位，停下试吃的只有一少半的人。美食节完毕，实验人员将调查表收集上来，调查结

果出乎意料但又在情理之中：在口味比较少的摊位前停下的人普遍感到满意，因为他们有机会去买一些果酱之类的调味品蘸着吃，他们脸上也是很幸福很满足的样子；而在口味比较多的摊前试吃的人则普遍感到不爽，因为他们几乎没有人再去买其他的调味品。

太多的选择总是容易让人游移不定，不知道怎么办才好。人都有贪欲，总想选择出最好的。但你不知道哪一个是最好的，于是不停地挑挑拣拣，最后像小熊掰玉米一样，什么都没留在手里。

尤其是作为一个管理者，在选择与放弃的问题上，可能有时很难把握。

张总是一家连锁店的老板，他常鼓励员工多提建议，以便使自己的公司更好地发展。但有时太多的意见也让他觉得很头疼，意见太多，难免混淆视听，选择太多，难免左右摇摆。可见越多的人给出越多的意见也不一定是好事，有时还适得其反。由于每个人看问题的角度不同，给出意见的动机也不尽相同，所以太注重听取别人的意见很容易让自己拿不定主意。这就是选择过多造成的麻烦。不仅在管理这一方面，其他方面也是如此。

思路突破

单选比多选容易，有选择也要有放弃

人面前只有一条路时往往知道自己应该怎么走；人面前有很多条路时，则往往容易迷失方向。人生的选择就像做考试题，单选其实比多选更容易。

选择的方法比更多的选择重要

面对选择，如何选？如何选择到最好的？最适合自己的，才是最重要的。再多的选择，没有适合自己的也没有用；再多的选择，不懂如何去选也没有用。

古希腊哲学大师苏格拉底的三个弟子曾求教老师，怎样才能找到理想的伴侣。

苏格拉底没有直接回答，而是带他们来到一片麦田旁，让他们每个人从田埂的这边走到田埂的那一边，不准回头且只有一次机会，看谁能摘下一支最大、最长的麦穗。

第一个弟子走几步看见一支又大又漂亮的麦穗，高兴地摘下了。但他继续前进时，发现前面有许多比他摘的那支大，但他的一次机会已经用过了。他只得遗憾地走完了全程。

第二个弟子吸取了教训，每当他要摘时，总是提醒自己，后面还有更好的。当他快到终点时才发现，机会全错过了。

第三个弟子吸取了前两位的教训，他在前面的1/3路程中分辨出了大、中、小三种麦穗，用中间1/3路程来验证自己的想法，当在后1/3路程中走到一支属于他分析出的大型的大麦穗前

270

THINKANDMAKE
·········思路点拨
AGREATDIFFERENCE >>

选择不只有一种方法，选择应根据
自己的需要制定自己的方法，最终
选到属于自己的"最长的麦穗"。

时，就毫不犹豫地把它摘了下来。虽说这不一定是最大最美的那一支，但他满意地走完了全程。

我们生活中哪一件事不是如此呢，我们都希望自己是捡到最大麦穗的那个人，但只有聪明人才能在仅有的一次选择中选出相对较长的麦穗。因为在选择的过程中，他用了心，用对比的方法进行选择，结果捡到了最长的麦穗。当然，选择不只有一种方法，选择应根据自己的需要制定自己的方法，最终选到属于自己的"最长的麦穗"。

聪明的选择决定优质的生活

聪明地选择一次胜过愚蠢地选择一千次。犹太人被认为是世界上最聪明的人，看看世界上最聪明的人在面对选项时是如何做出选择的吧。

一个美国人、一个法国人和一个犹太人因为犯了罪一起被关进了监狱。他们将面临三年的牢狱生活。和蔼的监狱长允许他们三个每人可以提出一个要求。

美国人爱抽雪茄，于是他提出要三箱雪茄。

法国人爱浪漫，他提出要一个美丽的女子相伴。

而犹太人说，他只要一部与外界沟通的电话就够了。

监狱长纷纷满足了他们的要求。

三年过后，第一个从监狱门里冲出来的是美国人，嘴里鼻孔里塞的全是雪茄。他大声地喊道："给我火，给我火！"原来他忘了要火了。

接着出来的是法国人。只见他手里抱着一个小孩子，美丽女子手里牵着一个小孩子，肚子里还怀着第三个。

最后出来的是犹太人，他出来后没有着急回家，而是紧紧握住监狱长的手说："这三年来我每天与外界联系，我的生意不但没有停顿，反而增长了200%。为了表示感谢，我送你一辆劳斯莱斯！"

这个故事告诉我们：聪明的选择可以为我们带来优质的生活。我们今天的生活是由三年前我们的选择决定的，而我们今天的抉择将决定我们三年后的生活。为了让我们未来的生活质量更高一点，先让我们的选择更聪明一点吧！

记住：任何选择都是一种放弃

人生就像旅行。你的背包里不能时刻都鼓鼓的，你需要适时地放进来一些新的、需要的东西，扔出去一些破旧的、不再需要的东西。人生就要有所取舍，该放弃时要大胆放弃。聪明的放弃胜过盲目的执著。

法国少年皮尔小时候非常喜欢舞蹈，从小他就梦想着成为一名优秀的舞蹈演员。可是，因为家境贫寒，父母根本没钱送皮尔上学费昂贵的舞蹈学校。皮尔的父母将他送到一家缝纫店当学徒，希望他学成一门缝纫的好手艺后能立刻挣钱，分担家里的负担。皮尔一开始非常厌恶这份工作，因为繁重的工作带给他的酬劳还不够他的生活费和学徒费。更重要的是，他为自己的理想无法实现而苦闷。

皮尔当时悲观地认为，与其这样痛苦地活着，还不如早早痛快地死了算了。一天晚上，皮尔准备跳河自杀。他突然想起了自己从小就崇拜的有着"芭蕾音乐之父"美誉的布德里，皮尔觉得只有布德里才能明白他这种为艺术献身的精神。他决定给布德里写一封信，希望布德里能收下他这个学生。

没过多久，皮尔意外地收到了布德里的回信。但布德里并没提及收他做学生的事，也没有被他要为艺术献身的精神所感动，而是向他讲述了自己的人生经历。布德里说他小时候很想当科学家，因为家境贫穷无法送他上学，他只得跟一个街头艺人跑江湖卖艺……最后，他说，一个人活在世上，现实与理想总是有差距的。在理想与现实生活中，首先要选择生存。只有好好地活下来，才有机会去实现自己的理想。如果一个人连自己的生命都不珍惜，也不配谈艺术了。

看了这封回信，皮尔猛然醒悟。后来，他发奋学习缝纫技术。从23岁那年起，他在巴黎开始了自己的时装事业。不久，他便建立了自己的公司和服装品牌。他就是当今世界著名服装品牌皮尔·卡丹的创始人皮尔·卡丹。

在一次接受记者采访时，皮尔·卡丹说，其实自己并不具备舞蹈演员的素质，当舞蹈演员只不过是少年轻狂的一个梦而已。

皮尔·卡丹能够成为世界知名品牌，在于创始人皮尔·卡丹年轻时做出的一次伟大的取舍。一次勇敢的放弃，成就了皮尔·卡丹的人生，也成就了皮尔·卡丹作为时装品牌的辉煌。放弃有时并不容易，但是，所谓有舍才有得，大概如此。

人生路程中最重要的一课就是学会选择与放弃。选择不是越多越好，有选择就要有放弃，放弃是为了更好地选择。

点亮思维

选择并非越多越好，面对太多的选择，太多的诱惑，更需要勇敢地放弃。取舍取舍，有取亦要有舍，有舍才会有得。

271
思路决定出路

习以为常，喜悦递减：
当心适应性效应

对身边的一切都习以为常时，就容易产生适应性效应。适应性效应非常可怕，就像温水中的青蛙，一旦适应了水温，放松了警惕，最后不仅没有了初下水时的喜悦，反而葬身水中。我们不能做温水中的青蛙。

美国康耐尔大学的研究人员做过这样一个实验：把青蛙扔进一口沸水锅里，受到强刺激的青蛙奋力一跃，往往能够跳出沸水锅，成功地保住性命。在锅里加满冷水后，把一只青蛙放进去，然后慢慢加热。水开始是凉的，变温的速度很慢，青蛙觉得比较适应和舒服，并不想跳。随着水温逐渐升高，感受到危险的青蛙决心努力跳出热锅，但为时晚矣。最后，活蹦乱跳的青蛙被烫死。温水中的青蛙，死于适应性效应。实验尽管很简单，但给人的启示却颇多。其中最重要的启示就是：人有时也跟青蛙一样，一旦对所处的环境熟悉适应以后，不仅丧失了最初的新鲜感，往往也丧失了原本清醒的头脑，最后"死于安乐"。

人也是惰性很强的动物，在艰苦的环境中往往不难做到警钟长鸣，但等到安逸下来，居安思危就是一般人很难做到的了。

现实中，在适应性效应中变质的例子，不胜枚举。从建国初期轰动全国的"刘青山张子善贪污案"，到近些年查出的"红塔集团褚时建"、"河北第一秘"、"深圳第一贪"等，无不让人痛恨惋惜。这些"变质"者，有的穿过枪林弹雨，经历过血雨腥风，为共和国立下汗马功劳；有的曾大胆改革，励精图治，挽救企业于危

难之时，为单位为国家作出巨大贡献；有的曾年轻有为，工作出色，被称为"楷模"、"典范"……然而，艰难险阻没能扼杀其抗争的勇气，危难时刻没能磨蚀其顽强的生命力，他们却在歌舞升平的悠闲自在中逐渐迷失自我，在灯红酒绿中越陷越深，无法自拔，最终丢失传统，成为国家和人民的罪人，也成为"温水煮青蛙效应"的有力佐证。

生活中要避免出现青蛙的"温水效应"，首先要居安思危，时常保持清醒的头脑。老子说："有无相生，难易相成，长短相形，高下相倾，音声相和，前后相随。"讲的就是矛盾双方相互依存的道理。因此，在平时的生活和工作中要做到顺中见逆，安时思危。适应环境，顺应变化，虽说是每个人最基本的生存需要，但人都是有惰性的，一旦适应，进入舒适区，就容易贪图安逸、满足现状，不愿再向前多迈一步。时下，大多数人都有这种陋习。

有人感到自己在某个岗位时间长、情况熟，干工作、办事情轻车熟路，很"适应"，没有意识到随着新形势、新问题的增多，新的不适应会不期而至；有人只愿意在自己熟悉和适应的领域工作，总希望自己的工作岗位和处事环境一成不变，结果渐渐不再进取，渐渐变成了温水中的青蛙。应当承认，环境适应、岗位熟悉对开展工作是有益的。但如果目光总停留在昨天的适应上，看不到今天的"不适应"、明天的"新危机"，浑浑噩噩过日子，长此下去，肯定难以逃脱"温水青蛙"的命运，最后自然会在浑然不觉中舒舒服服地被烫死。

人一旦对一切都习以为常，放松了对自己的要求时，就有可能不知不觉地滑入到危险的境地。当你受到周围环境的影响放松警惕时，危机就临近了；当凉水被缓慢地加温而你不注意时，你就离失败不远了。

思路突破

拒绝适应性效应，不做温水青蛙

相信每个人都不想当温水中的青蛙，谁愿意在安逸的生活中慢慢等死呢？其实绝大多数人都充满自信，认为自己绝不会成为温水中的青蛙；但是作为青蛙，你大部分时间都需要在水中，你怎么能分辨得出哪部分水域安全、哪部分水域危险呢？何况安全只是相对的，随着环境的变化，原来安全的水域就有可能变得危险。你必须十二万分小心，才能避免陷入危机。

小心"死于安乐"

人在困苦的环境中容易激发斗志，反而容易生存；而在安乐的环境中，因为没有压力，容易懈怠，反而会为自己带来危险。明朝作家刘元卿在一篇题为《猱》的短文中记述了这样

274

THINK AND MAKE
·········· 思路点拨
A GREAT DIFFERENCE

>>

危机是生命成长的内容之一。我们
要树立危机意识，不要对身边的一
切都失去警惕。

一个故事：猱是一种体形很小的动物，四肢长着十分锋利的爪子。老虎的头上痒痒时，猱就爬上去搔痒，搔得老虎飘飘欲仙很舒服。结果，猱不住地搔，直至在老虎的头上挖了个洞，老虎因感觉舒服而未觉察。于是，猱就把老虎的脑髓当做美味佳肴吃了个精光。

中央电视台《动物世界》也介绍过一种"杀人蝠"。这种蝙蝠以吸食驴子的血为生。当它一开始接近驴子或落在驴子身上时，驴子会本能地驱赶。但只要蝙蝠用其细小的舌尖轻轻地在驴子身上一舔，驴子立即会产生一种很舒服的感觉，然后在这种美妙的感觉下也就不驱赶蝙蝠了。不一会儿，蝙蝠就在驴子厚厚的皮上咬开一个口子并开始吸驴子的血。一只蝙蝠吸饱后飞走，又会再来一只接班。最后的结果不用说大家也知道了，驴子在不知不觉中被吸干血而死去。

人和动物其实是有共性的，越是艰险的时候往往越能够挺过去；越是在安乐的时候越是容易出问题。生于忧患，死于安乐。人如果时刻都有忧患的意识，不敢懈怠，那么便能生存、发展；如果耽于逸乐，今朝有酒今朝醉，那么就有可能自取灭亡了！

居安思危：人无远虑，必有近忧

作为职场中的"青蛙"，在竞争压力越来越大的社会里，我们要时刻保持一种危机意识。随着知识经济的到来，世界经济一体化进程不断加快，市场竞争日趋激烈，而人作为这个社会的主体，感受到的竞争压力也越来越大。即使拥有上亿资产的企业家也丝毫不敢懈怠，就如一个知名企业家所说："永远战战兢兢，永远如履薄冰。"

有这样一个寓言故事：森林里住着一头野猪，每天饭后都要进行一项工作，那就是对着树干磨它的獠牙。有一次，野猪正在磨牙，被一只经过此地的狐狸看见了。狐狸带着嘲笑的口气说："别人吃过饭都在休息享乐，你不休息磨什么牙啊，现在又没有猎人！"野猪回答说："等到猎人和猎狗出现时再来磨牙就来不及啦！"

连野猪都有这样的危机意识，难道我们还不如野猪吗？我们应该保持"战战兢兢"的心理。态度决定一切，有了这样的一种心理，必然会有与之相应的思维方式，也自然会采取能够与之相对应的行动。这样在危机到来时才不会感到措手不及。

生活中总会遇到危机。生存危机、健康危机、情感危机、家庭危机、经济危机、信用危机、信息危机……似乎每一个环节都会陷入危机。事实也的确如此，危机是生命成长的内容之一。我们要树立危机意识，不要对身边的一切都失去警惕，从而像青蛙一样在温水中死去。

防微杜渐，当心被错误累积吞噬

一次小小的错误有可能引发连锁反应。生活中对不好的习惯、不好的作风要防微杜渐，不以恶小而为之。

《后汉书·丁鸿传》说"若敕政责躬，杜渐防萌，则凶妖销灭，害除福凑矣。"正像许多党员干部一开始都是优秀的，而他们的腐败往往都是从小事开始的，小礼物、纪念品、小礼金，逐步升级，一步步下滑，一步步沦落，最终欲望似洪水，一发不可收拾。当意识到问题的严重性时，已经积重难返，无法自拔。就像"温水中的青蛙"一样，感觉到温度不能承受，生命有危险时，为时已晚矣，本能的抵抗力也已经丧失了。"河北第一秘"李真第一次接受礼金时，还"惴惴不安"，在向领导请示后，坚决地将其全额退还。然而，其抗腐蚀的防线没有持久加固，下一次收到羊毛衫等纪念品时，开始松动，并"忐忑不安"地接受；接着"悄悄地"收下一条中华烟⋯⋯不知不觉中，防线崩溃，变成"心安理得"地接受礼金、贵重礼物，甚至主动出击，索、拿、卡、要。就这样，李真慢慢成了一个不折不扣的背叛者、腐败分子。

而在震惊全国的远华走私案中，厦门海关原副关长接培勇最初对赖昌星一直保持着戒心，曾经写下"一旦陷入其手，势必不可自拔，甚至卖身为奴"的自警之语。然而当走私头目赖昌星煞费苦心以重金弄来一套175册的绝版名贵书籍，送来由9位名画家合作的一幅牡丹图、请全国知名的书画名家到"红楼"与他切磋时，这位官场雅士还是做了"温水中的青蛙"，为赖昌星的走私活动大开绿灯，加以庇护。他自己也被那锅煮沸的热水烫得体无完肤，终于锒铛入狱，在高墙电网里度过20年。

任何一次微小的错误都可能改变你的一生。防微杜渐是防止适应性效应的强有力的武器。如果你无法改变外部的环境，你又不想当青蛙的话，那么你只能改变自己，保持高度的警惕，随时注意环境的变化。一旦"水温"出现哪怕是微小的异常，就要立即进行分析，采取必要的对策，保证自身的安全。

其实，适应环境、顺应变化，是每个人最基本的生存需要。但是我们应该清醒地认识到，每个人都是有惰性的，一旦适应、进入舒适区就容易贪图安逸、满足现状。如果我们慢慢地习惯了这个有边界的网络，甚至当这个边界变得越来越狭窄时也毫无知觉，越来越麻木，就难以逃脱"温水青蛙"的命运，就会在浑然不觉中走向毁灭。

点亮思维

为了防止适应性效应在自己身上发生，不妨每天清晨对自己说一句话：不做温水中的青蛙！

把坏事的影响最小化

> 生活中难免遇到不愉快的事情，坏事情不仅影响我们的心情，而且可能使我们的物质财产受到损失。面对这样的情况应该怎么处理呢？想尽一切办法，把坏事的影响最小化！如果它影响了你的财产，那么尽量别让它影响了你的健康；如果它影响了你的健康，那么尽量别让它影响你的心情。

把坏事的影响最小化是一种生活的策略，是培养良好心态的手段。当你遇到不顺时，当你受到挫折时，你要做的第一件事，不是坐在床边掉眼泪，而是设法将坏事的影响降至最低。

十多年前，一对年轻的夫妇两手空空来到深圳创业。20世纪90年代末，他们靠寄卖和上门推销的方式积累了第一桶金。在深圳赚了10多万元后，夫妇俩动了回老家的念头。他们想自己有了钱，加上这几年做生意积累的经验，在家乡肯定可以干出一番事业，于是便信心百倍地回到老家湖南。男人在老家考了驾照，买了部二手中巴，起早贪黑地跑起运输。无奈之前根本就不熟悉运输业，不知道二手车的维修费用如此之高，没有跑运输的经验，男人感到很大的压力。真是隔行如隔山，两年时间他就把在深圳赚的钱都亏了进去。

但是两夫妇没有因此一蹶不振，也没有背上过大的精神负担，在认真分析了这次失败的原因后，决定重头再来。

2001年，夫妇二人决定重闯熟悉的深圳市场，做以前的老行当。男人找到为装饰公司寻画的工作，从中赚取中间费用。以往的经历和这几年的闯荡，使男人亲身体会到深圳日新月异的变化。四处林立和不断建起的楼房，都预示着装饰画有着巨大的市场，他果断决定走开画廊这条路。2002年，二人转到艺展中心开了一个艺术行。目前，

他们不仅在深圳艺展中心开设了大型画廊，而且还是好百年、沃尔玛、香江家私城、罗湖商业城、博雅等十多处画廊的最大供货商。

试想，如果两人当年被那笔赔本的生意吓倒的话，也就没有日后的成功了。在遭遇到最严重的打击时，夫妇二人将坏事的影响降至最低，也将损失降至最低。正像中国一句老话：留得青山在，不怕没柴烧。

思路突破

将损失最小化

当你遭遇不测时，千万不要被意外的打击吓到，而是应该尽快地冷静下来，设法将对自己造成的伤害和损失最小化。

永远保持乐观的心态

保持乐观的心态，在遇到打击后，才不会出现抑郁、消沉甚至一蹶不振的情况。乐观的人更容易以宽松的心态面对打击，接受挫折，更容易尽快从挫折中走出来。这是减小坏事对你损害的第一个原则——乐观。

杰瑞是个不同寻常的人。他的生活态度很乐观，他对事物总是有正面的看法，因此他的心情总是很好。每当有朋友问他最近怎么样时，他总会回答："我快乐无比。"

杰瑞是个饭店经理，却是个十分独特的经理。他换过几个饭店，而这几个饭店的侍应生都跟着他跳槽。因为他天生就是个鼓舞者。如果哪个雇员心情不好，杰瑞就会告诉他怎样去看事物的正面，这样的生活态度实在不能不令人好奇。终于有一天一个朋友对杰瑞说，这很难办到！一个人不可能总是看事情的光明面。"你是怎么做到的？"朋友问他。

杰瑞笑着答道："每天早上我一醒来就对自己说，杰瑞，你今天有两种选择：你可以选择心情愉快，也可以选择心情不好。我当然要选择心情愉快。这就好比每次有坏事发生时，我可以选择成为一个受害者，也可以选择从中学些东西。我当然要选择从中学习。也总有人跑到我面前诉苦或抱怨，我既可以选择接受他们的抱怨，也可以选择指出事情的正面。我选择后者。"

"可是有那么容易吗？"

"就是那么容易。"杰瑞答道，"其实人生就是选择。当你把无聊的东西都剔除后，每一种处境就是面临一个选择。你选择如何去面对各种处境，你选择别人的态度如何影响你的情绪，你选择心情舒畅还是糟糕透顶。归根结底，你自己选择如何面对人生。"

278

THINK AND MAKE
········ 思路点拨
A GREAT DIFFERENCE

>>

乐观的人更容易以宽松的心态面对
打击，这是减小坏事对你损害的第
一个原则——乐观。

几年后，朋友听说杰瑞出事了。那一天早上，他忘了关后门，结果被3个持枪的强盗拦住了。强盗一时紧张，对他开了枪。

不幸中的万幸是，因抢救及时，经过18个小时的抢救和几个星期的精心照料，杰瑞居然从医院走了出来。只是仍有小部分弹片留在他的体内。

又过了几个月，朋友见到了杰瑞，问他现在感觉怎么样。他像没事人一样答道："我快乐无比。想不想看看我的伤疤？"

朋友看了他的伤疤后，问他当强盗来时，他在想些什么。

杰瑞答道："我脑海中想的第一件事是，我应该关后门。当我躺在地上时，我对自己说我正面临两个选择：一个是死，一个是活。我当然要选择活。"

"你不害怕吗？你有没有失去知觉？"朋友问道。

杰瑞说："医护人员对我太好了。他们不断告诉我，我会好的。但当他们把我推进急诊室后，我看到他们脸上的表情，从他们的眼中我分明看到'他是个死人'几个字。我知道我需要采取一些行动了。"

"那你采取了什么行动？"朋友赶紧问。

"有个身强力壮的护士大声问我问题，他问我对什么东西过敏吗，我马上告诉他，是的。这时，所有的医生护士都停下来等着我说下去。我深深地吸了一口气，然后大声告诉他们：子弹！在一片大笑声中，我又说道：我的选择是活下来，请把我当活人来医，而不是死人。"

杰瑞活了下来，一方面要感谢医术高明的医生，另一方面得感谢他那惊人的生活态度。

乐观的心态让一个人面对死亡都很从容，那还有什么可怕的呢？即使我即将死亡，但我依然保持了快乐。死亡对我来说已经不再可怕，死亡这件坏事对我的影响即被最小化了，如果死神知道的话，它一定很郁闷。管它呢，让它去郁闷吧！

用辩证的观点看待祸福

福兮祸所伏，祸兮福所倚。祸福其实互为因果，可以相互转化，有时坏事也可能往好的方向发展，好事也可能变得对自己不利。

杨诚是某财经大学的高才生，毕业后应聘进了一家大型服装企业，并得到公司老总的重用。因为整个公司财务室只他一人是科班大学生，而他的财务经理仅是一个高中生，老板将公司很多重要的工作都交给了他。

杨诚工作很努力，工作之余的时间全用在了看书上。和他年龄差不多的朋友都结婚了，他却整天读书，连女朋友的影子也没有。

因为年少不经事，在随后的工作中，杨诚因为不太会说话而得罪了老板。没过多长时间，老板就把他调到了公司下属的一个公司去做财务。

半年一晃过去了，下属公司的账理清了，杨诚干得不错，公司还给他发了奖金，他高兴得不得了。但回到总公司的杨诚没有具体工作，老板让他休息一段时间，说他前段时间太累了，上下班只要报个到就可以了，工资一分不少。尽管如此，杨诚仍感到有些失落。又过了一段时间，一天，杨诚被检察院的人带走了，说他在公司下属单位做财务时"出了问题"，让他自己主动交待。那一刻，杨诚被气傻了，他不明白是谁会这样和他过不去。后来杨诚在检察院的办案人员电话声里听到了那个熟悉的声音——他的老板。最终，因为证据不足，杨诚被放了出来，他告诉朋友他恨不得杀了那个老板。但朋友劝住了他。

时隔不久，杨诚去了一家大型民营企业，因为他的出色的个人能力，那家企业给他的月薪竟然比他在原来公司一年的总收入还要多。而这时杨诚才发现了自己的价值。如今他已升至财务总监的位置。回想过去，杨诚说："我甚至要感谢那个令我痛恨的人。如果不是他，我现在可能还在他的公司，领着微薄的收入，过稳定却没有前途的日子呢。"

祸兮福所倚，看似对自己不利的事情，其中可能隐含着对自己有利的因素。不管怎样，只要你能走出坏事情的阴影，用乐观的态度去对待一切，必定能将坏事的影响最小化。

亡羊之后，用最快的速度补牢

坏消息是每个人都不愿听到的，却又是无法回避的问题，每条坏消息都暴露出你在办事过程中的疏漏。面对坏消息、面对疏漏时，一定要以最快的速度拿出防范及解决方案，以便亡羊补牢。

5年前，小张被公司告知，要对他的岗位进行调换，让他接手一个新区域市场的销售总监。由于前任销售总监个人能力的原因，该区域销售业绩不但一塌糊涂，而且问题一大堆，公司不断地接到客户的投诉和上访，小张不得不临危受命。小张初到这个区域，进行走访视察，正准备去A市场拜访客户，突然接到一个前任业务员打来的电话。当得知小张快到该市场客户门口的时候，前任业务员语无伦次，几乎哀求着对小张说："千万别去拜访那个客户，他仓库里有数十万临期的产品，公司答复的所有政策均没兑现。况且前任销售总监还骗了他。客户四处扬言跟公司没完。你要是敢去，他们不但会打你一顿，可能还会把你的车砸了。负责我们这个区的区域经理前几天才被他们打了一顿。"

小张听了之后也着实犹豫了好一阵，毕竟面临的是人身危险。后来，他转念一想，做生意的人都是讲道理的，只要我真心去解决问题，做好沟通，绝不会有什么问题。小张于是先给对方打了个电话，说明了来意。对方听完"嗯"了一声就把电话挂了。小张到了客户办公室里，遭到了一阵激烈的训斥和围攻，小张一边忍着听他们诉说一边连连道歉。他们说完之后，小张当即表达了他的态度和处理意见。客户对小张的表现非常吃惊，似乎也意识到了自

280

THINK AND MAKE
思 路 点 拨
A GREAT DIFFERENCE >>

在没有犯错时要预防，在犯了错误
时要补救。而补救的最大目标就
是，将损失降到最低！

己的过分，气氛有所缓和。经过充分的沟通，小张不仅在半个月内解决了问题，而且该市场还成为小张当年主抓的重点市场。结果没过半年，该市场的各项销售指标名列公司第一。

面对坏消息不要慌乱。只要做好应对计划，不仅能降低损失，也会扭转局面。

点亮思维

在没有犯错时要预防，在犯了错误时要补救。而补救的最大目标就是，将损失降到最低！

明白金钱和幸福的关系

金钱和幸福的关系就像井与水的关系。有井的地方就一定有水吗？拥有足够多的金钱就一定幸福吗？反过来，没有井的地方就一定没有水吗？没有足够多的金钱就一定不幸福吗？答案显然是否定的。拥有金钱可以让生活过得更滋润更宽松，但幸福，并不仅是这些可以代表的。

看过一个关于幸福的社会调查，在调查问卷的结果分析报表上有一组令人意外的数据——家庭月收入在3000元以下的被调查者，认为目前的家庭生活幸福（含"稍幸福"、"幸福"、"很幸福"三项答案）的高达90.48%，其中觉得"很幸福"的竟有38.10%。相对于此，家庭月收入在3万元以上的被调查者则有半数认为他们的家庭生活并不幸福。是什么造成了幸福与金钱之间不成正比的关系呢？有专家介绍，人们的幸福感只有15%来自金钱的力量。有钱，并不一定能买到幸福。

吴先生来自北京的某个小区，今年28岁。他的月收入在6000至10000元之间，他妻子的月收入略低于他。按道理这是个典型的小康之家，但夫妻俩却认为自己的家庭生活并不幸福。是什么令他们感到不幸福？吴先生认为，虽然家庭收入稳定，但自己和妻子都忙于工作，交流的机会很少，在一起时又找不到话题。自己和妻子都意识到了这点，却没有解决的办法。所以对他来说，生活的大部分内容就是工作了。

来自南京的刘小姐说，大学毕业时，她的薪资期望值是每月1500元。5年后，当她进入白领圈、一个月领6000元薪水时，她发现工资也只是够用而已。和5年前比起来，她在各项消费上的标准都已不同，然而幸福感并未随这些标准的改变到来。她并不觉得自己比以前幸福了，甚至还不如以前。

德国《焦点》周刊说，金钱带来的幸福感非常短暂。心理学家一致认为，富裕和生活质量的提高并不会必然使人对生活更满意。研究幸福问题的美国作家格雷格·伊斯特布鲁克也曾做过调查，当人们的平均收入翻了一番、职业教育水平和闲暇时间的比重都提高时，仍无法带来精神上的幸福感。他认为"更多的物质＝更多的满足"这一估计不再正确。

既然有钱也不一定幸福，那么，幸福究竟是什么呢？

看看网友对幸福的理解吧：其实，幸福就是10岁过年时穿着新衣服，拿着压岁钱，和小伙伴一起放烟花；20岁时跟几个哥们儿天南地北地神侃、拼酒；30岁时与自己心爱的人走过红地毯，一起装扮共同的小窝；40岁时看着自己的孩子在镜子前打扮，然后夸她比她老妈当年还漂亮；50岁时跟孩子一起上街，被人说是兄妹俩；60岁时过年一大家子人聚在一起，当除夕钟声响起时热热闹闹地吃饺子；70岁时牵着老伴儿的手在公园散步，坐在长椅上看夕阳……

从上面的这些案例和网友精彩的话语，我们可以看出：物质条件的稳定是幸福的基础之一，但并不是幸福的全部。有钱不一定幸福，有再多的钱不一定能买到幸福。金钱对于人的生活很重要，没有钱寸步难行，但金钱不是幸福的决定性因素。如果挣钱仅仅是为了将来的幸福，那么可以停止了，因为幸福包含着太多的因素。

思路突破

幸福不是由金钱组成

金钱不是生活的全部，拥有金钱更不等于拥有幸福。许多人以为有钱就有幸福，单纯为追求金钱操劳一生，甚至不惜走上犯罪的道路，不惜连累父母子女，最后闹得家破人亡，而幸福却一生也未得到。幸福不是由金钱组成的，其实你的健康，你的家庭，你所拥有的一切都是组成你幸福的一部分。问题在于你是否懂得珍惜。

跳出金钱的牢笼

我们在街上见过有人出售这样一个小玩意：在一个转动的笼子里，一个老鼠在不停地、不知疲倦地奔跑着。老鼠跑得越快，笼子转得越快。可是老鼠还是在里面苦苦地奔跑着，以为再跑得快点就能从笼子里跑出来，结果将自己陷入无法停止的恶性循环中。很多人会嘲笑老鼠的愚蠢和无知，其实人也聪明不到哪里。如果把金钱比做笼子的话，人又何尝不是其中的老鼠呢？

大千世界，有多少"聪明"人不是终其一生在为金钱奔跑、忙碌、焦虑、苦恼、忧伤甚至痛苦？有时人甚至还不如那只在笼子里奔跑的老鼠，老鼠毕竟是希望从笼子里逃出来的，但人却不是这样，人甚至甘心在笼子里丧命。民间还有"人为财死，鸟为食亡"的故事。

从前，有两兄弟，父母死的时候哥哥已经成家了。父母死后嫂子就把小叔子赶出了家门。弟弟一个人无处可去，就在深山里伤心痛哭。这时，一只神鸟落下，上前询问弟弟："你为什么哭泣？"弟弟说："父母死后哥嫂就把我赶出了家门。天下之大，我无家可归无处可去，越想越伤心，就独自哭泣！"

神鸟说："哦，这样呀，没什么，我来帮助你。你爬到我的背上来，闭上眼睛，我带你飞，在我没说睁开眼睛的时候，你千万不要睁开眼睛呀！"弟弟答应了，爬到神鸟的背上，闭上眼睛，只听耳边呼呼风声。不一会儿神鸟说："睁开眼睛下来吧！"

弟弟睁开了眼睛，从神鸟的背上下来，一看眼前，吓了一跳：全是耀眼夺目的金子。神鸟说："这就是传说中的天边，满地都是金子，你可以随便拿。一会儿太阳就出来了，太阳出来前，我回来带你离开。如果等太阳出来了，我们就被烤死了！"

"好的！"弟弟愉快地答应着，神鸟飞走了。一会儿，袋子就装满了。神鸟飞回来了，驮起弟弟飞走了。

弟弟带着一袋子金子回来了，盖起了新瓦房，买了田地，娶了漂亮贤惠的妻子，从此过上了富人的幸福生活。

哥哥嫂嫂眼看着弟弟一夜暴富，很纳闷，思前想后，也不知道原因。他们知道以弟弟的为人，不可能做偷鸡摸狗之事，最后还是忍不住厚着脸皮去打听。

嫂子到了弟弟家，先虚情假意地说了半天客气话，最后问弟弟怎么一夜之间这么富有了。弟弟也不隐瞒，就告诉了嫂嫂。嫂嫂高高兴兴回了家，一五一十地讲给了哥哥。

哥哥听了后，也赶紧跑到深山里哭泣，引来了神鸟。神鸟也不追究真假，也驮起了哥哥，飞到了天边，让他装满金子再把他带回去。

过了很长时间，神鸟回来了，告诉哥哥太阳马上要出来了，快走吧。哥哥说："再等一会儿吧！"贪婪的哥哥怎么舍得满地的黄金呢？结果，神鸟等啊等，哥哥就是不舍得走。太阳马上就要出来了，神鸟等不及了，自己飞走了。还想得到更多金子的哥哥被太阳烤死了。

过了几天，神鸟又飞到了天边，看着被太阳烤熟的哥哥，美美地吃了起来，没想自己竟然也忘记了时间。太阳出来了，神鸟竟被烤死了。

从此，"人为财死，鸟为食亡"的故事开始在民间传说。这个故事也告诉我们：无论是谁都不能过分贪婪，过分贪婪最终会跳进金钱的牢笼中，至死不能摆脱，不但得不到幸福，反而以一出悲剧收场。

辩证地看待金钱和幸福的关系

绝大部分的人想拥有更多钱的目的只有一个，那就是为了得到更多的幸福。人其实是为一个又一个的幸福而活着的，对于幸福和金钱的关系应该辩证地理解。

首先，没钱是万万不能的。就是说如果没有金钱，人就没有幸福。就好比算术里"零乘以任何数都等于零"的定律一样，没有钱什么都无从谈起，包括幸福。因为没有钱，人就无法生存；人不能生存，哪有幸福可言。

其次，钱不是万能的。也就是说许许多多或者说大部分的幸福，用钱是买不到的。比如，比尔·盖茨就品尝不到死里逃生时的幸福，品尝不到得到世界冠军拿到金牌时的幸福，品尝不到离散家庭获得团圆时的幸福，品尝不到当总统时的幸福。

研究人员通过对幸福的观察和研究发现：世界上任何一个人的任何一个幸福的获得，都存在一个前提——渴求，即只有在强烈渴求的前提下，人们才能获得幸福。没有渴求，也就没有幸福。因此，渴求是幸福的直接和唯一来源。渴求说白了就是人们的向往，是一种对目前还没法实现的事情的期待与追求。当人们的期待得以实现时，也就会感到幸福。幸福其实就是人们的渴求获得了满足或部分满足的一种愉悦的感受。

通过进一步的研究，研究人员还得出一个结论：幸福的资源（也就是来源）是不可以再生的。因为，当你享受过一个幸福时，那么，在此后的岁月里，这个幸福来源的渴求程度会随着享受次数的增加而减少，直至有天化为零。也就是说人们享受同一个或同一类渴求的幸福的次数是有限的。就好比人们开车，刚学会开车时总有一种成就感，一种幸福感，总想多开两天，到处转转。但一旦开的次数多了，幸福感也就渐渐变少直至为零了。

因为幸福资源是不可再生的，每个人拥有的渴求的资源是有限的，所以每个人能享受的幸福也是有限的。比如，我们在一段时间里，充分享受过驾驶的幸福，在以后的时间里，在正常情况下，这辈子我们就不会再享受到驾驶的幸福感了，我们的幸福资源也就少了一个。随着我们财富的增加，随着我们享受幸福的增多，我们能享受的幸福资源也就越来越少，能享受的幸福也越来越少。这或许就是上述欧美人幸福越来越少的原因吧。

"惊喜"就是一种幸福。在有渴求的前提下，才能"惊"；只有渴求被满足了，才有"喜"。试想，穷人的"惊喜"资源多，还是富人的"惊喜"资源多？因为富人拥有的金钱和物质丰富，所以也就很少有渴求和惊喜了。所以，在金钱和物质的世界里，穷人拥有的"惊喜"资源，也就是幸福资源，要远远大于富人拥有的"惊喜"和幸福资源。当然，贫穷不是幸福，不是越贫穷越好，但贫穷是个有利条件，容易使人得到幸福。比如卖火柴的小姑娘，给她一盒火柴，一块面包，就能让她得到两个幸福；富人呢，好比比尔·盖茨，给他100亿美元，他也不会得到一个幸福。危机，危机，危险中隐藏有许多机会。贫穷也是同样道理，人在穷的时候比在富的时候有更多的得到幸福的机会。所以，穷人不但很需要帮助，而且也是很容易得到满足和幸福的；相反，富人是很难得到满足和幸福的。所以富人们喜欢在金钱和物质以外的精神世界里去寻找刺激，寻找幸福。

善用金钱工具，不做金钱奴隶

越是大的富翁越会秉持这样一种观念：金钱只是一种工具，但不是人生的目的，绝不要做金钱的奴隶。

这就好比机器要运转、汽车要跑路，离开润滑油是不行的。但润滑油不是人们追求的目的。机器运转生产产品、汽车到达目的地才是目的。日本经营之神松下幸之助说过："为了达到目的地而工作、为了使达到目的地工作更有效率，就必须要有润滑油。所以说，金钱是一种工具，最主要的目的还是在于提高人们的生活。"松下幸之助对金钱有自己独特的理解，他说："一个人不能当财产的奴隶。因为钱这东西是世界上最不可靠的东西！但是，办一项事又必须有钱。在这种意义上说，又必须珍视钱财。但'珍视'与'做奴隶'是两回事，应该正确对待。否则，财产就会成为包袱——看起来你好像是有了钱，实际上它却使你受到牵累。这是人类的一种悲剧。"

松下幸之助对待金钱的态度是值得我们深思并学习的，他让人们不要做金钱的奴隶，要时时想到更远大的一些目标。他认为："明天的生活一切都会比今天好。"

润滑油的作用在于：机器旋转产生的热量损害机器时，注上一些可以减少磨损；机器旋转过快会对机器造成损害，但只要多注一些润滑油就可以了。金钱也是这样，它可以使劳动者获得物质上的弥补和精神上的安慰——多劳多得。不这样的话，长时期运转而得不到补充，这种无报酬或少报酬的劳作则难以持久。金钱的作用仅此而已。

亚里士多德也说过："一个美好生活必不可缺的是财富数目。但是富有和财富没有限制，一旦你进入物质财富领域，仍然很容易迷失你的方向。"让我们时刻提醒自己，金钱只是工具，而不是人生的目的，不要在谋求财富的过程中迷失方向。

通过以上的这些故事我们应该明白一个道理：对待金钱和幸福的关系，应该用辩证的眼光去看待。幸福需要一定的金钱作为经济基础，而金钱并不是幸福的全部，更买不来幸福。

点亮思维

富人有富人的烦恼，穷人有穷人的快乐。有钱不一定有幸福，没钱不一定没幸福。能够对幸福和金钱的关系进行辩证理解的人，一定会拥有金钱和幸福的。

285

思路决定出路

后记 Postscript

一小步，改变你的生活

许多人都做着一夜成名、一朝暴富的美梦；许多人都梦想着能改变自己的现状，改变自己的命运。但是大多数人都没有找到自己追求的东西。头顶同样的蓝天，脚踏同样的大地，为什么有人成功，有人却长期徘徊，停滞不前？成功的奥秘到底在哪里？

其实，事情的关键在于自己的思维有没有改变，在于自己的行动有没有改变，在于自己的习惯有没有改变。一句广告词说得好：要改变命运，先改变自己。希望改变目前的生活，也要先从改变自己开始。

你5年前的想法决定你现在的生活，你现在的想法同样决定你5年后的生活。能不能改变自己的想法，决定你未来的生活能不能改变；你在多大程度上改变自己的想法，也决定你未来的生活会有多大程度的改变。改变，其实很简单，只需要你在原来走的路上，前进一小步或后退一小步或横跨一小步。位置不同，视线自然不同；视线不同，风景自然不同。问题在于，你是否迈得出去这一小步，是否敢于迈出这一小步，是否有能力迈出这一小步。别小看这一小步，它可能耗费你一年或十年或一生的思考。但是你一旦迈出去这一步，人生的风景立刻别有洞天。成功与付出是成正比的，巨大的成功背后是巨大的付出。

那所谓的一小步即是你的思考加你的道路，如果你不反对，我们可以幽默地简称它为"思路"。你的"思路"，决定了你未来的出路。你要走黄金大道还是偏僻小路，全在你怎么选。就像那句经典的电影台词："路怎么走，你自己选。"

任何成功在最初时就是一个思路，任何失败最初时也是一个思路。思路决定了个人成就的大小。在这本书里，我们集中了人生各个方向的一些最古典又最实用、最新潮又最机智的思路。这些"思路"凝聚着无数过来人的智慧和经验。如果这些"思路"能够对你有所启示，能够让你在看完后感到豁然开朗，能够使你的生活发生一点细小的改变的话，我们将无比荣幸。

路虽远，行则将至；事虽难，做则有成！只要你想去做，只要你肯不断地转变、更新自己的思路，那就没人能阻拦你成功。

希望你能在人生的路上走出属于自己的一道亮丽风景！